JN206676

未知への探究で好奇心をかき立てる感動の理科授業

おもしろ理科授業の極意

左巻健男 著

東京書籍

はじめに
―― 読者のみなさんへ ――

本書は、

1. 40年余に及ぶ理科教師生活をしてきた先達の1人として後に続く人たちに「おもしろ理科授業」のスピリットを伝えたい
2. 理科の授業が、生徒たちにとっても理科教師にとっても、とても素敵でおもしろいものであることを伝えたい

という気持ちで書いたものである。
さらに、

3. 具体的な授業の記録、授業の展開の例を出しておもしろ理科授業のイメージを示したい

とも思った。

私は、大学院生のときに中高で講師、その後公立中学校教諭で8年間、国立中・高等学校教諭で18年間、大学教授で18年間、理科の授業をしてきた。大学で「理科教育法」などの講義をもちながら、東京・新宿区の「理科実験名人の授業」でいくつもの小学校の理科の授業をやってきているし、教師対象の理科の実験や授業の講座・講演の講師をやってきた。理科授業や理科実験の著作も出してきた。これまでの私の理科授業の内容を土台にして、物理・

化学・生物・地学に関わる科学をやさしく伝える著作も書いてきた。

先日もある小学校で１クラス２コマで計４コマの授業をしてきた。授業が終わった後、生徒たちから「今日の理科の授業はすごく短かった！」「ずっと理科の授業ならいいのに！」という声が出た。

そんな経験の集大成として本書を書いた。最初は何倍もボリュームがあったが、「あれもこれも」ではなく「これだけは伝えたい」ものにしようと削ぎ落としてできあがったのが本書である。

公立中学校教諭になって同僚にいわれた言葉が忘れられない。

「この学校で毎日喜んで学校に来ているのは左巻先生くらいよ」「理科はいいわねえ。実験があって……」

それを聞いて私は思った。「こんな楽しいことをやって給料までもらえるんだから」「何でも実験すればいいわけではないんだよ。生徒が“未知への探究”をしたくなるように授業を考えて、それにふさわしい実験をしているからだよ」私は部活の顧問もずっとやっていたが、教師の仕事のメインは授業だと思って授業のことに心を砕いてきた。書類作成などは超スピードで処理した。しかし、昨今は、私のような教師生活はなかなか難しいという話をよく聞くので何とか仕事改善が進むことを期待している。

2016年小・中学校、2017年高等学校の新学習指導要領が告示され、授業では「主体的・対話的で深い学び」が重視される。このことで危惧されるのは、形式的なグループ学習、調べ学習、発表などが蔓延することだ。

私は教育学者の佐藤学さんの提唱する「学びの共同体」に同感することが多い。そこでも、「学ぶ価値ある内容」を学習することがいわれている。そして、「学ぶ価値ある内容」について1人では解決が難しい課題を共同で取り組ませていると思う。

生徒たちが学習の主体者だ。そのときに他の生徒たちと対話し、教師と対話し、教材と対話し、観察・実験と対話する。そして重要なことは自分とも対話することだ。自分の内なる「今の発達水準でもっている認知、素朴概念」とも対話する。

その主体的・対話的な学びのなかで、自然・物質がどうなっているかを構造的に歴史的にとらえ、それによって科学的な世界観の重要なパートである科学的な自然観を身につけることで深い学びになると思う。

私は、主観的にだが、主体的・対話的な学びをずっと追究してきたという自負がある。

雑誌『PHP』2018年10月号に、「こころにひびくことば」の執筆の依頼があり、私は悩んだ末に、20世紀初頭の教育者、ウィリアム・ウォード（1921～1994年）の言葉を紹介した。

“平凡な教師はただしゃべるだけ。よい教師は説明し、優秀な教師は自らやってみせる。そして最高の教師は生徒の心に火をつける。”

教育とは、学校でも家庭でも、生徒の内在的な能力を引き出し、発展させることだ。そのとき、自ら学び始めるきっかけが与えられるかどうかが重要なのである。

私は長い間、小学生、中学生、高校生、大学生に理科を教え、一般の人には「身近な科学」などを講演してきた。その教えや講演で、やさしく説明したり、実験を見せたりしてきたが、彼らの心に火をつけられたかどうか……。常に自分を省みている。

本書が、みなさんの心にいくぶんかでも火をつけることができたとしたら嬉しい。

最後に、本書を刊行するにあたってお世話になった東京書籍編集部の角田晶子さん・植草武士さんに厚く御礼を申し上げます。

2019年4月　　　　左巻 健男

第1部
理論編

おもしろ理科授業への招待

1) 科学はやさしく楽しく学んでいける

私は長年、中学生や高校生に理科を教えてきた。その間に検定中学校理科教科書や高等学校理科教科書の編集・執筆にも関わってきたし、教師向けの実践的な理科教育書や一般向けの科学入門書を書いてきた。大学に移ってからは、小学校教職免許のための初等理科を教えたりしてきた。現在は、生命科学部や理工学部の理科・数学の教職課程の担当をしている。

そういう立場からすると、これまでの理科が難しくてわかりにくくなっていたのは、難易度の高いことを教えてきたからではなく、雑多な知識をばらばらに（細切れに）教えてきたからであると考えている。小学校から高校までの教育課程をシステマチックに組み直すべきだ。とくに小学校・中学校では、自然の基本的な事実や自然科学の概念や法則（非常に適用性の高いもの）を厳しくセレクトし、具体的な事物を探究しながら、それらを確実に身につけさせることをねらうべきだ。基本的事実や概念や法則は、それほどたくさんあるわけではない。

こういった本物の知を中心に体系的に学べば、どの児童・生徒も自然への関心・興味をもち楽しく学んでいけるものである。適切な学習内容を、適切な方法で学習して初めて、真の学びがはじまるのだ。

理科の授業は工夫次第で、他の教科よりずっとおもしろいものにできる有利さがある。科学の目を育てる教育とは、人間がより良く生きていくための指針となるような意味あるものとして、科学を学習させることである。

2) 知的に楽しい授業を

小学校から中学校にかけての理科の授業では、系統性や理解を無視してよければ、びっくり実験などを使って児童・生徒たちを楽しませることはそれほど難しくはないだろう。しかし、授業はエンターテイメントではない。とにかく楽しい（fun）授業でさえあればよいというものではなく、知的に楽しい（interesting）授業でなければならない。そのためには、自然の世界を、ゆたかに科学的に捉えることのできるように、学習すべき概念や法則とその学習方法を根本的に構築する必要がある。

現代は、児童・生徒たちに「将来役立つのだから、いまはつまらなくても学習しなくてはならない」という強制力は簡単には効かなくなっている時代だ。だから、びっくり実験で一時的にせよ、科学的な現象に注目させることも必要だろうが、あくまでも児童・生徒の科学的認識を育てるプロセスのなかに位置づけなくてはならないだろう。科学のおもしろさは、自然の世界の科学的探究にこそある。児童・生徒がその探究を通して科学理論のすばらしさを感じ、それを自分なりの認識形態で捉えていくことができるような授業を構想したい。

3) モットーは「未知への探究」

授業に取り組むときの私自身のモットーは、「未知への探究」である。

私は、前もって流れをつくり、そのレールに乗って話をするのではなく、ただ知識を伝えるだけの授業にしたくないと思っている。だから、授業の直前まで、その授業をどうするのか、どんな発問をしたら子どもがくいついてくるのかを考える。抽象的な考えをすらすらと理解する子、かなり具体的なものを示さないと抽象的なことが理解できない子、さまざまな子を思い浮かべ、課題を考える。この課題を出せば、素直な子ならこんな答えをするだろう、では、教師の予想を超えるようなことを言う子ならどうだろうか、体験がたくさんある子は体験をもとにして何を言うだろうか、こちらの発問にしたらどう反応するだろうか、などを予測する。授業そのものに「未知への探究」というスピリットを入れ、自分でもどうなるかわからない、どうなるんだろうというドキドキ感、ワクワク感が欲しいからだ。「こうやればいい」で授業を終わらせず、最初にうまくいかなければ、次のクラスではちょっと変えてみたりする。

教師が正解を握っている状態で、その正解を導くために発問なり課題を出す授業方法もあるだろう。さも「考えさせてあげよう」というように見えても、実は教師の用意しているレールへの誘導だったりする。

そうならざるをえない授業もあるが、活発に動く生き物のようにどう展開していくか、瞬間瞬間判断していく先の見えない授業が、私は好きだ。そのなかで当初やる予定のなかった実験を行うはめになったりするし、ときとして、どう展開していくかに悩んで立ち往生する。課題－討論－実験のような形式的に整った授業がよいとはいえないと思うのだ。

子どもたちは自然科学の論理がちゃんとわかっていないから理科を学ぶのである。また、知識が多いからといって、必ずしも自然科学の論理を身につけているというわけでもない。

授業は、子どもたちがもっている知識の確認の場ではない。未知の世界への探究の場なのだ。

4）おもしろ理科授業とは？

理科は、私の考えでは、本来的には「本当の自然科学」を教え、学ぶ教科である。ここで私がいう「本当の自然科学」とは、自然の構造、法則性、歴史を、歴史的限界をもちながらも明らかにしてきた過程であり、活動であり、その結果としての体系である。その体系も固定的なものではない。とくに自然に根ざしていない、形式的操作に堕した“自然科学”、あるいは装いだけは自然科学っぽい、いわゆるニセ科学（疑似科学）が理科教育や環境教育に入り込んでいる。絶えず自然科学をとらえかえしながら、教育内容－教材－授業を構想していくことが求められる。

「おもしろ理科授業」というと、ステレオタイプに「おもしろいだけでいいのか」などという人がいるが、「おもしろ理科授業」の前提は、「本当の自然科学」を教え、学ぶことなのである。「おもしろ理科授業」は、子どもと一緒に自然科学をガイドに自然の秘密を解き明かして、その自然科学を鍛え、さらに自然をゆたかにとらえられるようにする理科授業なのである。

本書では、このような理科授業をつくる方法や、心構えを伝えたいと思う。

5）理科の「プロ教師の技10カ条」

この章のまとめとして、かつて書いた「プロ教師の技10カ条」をあげておく。

(1)　教育内容に深い理解をもっており、物質の世界や生物の世界などをゆたかにイメージできる。

(2)　実験など教材をたくさん知っていて、失敗なくできる。

(3)　授業前に、授業のシナリオをつくり上げることができる。

(4)　授業中、シナリオをもとにして展開しながらも、臨機応変に対応をすることができる。

(5)　子どもたちの意見をうまく交通整理でき、討論もうまく組織できる。

(6)　論旨明快、具体的な話ができる。

(7)　子どもたちの認識状況を質的・量的に捉えることができる。

(8)　授業後、授業を再現できる。

(9)　授業後、授業の問題点を分析し、原因をさぐり、改善策を考えることができる。

(10)　自己満足とマンネリを常に自戒して、何か新しいことにいつもチャレンジすることができる。

(10)は、「技」ではなく、「姿勢」なのだが、教師には必要なことだ。教科書をやさしく解説するなら大学1、2年生だってできる。しかし、教科書の解説だけでは授業にならない。理科の授業では、たんに教科書にある教材を使ってその内容を教えるのではなく、教科書をもうまく活用して自然の事物・現象とその構造や法則性など(自然科学の事実、概念や法則)を教えるからだ。

新任のときは、いろいろ調べて試行錯誤して授業をするだろう。しかし、何年か後、同じ単元をするとき、まあまあうまくいったと思ってしまったなら、もうマンネリがはじまっている。そのときには「未知への探究心」を失ってしまっているのだ。ワクワク感、ドキドキ感が薄れ、手慣れた展開をしてしまう。それを防ぐためにも、何か新しいことにチャレンジすることは、とても重要である。

2章 おもしろ理科授業の条件

では、おもしろ理科授業の基本的な心構えから述べていこう。

1) ドキドキワクワクした気持ちで授業にのぞむ

「授業がうまくいかない」というと、「それは授業以前にやるべきことがなされていないからだ」といわれることがある。つまり、「生活指導をビシッとやって、話をよく聞くようにさせなくてはならない」ということらしい。とくに、最初が肝腎などといわれる。

それも必要だとは思うが、私は、それよりも次の玉田泰太郎さんの言葉をかみしめたいと思う。

> 「プランがどんなにまずかろうと、子どもの読みとりがどんなにまずかろうと、わくわくするような気持ちで、今日はこれをやってみたいとか、子どもといっしょに獲得したいんだという（気もちで）、それで教室にのぞめるか…。そこで（問題に）ぶつかったら、ぶつかってあたりまえだから、子どもたちに学ぶし、あるいは僕の自然のとらえ方とか自然科学のとらえ方の未熟さだとかというものをもう一度問いなおす。そして、再びわくわくするような気持ちで教室へのぞめるようにどれだけやれるかというのが、僕自身の今の反省であるし、そのことなしには自分の授業がつくれないんじゃないかという気がしています。」
>
> （『理科授業の創造』新生出版、1978年所収の「理科の授業をつくる」という座談会の発言から）

授業が下手だってかまわない。みごとに展開する（ように見える）授業だけが、授業ではない。授業とは、非常に個性的なものだ。「教師も頑張る、そして子どもも頑張る」、そんな人間どうしの共感があふれた授業をやりたいものだ。

「きょうは、この課題をぶつけて、それからこの実験をやって……それで、コレを子どもと一緒に獲得するんだ」などと、ドキドキワクワクした気持ちで授業にのぞみたい。まるで、恋人に会いにいくように、いそいそと授業に向かっていきたい。この気持ちをもてるように教材研究を行うこと、それが本当の「授業以前にやるべきこと」だ。この気持ちを失ったときは、どんなに授業がうまくなろうとも、正誤判定をするだけの「ティーチングマシン」とあまり変わらない教師になり下がったときではないだろうか。

2) 私が影響を受けた授業論

私は、教師になってから、まあまあ自分の話術に自信をもつようになった。生物分野や地学分野でもおもしろい話をして、子どもたちをひきつけることができた。それは、生物分野や地学分野で、ほとんど物事をよくわかっていなかったが、いろいろな本を読んでは「おもしろいなあ」と感じる知識をふやしてきたからだった。

物理分野や化学分野でも、話でごまかすことがよくあった。

むなしかった。子どもたちに考える楽しさを与えるのではなくて、落語とか漫才のおもしろさを与えているような気がしたからだ。たしかに、自然科学をやさしく教えている。でも、子どもたちが話を聞くだけの受け身の態度では、自然科学的認識が子どもの内面に定着し、力になっていく、ということからあまりにも遠いと思うのだ。

こんな私がまず影響を受けたのが、「仮説実験授業」の考え方だった。

子どもの認識の発展プロセスを計算に入れて、よい問題をうまく配列していくことの重要性を知ったのである。

「極地方式研究会」から学んだ部分も多くある。

> 子どもの考えには、すべて何等かの真理がふくまれている。「正答主義」はやめよう。(『極地方式入門』国土社、1970年から)

「間違った」答えでも、その子どもが考えた際の条件のもとでは正しかったりするのだ。選択肢をいくつか示して子どもたちに選ばせるような授業をしていた私にとって、この見方はショックだった。それからは、子どもの意見を正しいか誤りかで割りきることはせず、じっくりとその考えを聞いてみようという余裕をもたなければならないと考えるようになった。これは、3) で詳しく述べる。

その後、若手で「理科授業研究会」というサークルをつくり、中学校の電磁気の授業プランづくりと並行して、授業論についても学習するようになった。そこで、「玉田泰太郎授業論（課題方式）」に出会ったのだ。
それぞれの授業論については次章で説明するが、私の授業論は、以上のことをバックグラウンドにしている。

3) 教室は間違うところだ――正答主義批判

科学者の研究会では、みんな思いついたことを口にするから、その大半は間違っている。一流の科学者ほど、たくさん間違ったことをいったりする。
そして、間違っているのは研究会の発言だけではない。科学史を研究すれば、「正しいこと」がわかるまでに、幾多の「間違ったこと」が主張されてきたかがわかるだろう。「正しいこと」は、間違いの中から生まれるのだ。
それが、教育の世界ではどうか。
学校には、正答主義という、おかしな考えがいきわたっているような気がしてならない。
正答主義とは、正しくないと答えとして認めず、まちがいをバカにする考え方だ。ハイ、ハイといきおいよく手があがるが、指された子どもが間違うと周囲から笑いがおこり、間違いを言った子どもは下を向く……なんて光景がよくみられるのである。
教師が発問する。子どもたちがハイ、ハイ、と手をあげる。「○○です」との答え。「そうですね。では△△は？」。また、ハイ、ハイ。……「そうですね」……。
答えを間違えると、叱ったりする教師がいる。間違った答えを言った子どもを嘲笑する雰囲気が支配的となる教室がある。すると、自分の間違いをかくし、他人の間違いをバカにするようになる。
これを正答主義と呼ぶことにする。
板倉聖宣さんが、『思い違いの科学史』に書いていることをみよう。

> 「思い違いの科学史」とか「失敗の科学史」などというと、とかくその思い違いをしていた人びと、失敗をした人びとがバカやアホウに見えてしまう。天動説と地動説、燃素説と酸化説、熱素説と熱運動説、天地創造説と進化論――こういった歴史は、善玉と悪玉の歴史、あるいはバカとリコウの物語として書かれるのが普通だった。「こんなバカなことを考えて失敗したやつがいる」「こんなとんでもない思い違いをしたやつが

いる」「そこにすばらしい天才が現れて、ものの見事にその失敗・思い違いのタネを明かした」というのである。こういう物語を読むと、私などまったく委縮してしまう。私なんか、いつもとんでもない思い違いをしていて、たえず失敗してこっそり顔を赤くしていたりするものだが、それを公然とバカ扱いされたのではやりきれない思いがする。そんな話が横行するものだから、「みなさまのご指導よろしきを得て、大過なく過ごさせていただき、感謝に堪えません」などという文章を、何の疑いもなく書いて平気な官僚的人間がうようよするようになるのだ。「大過なく」が、重要なのではない。「大した功もなく」が問題なのだ。

未知のことに取り組んで新説を立てようとすれば、失敗することは免れがたい。だから、「創造的に考えることを奨励する」ということは、「間違いを恐れるな」「思い違いをしてもいいんだよ」と奨励することでなければならない。「昔は、こんなばかげた思い違いをしていた人がいる。そんなばかげた思い違いをしてはいけないよ」といった教訓話はあとでよい。

「この人たちは、未知の問題に取り組んだからこそ、こんな失敗もしたのさ。歴史に名の残る人だってこんなとんだ思い違いをしているのだ。だから僕たちが失敗したって仕方がないじゃないか」――そういって人びとを励ましたい。

教室で、子どもたちが間違ったことをいう。そういうとき、私はよく歴史上の大科学者の思い違いを思い起こす。「ああ、あの子はニュートンと同じ間違いをしたな」「この子の間違いはアリストテレスそっくりだ」「あの子の間違いはガリレイそっくりだ」「なんて、みんなすばらしい間違いをするのだろう。大科学者そっくりではないか」と思うのだ。

「天才の頭の構造は凡人には計り知れない」なんていう俗説・高説など、私は信じない。「人間なんてみな五十歩百歩なのだ。ただある人びとは、いろんな失敗をも恐れず未知の問題に取り組まざるをえないような場におかれたからこそ、すばらしい発見をするようになっただけだ」と考えるのである。(『思い違いの科学史』青木国夫、板倉聖宣他著、朝日新聞社、1978年)

子どもたちの頭の中は白紙で、そこに教師の説明が写しとられていくという考えがある。教師が説明しさえすれば「わかる」という考えである。

しかし、子どもたちの頭の中は白紙では決してない。日常的・常識的認識がどかっと腰をすえているし、それまでの学習やテレビなどから得た認識や雑多な知識が同居している。私たちが、学校で教えようとする内容は、ある場合には、それらの認識との対決という形をとらなければならないし、ある場合にはそれらをなだめながら、頭のどこかにもぐりこませるという形をとらなければならない 。

私たちの頭も、小中学生・高校生の頭も、そんなに違いはないのだ。教師が説明をして、それでわかってしまうということは、ほとんどないと考えたほうがいいだろう。講演を聞いてわかった気分になって、いざ他人にその内容を話そうとしてもあやふやになってしまったりした経験は誰にでもあることだろう。そういう大人と同じように、子ども一人ひとりの頭の中で、解決すべき課題との格闘が必要なのである。そのプロセスにおいて「間違い」を恐れさせてはならない。未知の課題への挑戦なのだから、間違って当たり前である。その子なりに一生懸命考えたからこそ間違うのである。

子どもたちの間違いには、間違うだけの根拠がある。かつての科学者たちが間違ったことを現代の子どもたちがまた間違えるのである。正しい答えを知った子どもの頭の中にだって、その間違いと同じような認識が根をおろしていたりするのだ。

新居信正さんは、「まちがいの効用」についての「哲学的発想」をつぎのようにまとめている。

＊マチガイをおそれずに、大たんに自分の考えを主張して相手を説得する喜び。
＊マチガイをおそれずに、みんなの考えを出しあったから、〇〇ちゃんのような便利な考え方を知ることができたのだという喜び。
＊同じ問題にもイロイロ考え方があるものだと、他人の考え方も大切にすることの重要さ。
＊他人のヨイ意見はどしどし取り入れて、自分のノーミソを肥していくことのスバラシサ。
＊「なるほど『失敗は成功の基』なんだなァ」と実感したときのうれしさ。

(『小学校の現場から』フレーベル館、1980年)

私たちは、間違う子どもの間違いの根拠をみることができるようになりたい。私たちは、「間違い」に対して、いろいろ激励できる教師になりたい。
日頃から「教室は間違えるところ」「間違えながら大きくなっていく」ということをいい、間違った発言に対しても、教師は、具体的に、その考えのするどさを見出してほめたり、条件が違えばその間違いが正しくなることや、昔のエライ学者の名をあげて同じまちがいだと説明してやったりして、正答主義におかされている子どもたちに「間違いのすすめ」をしよう。
「正しい」のか「間違い」なのかは実験などで決着をつけるのだから、間違えた子どもたちを激励するようにしよう。
私の場合は、

＊Ａ君の意見は、実は○世紀まではそのころの大科学者みんなが考えていたことなんだよ。
＊昔、○○というエライ科学者がいて、その科学者が主張していたことと同じだ。その考えが間違いだってはっきりしたのは、今から○年前のこと、まだそんな古いことじゃない。
＊Ａ君の意見は、○○という条件のもとでは正しい考えだね。
＊Ａ君がさっきの考えをいってくれたから、問題がはっきりしたね。Ａ君と同じ考えもあるんじゃないかって、頭の片すみでは思っていた人だってたくさんいるんじゃないかな。Ａ君はそういう人たちの代表だったんだ。
＊実験ではＡ君の意見は間違いだってわかったけど、Ａ君の意見ってすごく説得力があったでしょう。これからも、みんなＡ君のようにどんどん鋭い意見をいってほしいなあ。

などとやっている。
授業中、子どもたちはそれぞれの発言への教師の対応をするどく見ている。教師が期待している「正しい答え」に「そうですね」などとあいづちを打っているようなら、小学校以来、体質的にまでなっている子どもたちの正答主義を克服して、間違いをおそれずに課題に挑戦していく教室をつくることはできないのだ。

＊何でもいえる教室の雰囲気をつくる。
＊少数意見を大切にする。
＊ある意見をバカにするような笑いや言葉には厳しく対応し、ひとそれぞれ

の精一杯の意見をしっかり聞くようにさせる。

ということは、正答主義克服のために必要なことである。

4) 騒がしい教室と静かな教室

授業中の騒がしさについては、おしゃべり（私語）で騒がしいのか、近くの人と授業にかかわって話し合っていて騒がしいのかを、見きわめなくてはならない。同様に、静かな状態でも、みんなが集中して取り組んでいるから静かなのか、それとも教師の「権力」によって静かにされているのかというように大きく異なる場合がある。

静かにさせる「技術」の1つが、板書中心の授業にすることである。どんどん板書する。子どもは懸命にノートをとる。説明をはじめるとおしゃべりがはじまるので、説明はちょっぴりにして、板書、板書……である。確かに静かになるかもしれない。しかし、これではティーチングマシンのほうがまだマシである。学びへの意欲をもてずに、ただノートとりに追われるような「授業」で静かになったとしても、それは授業とはいえないであろう。

「わかる値うちのある内容」を授業で扱うこと、教師と子どもで授業をつくることを前提にして、おしゃべり（私語）をしずめるにはどうしたらいいかを考えたい。

もっともポイントになるのは、子どもに与える課題（主発問）である。この課題にみんなが取り組むなら、その過程で少しくらい騒がしくなってもかまわないと思っている。

ただ、授業に無関係のおしゃべりなどでぜんぜん話を聞いていない子どもの存在は許さない。「自分の授業がよくないから、おしゃべりする。だから仕方がない」といって放っておくことはしない。そう思ったとしても、おしゃべりを放っておけば、さらに授業は悪くなるのだ。意欲をもった子どもたちも意欲を失っていく。おしゃべりしている子どもだって、授業に参加すべき子どもなのだ。いったん騒音になれると、みんなが騒音を気にしなくなる。授業には期待しなくなる。おしゃべりを放置していることは、教師が嫌われる大きな原因の1つである。

どの教室にもおしゃべりな子どもはいるものである。実は、私も小・中・高を通してそうした1人であった。よく職員室へ呼ばれて叱られたものである。私の場合は、落ち着きがなくて、数十分、だまって机に向かっているのが苦痛でしかたがなかったのである(授業内容もよくわからなかった)。

「課題に対して自分の考えを書き、意見発表をしたり討論したりする授業で、おしゃべり屋さんを活用してやるぞ」という気持ちで授業にのぞむことだ。それから、いつも教室全体へ目をくばり、気くばりをすることだ。子どもたちの反応や顔に注意を向けることだ。

はじめの何時間かで、授業の雰囲気、カラーといったものが決まってくる。何でもはじめが大切である。

課題に対しての自分の考えを書かせるときは、「他の人と相談しないで、あくまでも自分の考えを書きなさい」と指導する。

課題が全員のものになってから、「さあ、自分の考えを書きなさい」というと、みんながサーッとノートに向かい、教室にはエンピツの音だけが響く。これが理想だが、ちょっと高度なものなど課題によっては、まわりの人と相談してから書かせる。

5) ワンパターンを避ける

子どもが学習の主体者なのだという立場で、子どもの発想、意見を大切にしよう。それと同時に、教師は教授活動の主役として、子どもの認識にゆさぶりをかけて、科学的認識をどうつくっていくかを考え、授業づくりをする必要がある。

子どもたちは多様だ。みんなと意見を言い合うことにおもしろさを感じる者もいれば、自分たちで実験することにおもしろさを感じる者もいる。子どもたちの多様な要求がどこかで満たされるような授業を心がけよう。

授業のねらいを達成するには、内容によっては討論に、あるいは実験に時間をかけたりする。内容にふさわしい形態を考える必要がある。

お話や読みものを取り入れたりすると、効果的になることもある。

理科の授業で、観察・実験はとくに大切だ。子どもたちは一般的に実験が好きだ。ただし、“実験をやらせさえすれば楽しい、おもしろい”ということにはならない。実験の意味がわかり、その実験そのものにおもしろい要素があり、実験から何かがわかる、あるいはその実験から認識がさらに深まる、という条件をそなえた実験をやりたいものだ。

中学2年「化学変化」の単元の授業が終わったとき、好きなようにグループをつくらせて、2時間、化学に関する自分たちがやってみたい実験をやらせてみたことがある。子どもたちは、カルメ焼き、熱気球、化学カイロ、ラムネ等々に取り組んだ。宿題もワンパターンをさけた。

次は生徒の感想の1つだ。

“今考えると、浮沈子作りや、結晶作り、一番苦労したカルメ焼き作りは、とても楽しいいい思い出です。先生の宿題にはいつも悩まされましたが、おもしろいものばかりでした。”(若林恵理子さん)

理科の授業には、理科ならではの知的なおもしろさ、実験のおもしろさがある。楽しくわかる理科の授業を構想、実施すれば、子どもたちが嬉々として学ぶ姿に教師としての快感があるはずだ。そういう授業を経験すれば、教師としてのやりがいを感じ，好奇心にかられておもしろい教材探しをするようになるし、ちょっと大変でもやりがいがある(子どもからの評判もいい)ので、授業の準備も苦にならないようになる。

何度もいうように、恐ろしいのはマンネリズムに陥ることだ。教師自身がいつも新しいことを学習しようとする姿勢を持ち続ける必要がある。ときには、これまでの授業内容、方法を否定して新しい内容や方法にチャレンジしよう。それは、多くの経験を積んできた人であっても必要なことだ。

6) 教科書の扱い

まずは、「教科書からの自立」を目指そう。 教科書から自立するということは、教科書をバカにし、投げ捨てることではない。精一杯考えて、うまい手が見つからなければ、教科書の展開を借りることだってする。私は、検定中学理科教科書の編集委員・執筆者を長く務めてきた(『新しい科学』東京書籍)。教科書だって、執筆者や編集者がかなり学習しているから、学習指導要領の枠内で、なるほどという展開をしている部分もある。要は教科書にふりまわされないということだ。

「自主編成」というのは、プリントをつくって授業をやるというだけでは決してない。プリントを使わない授業形態だって、大いに考えられる。プリントを使おうと使うまいと、教科書を使おうと、その時点での自分の存在をかけて、「何をこそ教えるのか」「学ぶに価することは何か」を考えたかどうかが問われるのである。

少なくとも教科書と同等か、それ以上の効果が上がっていなければならない。私がよく見るプリントによる授業でもっとも駄目なのは、教科書の説明文を簡略化したものに重要語が穴あきになっていて、その穴に言葉を入れていくようなものだ。それは、単に重要語とやらをおぼえさせるレベルになり、物質の世界や生物の世界など、自然の世界をゆたかにとらえるようにはならない。

私たちが授業を構想するとき、そこにはどうしても文科省学習指導要領や教科書が影響している 。それらと無関係に授業を構想することはできないのが普通だ。というか、妥協しているのだ。

その他、妥協していること、妥協せざるをえないことが世の中にはたくさんある。それでもズルズルと妥協してほとんど妥協する、というのではなく、妥協点をできるだけ高いところに設定することだ。いくぶん妥協しながらでもいい。高い志を持続することが必要なのだ。

「教科書を教えるのではなく、教科書で教える」といわれる。教科書を読ませ、その内容を説明する、という授業への戒めだ。学んでいく自然科学の基礎的な概念・法則のバックには、自然(物質)がある。教室にモノを持ち込み、実物と相対させたり、観察したり、実験したりすることを欠いて教科書にたよってはならない。教科書の内容を並列的に扱っていくのではなく、大胆に重点化して扱い、教科書を参考書、資料集として考えたいものだ。

7) いいものをマネする

“人まねは嫌だ”という人が多い。しかし、もっとおおらかに、いいものはいい、いいものはどんどん人まねしようと考えたらどうだろう。マネは恥ではない。マネを恥じて、いいかげんな授業をやっているほうが恥なのである。

よい授業書、よいテキストというのは、よい問題・課題をうまく配列することによって、子どもたちが楽しくわかっていく道筋をつくり出している。いつもの授業よりも子どもたちが集中して問題・課題に取り組み、深く多面的に考え、自分の意見を述べ、他人の意見を聞くようになる。これが授業というものなのかと感じることができる。この体験は、自分で授業をつくっていくときにもたいへん役立つものだ。そして、気にいった授業書、テキストの全体あるいは部分も自分の「財産」となるのである。

よい授業書、よいテキストというのは、教育内容が考えぬかれているとともに、問題・課題とその配列が「授業の法則性」にのっとっている。他人への伝達可能性をもっているのだ。

自分の授業をつくるときも、他の人でもうまくいくような授業をつくっていくという気持ちをもつことが大切である。

課題方式の授業のやり方

では、私が影響を受けてきた授業方法、とくに課題方式授業について説明していこう。

1) 仮説実験授業と課題方式の授業形態の概要

私が教師になったばかりのときに影響を受けたのは仮説実験授業である。

しかし、すぐに玉田泰太郎さんの到達目標・学習課題方式（以下、課題方式とする）で授業を構想－実践するようになった。

まずそれぞれの授業形態の概要を説明しよう。

・仮説実験授業

仮説実験授業は、「科学上の最も基本的な諸概念と最も原理的な法則を教えるための教材の組織法・授業運営法として、1963（昭和38）年に板倉聖宣さんによって提唱された授業理論」だ。

仮説実験授業は、科学上の最も一般的で基礎的な概念や法則を、問題→予想（仮説）→討論→実験を基本線とする科学的認識の成立過程に即して認識させていこうという授業だ。授業は「授業書」という教科書兼ノートのプリントに即して行われる。教師は、プリントした授業書を配布し、問題を提示し、選択肢から自分の予想を選ばせ、討論させ、実験で決着をつける。この連鎖で子どもたち各自に基礎的な概念や法則を認識させようとしている。

教師の誘導や解説は基本的に排除される。あくまでも授業書に忠実であることが求められる。討論が不活発なら授業書に従って問題を次々に与えていくわけだ。

・課題方式

玉田泰太郎さんは、戦後の生活単元・問題解決学習が華やかなりし頃に教師になった。その生活単元・問題解決学習がもつプラス面（生活から出された興味関心に基づく問題解決型の学習）と、そのマイナス面（必ずしも意味ある問題が設定できないことや雑多な事象の断片的な羅列）を感じながら教材の整理や系統化を進めていった。すべての子どもたちに基本的に到達させたい内容、つまり到達目標を明確化し、すべての子どもたちにわかる授業を追究していった。

課題方式は仮説実験授業と基本的な考え方は同じであるが、1時間に1つないし2つの課題（その授業の要（かなめ）となる中心的な発問）に対して自分の考えを書かせ、それをもとに討論して実験し、結果とわかったことを書かせるという授業方法である。仮説実験授業との大きな違いは、1時間ごとに与える課題が限定されていること、ノートに「自分の考え」「他人の考えを聞いて」「実験」「結果とわかったこと」などを書かせることだ。

2つの授業方法は、ともに科学の基礎的事実や法則・概念の認識を目標にしている。

私が仮説実験授業の考え方に惹（ひ）かれる部分がありながらも、玉田泰太郎さんの課題方式のほうで授業を構想し、実践してきたのは、すでに既成のものとしてある授業書に背負われて教室に行くのではなく、いつも新鮮な気持ちで授業をしたかったからである。

それでも、理科教師は、仮説実験授業から学ぶことがたくさんあると思う。私は新任の教師のころ、授業書「ばねと力」で授業をしながら、力についての基本を学んだ。また、板倉さんの本や雑誌の論説を読み、その論理に感銘を受けている。

2）課題方式の授業のやり方

1. 到達目標と学習課題

課題方式でいうところの「到達目標」とは、例えば、「物にはすべて重さがあり、保存される」「気体も物である」「植物は種子や胞子をつくって、なかまをふやす」など、科学上の基礎的な概念や法則である。その基礎的な概念や法則を、ゆたかな教材で学んでいく。そこで授業の鍵になるのが学習課題だ。

> 「1時間の授業をどう組織するかというとき、子どもたちが学習の主体者として、どう授業を創りだすかということが重要です。授業では教師にとって教えるにたる、子どもにとって学ぶにたる内容を明確にし、具体的な学習課題として提出します。『何を』教えるかを的確に反映し、子どもたちの学習意欲をかきたてる『課題』が用意できるかどうかが、授業が成立するかどうかの鍵になります。」（玉田）

例えば、アブラナやナズナで花の何が実になったかを追究してから、学習課題「チューリップの花がさいた後、実や種子ができますか」と発問して、討論後、チューリップの雌しべの子房や胚珠を観察し、さらに収穫しておいた実や種子を観察する。こうすることで、花が繁殖器官であることが、より確かになる。

2. 課題授業の基本型

これから述べることは、私が玉田泰太郎授業論（『理科授業の創造』」新生出版、1997年）や庄司和晃授業論（『仮説実験授業』国土社、1965年）などから学んできたことである。とくに、授業の基本型については、玉田さんから多くのことを学んでいる。

授業は、大まかに次の順序で進める。

①課題を出す

②課題に対する〈自分の考え〉を書かせる

③〈自分の考え〉を発表させる

④〈他の人の意見を聞いて〉を書かせる

⑤実験

⑥〈結果とわかったこと〉を書かせる

⑦教師による補足説明など

私たちは、この授業を「課題方式の授業」などと呼んでいる。教師の出す課題が授業展開の中心になるからである。だから「課題とその系列」を考えることが教材研究で最重要となるのである。

もう1つ、その課題について、子どもたちに〈自分の考え〉を書かせるということも特色となるだろう。

しかし、理科の授業すべてを、課題を出す、自分の考えを書かせる、といった「課題方式」でやるべきであるとは主張しない。授業のやり方は、授業の内容に規定される。内容によっては「課題方式」がふさわしくないこともあるだろう。それでも、これからの理科の授業を活性化していく1つの強力な方法論であると考えている。

3. 課題方式授業の各段階

以下、課題方式授業の各段階について説明しよう。

(1) 課題を出す

課題は授業展開の核となるものだ。授業は、教材を仲立ちにして教師の授業活動と子どもたちの学習活動とが、相互作用をおよぼしあうダイナミックな過程であるが、この過程を発動させるのが課題である。「この時間には、子どもたちとともに、これをこそ考えあいたい」というもので、1時間の授業では1つないし2つにしぼられる。
それは、子どもたちがこの時間に何を考えればいいかを明確にでき、しかも子どもが経験していたり、今まで学習してきたことを根拠にして、予想が立つものである。
一般に、1時間の授業を、導入－展開－まとめの3段階に区分けするが、この授業では、導入即ち展開なのである。導入で前回の授業の復習をしたり、いろいろ興味づけを行ったりしてから展開させるという授業のやり方ではなく、あいさつの後にズバリと課題を出す。もちろん、ときには、前回の授業の簡単な復習や以前学習したことの復習を入れることもあるが、それも課題の内容をはっきりさせるために必要な場合のみであり、短時間ですませる。
課題は、口頭で言い、それを子どもたちがノートに書く。書いている途中で、課題を板書する。ノートに課題を書いたら、枠でかこませて、課題とその他の文を区別させる。はじめから板書してもよいし、プリントして配布してもよい。
ここでもっとも大切なことは、課題の意味を子ども全員に理解させることだ。課題を提示したら、質問を受けつける（条件などをはっきりさせなければならないときがあるため）。
もしも、課題が明確度を欠き、子どもたちにとって思考の対象がぼやけると、次の段階の〈自分の考え〉が書けない。また、課題が「よしっ、挑戦してみよう」と思わせるようなもの――その段階で難しすぎも、やさしすぎもしないような適度な難度をもったものでなければならない。
(2)〈自分の考え〉を書かせる
子どもたち全員を授業に参加させるためには、その段階での精一杯の自分の考えをはっきりさせる必要がある。
教師には、発問したあとのしばしの沈黙に耐えられずに、すぐに答えを求る傾向がある。発問は考えさせるためにするものだ。全員に考える余裕がなければ、一部のすぐに反射的に思いつきをいう子どもたちに授業を流されてしまうだろう。すると、深く考える子どもたちは思考を停止してしまうではないか。
「早く！早く！」とせかしたり、「正答主義」に陥らないようにしなければならない。私たちは、じっくり考える子どもたちに育てたいのだ（時間の制約も考えながらではあるが）。

〈自分の考え〉を書かせる、ということは、考える時間を保証するということである。書かせることで、すぐにハイッハイッと手をあげる子どもたちに授業を流されず、みんなで精一杯考えたうえで意見を出しあうことができるようになる。

また、書かせる時間をとることで、誰がどんな考えをもち、どんなところでつまずいているのか、その発想、そのつまずきをどう授業のなかでとり上げていくのか、討論をどう組織していくか、といったことを机間巡視しながら考えることができる。「遅れた子」に一声かけることもできる。

机間巡視をする際には、あらかじめ予想される考えを3つくらいにしぼって、その視点でノートを見ていくと考えが把握しやすい。「この考えは出るだろう」という教師の予想を超えた考えには、よく注目しておく。早く書き終わった子どもがいたら、それを何人か読ませるのも、考えがまとまっていない子どもへの援助となる。

〈自分の考え〉には、「こうなると思う」「できると思う」などという現象の予想と、「そう思ったわけ（根拠）」を書かせる。子どもたちが、ノートに自分の考えを長く書けるかどうかに執着する必要はない。短いセンテンスでもポイントをおさえて書かれていればいいのだ。

子どもたちに書ける内容がない場合は、課題とその配列がよくないということを表している。課題を重ねていくと、子どもたちは次第にしっかりした認識をもてるようになり、自分の考えも自信をもって書けるようになる。そのように課題を配列するのである。

子どもたちにとって、自分の考えの変わり方は、自分自身の成長の記録ともなる。ときには、以前のノートを見させて、しっかり書けるようになったという自己評価・確認をさせたいものだ。

(3)〈自分の考え〉を発表させる

〈自分の考え〉のうち予想を大きくタイプ分けして板書する。あまり多くせず、4つまでにとどめておく。それぞれのタイプごとに挙手をさせ、その人数を書き、予想分布表をつくる。

それから、迷っている子、わからないという子には、何がわからないのか、どこまで考えが進んでいるのか、どんな点で迷っているのかをまず発表させる。迷っている子どもはある意味では、迷わないで単純に考えている子どもよりも深く考えているといえる。「こうも考えられるし、ああも考えられる」と迷っている子どもが、その後、他の人の意見を聞いてどういう考えに傾いていくかは、子どもの認識状況をつかむポイントの1つである。同様なことは「わからない」子どもについてもいえる。全然わからないということなら課題が悪かったのかもしれない。考えてわからないのなら、その考えたことを発表してもらえばいい。「わからない」といっても、全くわからないのではなく、考えてわからなくなったという場合が多いのである。

その後、私の場合は、少数派から順に、ノートに書かれている予想の根拠となる考えを発表させる。批判は、意見の出し合いの後にさせる。まずは、それぞれの意見を出してもらうのだ。

発表者を決めるとき、私は挙手を基本としている。挙手した子どもが発言をした後、「つけ足しすることはないか」「別の考えはないか」と聞いて、さらに挙手を待つ。机間巡視で目星をつけておいた子どもが挙手していないときは「○○君は、ちょっと違った考えだったね。言ってごらん」と指名して発言を求める。挙手を基本としながら指名を織りまぜているのである。

課題の授業のシリーズの中の位置（導入部なのか習熟の部分なのか、など）と内容によっては、意見の出し合いで次の段階に進む場合と、批判をしあい十分な討論をする場合とがある。

課題が重ねられていくと、当然全員がある考えで一致する場合がある。このように大部分の子どもがある考えに一致した場合には、「本当に自信がある人？」と聞いてみる。「自信のない人は、どんな点で自信がないのかな？」と問うてみる。そこから、新たな展開がはじまったりする。あるいは、教師がその考えとは違った考えをのべて対決してみたりする。

討論の場合、注意しなければならないのは、教師の期待している答えに「そうですね」などと相づちを打ってしまったり、期待している方向に誘導してしまったりすることである。

教師は、対立点をシャープにして、いま、何が問題になっているかをはっきり示す、すぐれた司会者の立場に身をおかなければならない。問題が拡散していくのを防ぎ、できるだけしぼりこむようにする。2つの考えにしぼれれば一番よい。

討論にしても意見の出し合いにしても、発言は教師に向けたものではない。みんなに向けて発言する。そして、意見を発表している子どもにみんなが注目する。そのように教師は子どもたちを指導しなければならない。

数人の子どもたちの討論に流されていったときは、それが子どもたち全員のものになっているかどうかを子どもたちの雰囲気で察知して、場合によっては基礎的な方向へと引き戻さなければならない。「ちょっとやめて。みんな、いま、何が問題になっているかわかったかな。さっきから、こういう考えとこういう考えが対立していたよね、そして、ここまでははっきりしたね。ちょっと違う方向へいっているので、ここからはじめることにするよ」などとやる。

(4)〈他の人の意見を聞いて〉を書かせる

〈自分の考え〉のあとに、〈他の人の意見を聞いて〉として、予想変更を書きこむスペースをとっておく。〈自分の考え〉を不十分にしか書かなかった子どもも、討論を聞くと、考えがはっきりしてきて、〈他の人の意見を聞いて〉の欄にはしっかり書けるようになったりする。

ここでは、

- 他の人の考えに同調して予想変更する場合は、「私は、○○と思っていたが、A君の○○という考えはなるほどと思ったから……」などと書かせる。
- 自分の考えを変えない場合は、根拠を討論をふまえて十分に書かせる。

また、いずれの場合も他の考えに対して、疑問や反論を書かせる。
板書してある予想分布表に、討論後の予想の分布を書き入れる。
それから、予想変更した子ども、他の人の考えに疑問、反論がある子ども何人かに発表させる。ノートの内容が不十分な子どもには、その発表をもとに書き加えさせる。

(5) 実験

子どもたちが、自分の考え（仮説）が正しいかどうかを自然に問いかけ、自然がこたえてくれたことから、自分の考えの正否を知る。それが実験である。

したがって、たんに現象の予想が当たった、当たらなかったというレベルで実験を行ってはならない。現象の根拠となる考え（仮説）の当否が確かめられるようにする必要がある。

もっとも避けなければならないのは、「何のために実験をしているのか」が子どもたちに捉えられないままで、実験を行ってしまうことである。そのため、討論において、他の人の意見を聞いての発表において、「どのような実験をして、それぞれの考えを確かめたらよいか」をはっきり意識させておく必要がある。実験としては、明確に仮説を検証しうるものが用意されなければならない。

教師実験にするか生徒実験にするかは、その実験内容で決める。

必ず教師実験としなければならないのは、以下のような実験である。

- 生徒実験にすると安全上問題があるもの
- 実験操作に高度の知識・技能を必要とするもの
- 生徒実験にすると結果がまちまちになってしまうもの

生徒実験にしなければならないのは、以下のような実験である。

- 操作方法になれることに意味がある場合(顕微鏡観察やろ過の実験など)
- 仮説の検証はもちろんだが、実験をしながらいろいろなことがわかる場合 (五感をとおして 事実を認識していくような実験の場合)

教師実験・生徒実験のどちらにしても、何のためにやるのか、どの点に注目しなければならないかを、はっきりさせることが大切である。とくに、生徒実験の場合は、使用する器具などを見せながら、具体的にその手順や注意点を説明して、それを確実に全員のものにしなければならない。

- 実験上の注意点の説明は、実験の前に全員を集中させて行わなくてはならない。実験が始まってからでは、全員に注意を徹底するのは難しい。
- 生徒実験がはじまったら、教師は机間巡視をして、実験に参加していない子どもを指導したり、実験上の相談にのる。
- 生徒実験は、内容によって1人ずつや2人1組から4人1組くらいでさせる。女子生徒が記録係ばかりやってしまう傾向があるので、私は実験班を男女別にしている。係分担が固定しないように指導する。
- 道具などを片づけて必要なものは洗い、机の上を雑巾できれいにふいてはじめて実験が「終わった」といえる。これを子どもたちにも徹底させる。
- ノートに、実験の方法、実験の途中経過などを書かせる。

(6) 「結果とわかったこと」を書かせる

実験の結果とともに、それをもとに、「何がわかったのか」「何が確かになったのか」を書かせる。

何回も述べたように、実験は「結果がこうなりました」という事実のみを表しているのではない。その事実により、子どもたちの考え(仮説)が検証されるのである。事実と、その事実からわかったことを書かせる。

何人かに発表させる。同じことをそれぞれの表現で述べてもらって、わかったことを全員のものにする。ノートの内容が不十分な子どもには、それをもとに書き加えさせる。

実験の結果を納得できない子どもがでることもある。そのときは、その子どもの考えがどういうときに正しいかということを説明するとともに、「自然にたずねたら、自然がそれは違うといった」という実験結果についての考え方を説明するしかないと思う。

(7) 教師による補足説明など

必要に応じて、概念、法則を定式化すること、新しい用語を説明すること、話や読物などで、この時間までに学習したことに広がりと深さをもたせることなどを行う。

3) 自分の考え・討論

1.自分の考えを書くことのメリット

自分の考えを書くことのメリット、村越久枝さん(当時高知県越(おち)知中学校で教師2年目)は、次のように述べている。文中のコスモスとは彼女の授業テキストであり、ときには理科通信となるプリントのことである。(1986年1月の全国教研報告書から)

《今年の3年生は、授業で質問しても何も言わなかった。指名をしても声も出さないのだ。

"この大部分の無言の人"に初めはびっくりしたのだが、何も考えていないのかというとそうではなかった。ノートやコスモスに自分の考えを書かせるとワクいっぱいに何行にも書いている子もいた。そこで、その書く力をたよりに授業をすすめていくことにした。

たとえば、実験前に予想をたてさせる。討論が活発にできればいいのだが、発言しないので、まずコスモスに自分の考えを書かせる。その後指名して書いたものを読ませることにした。読むだけだから"無言の人"も声になってきた。

でも中には何行も書いていながら、指名されると「書いていません」などと言う子もいる。そんな時には「いっぱい書けていたじゃない。先生がかわりに読もうか？」などと言ってみる。そのためには書いている間の机間巡視が大切だ。指名されたとたん、何行も書いていた自分の文章を全部消してしまった子どもがいてびっくりした。それだけクラスのみんなの前で自分の考えをのべることに抵抗をもっていたのだ。

自分の考えを書いた後、班会をさせ、班内で意見をのべ合わせることもある。クラス全員の前ではむずかしい子でも班という小グループの中では自分の主張がはっきりできる子もいる。その後、班発表させることもある。

また、いい意見がたくさんあるのでみんなに知ってもらいたいのに時間的に無理な時には、コスモスで紙上討論のようなこともしている。

このようなくり返しの中で、あまり書けなかった子でも、書く力をどんどん伸ばしていっているし、書くことによってよく考えるようになってきたと思う。また、コスモスにのる意見・感想を読んでみんなの考えを知るということもプラスになっているように思う。自分の考えを書いてそれを読むことによって少しずつではあるが“物言う授業”ができるようになってきている。》

“ものいわぬ授業”から“ものいう授業”へとなったポイントは、自分の考えを書かせて、それを読ませたということなのである。

自分の考えのわけ(根拠)は、大きく3つのタイプに分けられる。すなわち、

- 前に学習したことを活用している場合
- 自由に頭をめぐらして、思考実験の結果こうなるだろうという場合
- 生活体験に類したものにもとづく場合

である。

「前に学習したことを活用」というのを基本線にするといっても、それだけにこだわる子どもたちにしてはならない。「総動員して考える」ことが重要である。庄司和晃さんは、予想を立てたあと、その予想は前に習ったことを利用して導いたのか、思考実験によって導いたのか、経験に類したものにもとづいたのかを、子どもたちに意識させている。考える手を授けているのだ。

どうしても思いつかない子には、

- 時にはテキストの前の方をひっくりかえしてこの問題をとくのに使えそうなものはないのか探してみよ
- ひととなるべく反対のことを考えよ
- ばかげたことを考えてみよ
- とんでもないような考えをだしてみよ
- 人の予想をみてもまねするな、それと逆のことを考えてみよ
- 相手はきっとこう考えるだろう、それにはこう反論しようというようなことも考えてみよ

という言葉のなげかけをときたまおこなっている。とくに、新問題－クラ

ス内の大多数の子どもの予想がはずれるような問題のときにはよくおこなっている。ただし、どの問題にも当てはまるということではあるまい。(『仮説実験授業』国土社から)

2.討論での留意点

課題方式で意見を言ったり、討論したりする場合、私が大切だと思うことを箇条書きにする。

・子どもの発言を教師がくり返すことは原則としてしてはならない

子どもの発言はナマのほうが、子どもたちによく伝わるものである。教師が翻訳することによってナマの迫力が失われる。とともに、子どもの発言の内容をうすめてしまっていることが多いのだ。意味をとり違えることもある。

声が小さい、発音が不明瞭などで聞きとりにくいときも、発言がわかった他の子どもに「通訳」してもらったほうがよい。他の子の誰もが発言の意味をとりにくかったときにかぎり、教師の翻訳が意味をもつのである。

・「同じです」について

意見をいわせると「A君と同じです」という発言がよくでる。その場合は、「同じでいいから自分の言葉で言ってごらん」と言うと、その意見が深まるものである。

・問いつめない

発言しているとき、子どもはかなり緊張している。したがって、教師のあたたかい支えが必要だ。最後までゆったりとした気持ちで聞くようにする。やっとの思いで発言した子をさらに問いつめていくことはできるだけしない。

1人の意見に対して、同じ類の意見をそれぞれの表現で何人かに述べてもらって深めていくべきで、1人を問いつめて深めようとは思ってはならない。

・討論中のキッカケ言葉と動作

庄司和晃さんが紹介する「討論中のキッカケ言葉と動作のこと」は参考にしたい。

▽「聞いた以上は何かしろ」…意見発表時に、ただ聞いているのではなく、人の意見を聞いたら、うなずくとか「はんたい」「さんせい」「そうだ」「その通り」「いわれた」といいと指導しておく。
「今のは、何なのかわかりません」と反応してもいい。

▽「キッカケ言葉をもたせろ」…意見を発表するとき、その意見をキッカ

ケ言葉から始めると発表しやすい。発言するときに「それについて」「つけ加えること」「だから」「例を」「わかりやすく」「かんたんにいうと」「君のいうことはこういうことだね」「もっとくわしく」「でもねえ」「それもあるけど」「それをまとめると」「理由は」とかいろいろあるからそれらを子どものものにしていくことである。(『仮説実験授業』庄司和晃著、国土社、1965年)

・意見の交流で自分の意見を変える

「自分の意見」と「他人の意見」の交流のなかで、予想変更する子どもがでてくることが好ましい。また、他のクラスで出た意見、あるいは実践記録などに出ていた他の学校の意見などを教師が紹介することで、討論が深まったりする。

4) 意見発表・討論をするときに

日ごろから、おしゃべりなどで騒がしい状態に対してお互いに注意しあう雰囲気をつくっておく必要がある。ただ「静かに」というのではなく、具体的に名前や班をあげて注意する。

大西忠治さんは次のように述べている。

学級がさわがしくなっているときに、リーダーや級長が「静かにして下さい!」とか、「さわがしい!」とか言って静めようとすることがよくある。多くの場合、この阻止の声は効果を発揮しないことが多い。そればかりか、「静かにして下さい!」と級長やリーダーが叫ぶ声に逆に刺激されていっそうにぎやかになってしまう傾向さえある。

そんなときに私は、「何班が一番さわがしいよ」とか「何班は静かにして下さい」と言わせる。そうすると、多くの場合、何班といわれた班がまず静かになり、つづいて「こんどは何班が一番さわがしい」というふうに言えば、急速にさわぎはおさまるのが普通である。つまり、さわがしい一団としてまとまっている学級集団を、班ごとの小さなさわざのまとまりに切り離していくのである。

(『教師の「指導」とは何か』明治図書、1982年)

これは教師が注意する場合も、リーダーに注意させる場合も知っておいていいことである。

発言する子どもには「みんなに向かって大きな声で話をする。みんなの反応をみながらゆっくり言う」ことを指導する。聞いている子どもには「発言者に体を向けて聞くこと。やっとのおもいで発言してくれている人もいるんだから、しっかり聞こう」と指導する。

この問題を学級集団全体で考えていこうと、教師が問題（主発問）を提示する。問題の意味を、全員にわからせなければならないので、問題の意味がわかったかどうかを確認する。ときどき、質問によって条件を限定しなければならないこともある。それは問題があいまいだったということである。

問題が子どもたちの内面にとどいているか、内面をゆり動かし考えようという気にさせているか、そのへんをよく見つめたい。

かぎられた子どもたちどうしで討論が続いてしまい、他の子どもたちがわからない顔をしだしたら、「他の人は、今の意見、わかったかな？」と聞き、「みんなにわかるように意見を言ってごらん」と、討論をみんながわかるレベルに引き戻す。

4章 子どもの認知（認識）と学びのある授業

この章では、「学びのある授業とは何か」について考えてみよう。

1）学びのある授業と学びがない授業

東大附属中高で同僚だった草川剛人（くさかわたかと）さんから聞いた話。彼は日本史が専門で、若い頃は落語を聞いて話術の技を学んだという意欲的な教師だ。日本史でも黒板とチョーク、それに話の授業ではなく、実物的な教材なども用意して授業をしていた。

東大附属は、よく東大教育学部の先生方がゼミの学生を引き連れて授業見学に来た。彼の授業を見た教授から、当時東大教育学部長だった佐藤学（さとうまなぶ）さん（学習院大学）がその授業のようすを聞いた。それで、草川さんが佐藤さんと会ったときに佐藤さんからいわれた。「草川さん、この前、いい授業をしたんだってね」。続けて「教師の責任は、すぐれた授業をすることではない。子どもが学ぶ授業をすることです。教師の責任は一人残らず学ぶ権利を保障することです」。その言葉が、彼が佐藤学さんが提唱する「学びの共同体」に参加したきっかけだという。

私はそれを聞いてから、佐藤さんが述べている「学校の役割・教師の責任は、すぐれた授業をすることではない。一人残らず学ぶ権利を保障し、高いレベルに挑戦できる機会を保障することだ」ということを意識している。

私たちは、いわゆるすぐれた授業ができるようになることを追求しがちだ。

子どもたちが活発に次々と発言する。それらの発言を引き取って、教師が発言をまとめ、次の発問をする。また活発な発言が続く。外から見て、そんな授業は、とても華やかだ。しかし、そこに学びがあるかどうかが大切なのだ。教師の話が下手でも、活発な発言がなくても、そこに学びがあるかどうかだ。

「学びがある」とはどういうことか。

すでにわかっていることを確認することは、学びとしてはとても低い。今はわかっていないことをわかっていくことが学びなのだ。それを私は「未知への探究」と呼んでいる。今はわかっていないこと、つまり今より高いレベルに挑戦する。しかも一部の子どもだけではなく、一人残らず挑戦していることが、「学びがある」授業ということなのだと思う。

発問に対して子どもたちが「ハイ！ハイ！」と挙手し、活発に次々と発言するような授業をよく見ると、発問内容のレベルが低い。既知の、当たり前の内容だからどんどん発言できるし、発言する子どもが偏っていたり、思いつき的な内容の発言も多かったりする。

発問内容のレベルが適切でも、活発な発言の陰に「わからない」子どもが隠れてしまっていることもある。

佐藤学さんは「授業をしっとりしたものに。教師はテンションを上げない」と述べているが、テンポを上げないでじっくりと考えるようにし、しっとりと落ち着いて語りかけることも意識したい。学びのある授業はきっと、表面的な活発さはなく、一人ひとりがよく考えているので落ち着いた雰囲気になることだろう。

そこで私は先述のように、課題方式の授業で課題への〈自分の考え〉を書かせている。そのぶん授業のテンポは遅くなるが、学びはじっくり進めたほうがいい。人の意見を聞くことも大切だ。自分の考えと人の考えをすり合わせて考えを深めるのだ。そこで「人の意見を聞いて」も書かせている。

子どもの発言や教師の説明が一段落したときに、よく「わかった人？」と聞いてしまう。挙手させれば、何がわかったのかわからない子どもも挙手することだろう。「わからない」とは言いづらい。だから、「わかった人？」とは聞かないで、わかっていれば答えられるような発問を投げかけたりする。それで自分の考えを書かせてみれば、「ここまでは大丈夫だな」「もう少しこのところはアプローチしよう」とか判断することができる。

質の高い学びのために、授業に未知への探究の要素があるかどうかをいつも意識したい。

2) 素朴概念とは?

おもしろ理科授業が目指すのは、現象的におもしろ実験で惹きつけて……というような一時的なショーではない。おもしろ実験もうまく授業の中に位置づけて、子どもの認知（認識）をゆさぶったり、変えたりするように活用する。子どもが本当におもしろいと感じ、後々まで印象に残るような授業とは、自分たちがもっている概念や常識がくつがえされ、新しい理解と納得をともなう授業なのだ。

私は、子どもは就学前から多くの経験を通してさまざまな知識を能動的に獲得して、子どもなりの理論をもっていると考えている。つまり子どもたちの頭の中は、「白紙」ではない。

子どもたちは、未体験の自然現象に直面しても、すでにもっている、ある程度の一貫性があり、もっともらしい説明ができる知識・概念を使って解釈や説明を試みたり、予測を行ったりする。それらの知識や概念を、「素朴概念」と呼ぶ。一般的に素朴概念は、科学理論とは異なるが、子どもたちの中では首尾一貫した理論となっている。

学校の学習などを通して素朴概念を克服できる場合もあるが、通常の授業を受けても容易には変容しないので、大人になっても保持される傾向が強い。

大人であっても、日頃何らかの物事を判断するときに、手っ取り早く結論を出すために各自の素朴概念にもとづいて直感的に判断することをしばしば行っている。「問題は何か、その問題についてどんなデータや考えがあるのか、そのなかで科学的な根拠はあるのはどれか」などといった面倒な手続きをしないですむので便利なことは確かだ。ひとはそういう認知システムを進化の中で身につけてきた。しかし、そこに落とし穴がある。ひとは科学的な、そしてしばしば面倒な手続きをしないで、素朴概念からさまざまな事柄について判断してしまう傾向がある。

ただ、何に対してもそうだというわけではなさそうだ。

「子どものもつ素朴理論は、状況依存的である」という考えがある。状況によって変わってしまうので、必ずしも信念と呼べるほどの堅固なものとして保持されている訳ではないというのだ。このような現象は「状況依存性」と呼ばれる。

つまり、素朴概念は、子どもたちの頭の中で、さまざまな引き出しの中にしまわれている。それぞれの引き出しの内容はそれぞれの中では整合性があり、首尾一貫性があるが、引き出しどうしの内容には矛盾がある場合もある。子どもたちは、子どもたちの前に現れた出来事を、その出来事によって、どの引き出しで判断するかを決めているようだ。

理科授業は、素朴概念を科学概念へと変えていく営みだが、何か一般的な手続きを教えれば科学概念が形成できるようになるわけではない。学習内容ごとに（それぞれの引き出しごとに）、素朴概念と科学概念の格闘が必要なのだ。

3) 素朴概念から科学概念へ

子どもの頭の中の素朴概念

子どもは、就学前から多くの体験と観察を通して、さまざまな知識を自分から獲得している。つまり子どもの頭の中は、「白紙」ではない。子どもの頭の中が「白紙」なら、教育はそこに働きかけて、白紙に書き込んでいく営みになる。ところが、「白紙」ではなく、すでにさまざまな事柄が書き込まれている。子どもそれぞれに体験や観察が違うために、書き込まれている内容は違う。

それは、ある程度の一貫性があり、もっともらしい説明ができる知識・概念であり、素朴概念、あるいは素朴理論と呼ばれる。科学概念とは異なっていることが多いので、ミスコンセプション（誤概念）とも呼ばれる。

素朴概念は、断片的な誤りの集積ではない。誤りであっても、自分の経験をもとに、ある程度一貫した知識体系を形づくっている。

子どもは、未体験の自然現象に直面しても、すでにもっている素朴概念を使って解釈や説明を試みたり、予測を行ったりする。

理科教育は、児童の素朴概念を科学概念に修正していくことだといわれる。

素朴概念の研究初期に、よく物体の運動について調査された。例えば次のような問題である。素朴概念の例として見ておこう。

コインを垂直に投げ上げると上昇した後落下するが、上昇中のコインに働いている力を矢印で表した場合、正しい矢印のもの選ばせる。ただし、空気の抵抗は無視する。

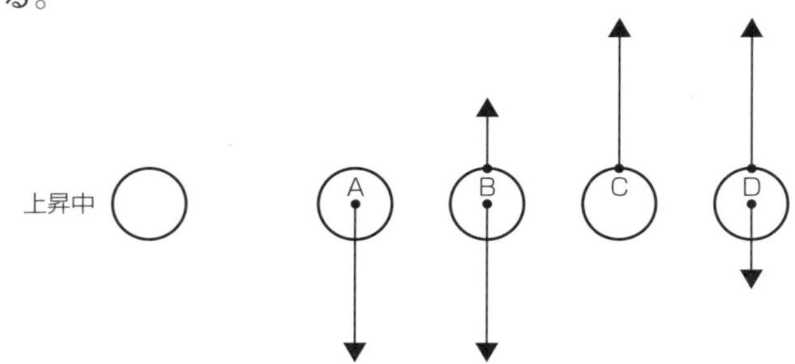

図　投げ上げたコインに働く力はどれ？

理科の正しい知識からすると、コインに働くのは重力だけなのでAが正解である。しかし、直観的には上昇方向にも力が働いていると思ってしまったりする。生活のなかで数多く体験するのは、止まっている物体は力を加えないと動かないし、力を加えた方向に動くということだ。そんな体験のなかで素朴概念がつくられる。自分の体験に根ざした素朴概念ほど修正が難しくなる。

もう1つ有名な問題をあげておこう。下の図のように水平飛行している飛行機が機外につけていた荷物（●）を切り離した。荷物の落下していく軌道はどれか？という問題である。

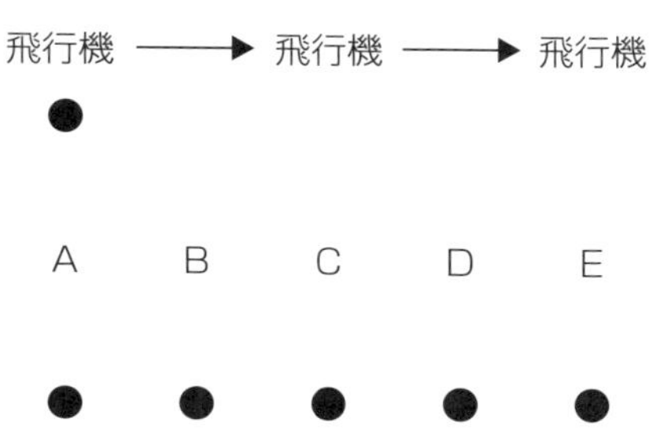

図　水平飛行している飛行機から落下する荷物の軌道

正解はEである。この問題で表れる素朴概念は「直落信念」と呼ばれる、物体は支持を離れると鉛直方向に落下するという考えである。実際は、支持を離れても慣性で、飛行機と同じ方向に等速運動を続ける。

4) その他の素朴概念の例

素朴概念の例を他にもいくつかあげてみよう。

- 体重計に両足で乗ったときの目盛りよりも片足を上げたときの目盛りは小さくなる。→実際は、目盛りは同じ。
- ちょうど1 kgのジュースを飲んで体重計に乗ると、飲む前より重くなるが1 kgまでは重くならない。→実際は、ちょうど1 kg重くなる。
- 理科実験用に酸素や二酸化炭素が入った缶がある。酸素入りの場合、ヘッドを押すと酸素が出てくる。ヘッドを押しても出てこなくなったら缶の中には酸素はない。→実際は、缶の内部はまわりの空気と同じ気圧〔1気圧〕を示す酸素が残っている。
- 真っ暗闇でも目が慣れてくるとまわりが見えてくる。→実際は、可視光線がないと目をこらしても何も見えない。
- 凸レンズで蛍光灯の光を集めると丸い点になる。→実際は、蛍光灯の光っている管の像ができる。
- 乾電池に豆電球をつなぐと豆電球がつくのは豆電球のフィラメント

（光が出ている部分）のところで＋と－がぶつかるからである。→実際は、乾電池からの電気の流れは一方通行である。

- 豆電球を通った電流は通る前より小さくなる。→実際は、前後で電流の大きさは変わらない。
- 湯気は水蒸気である。→実際は、水の気体である水蒸気は目に見えない。湯気は莫大な数の水分子の集まりである。
- 水蒸気の温度は必ず100℃であり、300℃の水蒸気はない。→実際は、水が沸騰して出る100℃の水蒸気をさらに加熱すると数百℃の水蒸気になり、紙にあてると紙が焦げる。
- 水の中のにごりは水に溶けている。→実際は、水に溶けると分子やイオンにばらばらになり、透明になる。にごりは莫大な数の分子やイオンの集まりであり、水に溶けていない。
- 砂糖水を放置しておくと、下のほうが濃くなる。→実際は、全体として均一（どこも同じ濃さ）になる。
- びんの中にろうそくの火を入れて消えたとき、びんの中の酸素はなくなっている。→実際は、最初空気中に21％あった酸素が約16％になるとろうそくの火は消える。
- ジャガイモの実はイモである。→実際は、ジャガイモのイモは地下茎である。実は花のあとにできる。
- チューリップの花の後には実はできない。→実際はできる。
- 植物は根から栄養をとっている。→実際は、光合成で体をつくり生きるための栄養（デンプンなどの有機物）を得ている。根から吸っているのは水と窒素やリンなどの無機物。

授業をデザインするとき、単元内容でどんな素朴概念があると思われるのかを考えておくとよいだろう。

授業で、素朴概念をどうしたら科学概念に修正できるかは、授業のポイントの1つである。

素朴概念を科学概念に修正するには、いろいろ工夫が必要である。大きく2つの方法がある。

1つは、対決型という方法である。素朴概念でつい考えてしまうような問題を与えて、議論や実験を通して、素朴概念が誤りになることを明確にしていくものだ。

もう1つの方法は、懐柔型という方法である。素朴概念はまるっきり間違っているわけではなく、条件によっては正しいことがある。そんな正しい場合を扱いつつ、つまり素朴概念をいったん認めた上で、それでは太刀打ちができずに間違ってしまう例を出して、じわじわと科学概念を受け入れさせるというものだ。

この対決型と懐柔型を折衷してうまく使うことだ。

すぐれた理科の授業は、その展開のなかにこのような素朴概念への配慮があるものだ。

5) ヴィゴツキーの「発達の最近接領域」論

1.発達の最近接領域とは?

子どものもつ素朴理論から科学概念へと変えるときに知っておくとよい理論がある。それがロシアの心理学者レフ・ヴィゴツキー（1896～1934年）の主張する「発達の最近接領域」という考え方だ。

ヴィゴツキーは「心理学におけるモーツアルト」と称される天才的な心理学者だった。欧米で、人の認知の仕組みを研究する認知科学に多大の影響を与えた。

発達の最近接領域とは、今、児童が自分1人で解決することのできる「現下の発達水準」と、教師の指導や仲間の援助を受けることで解決できるようになる「明日の発達水準」との間の領域のことである。「現下」とは、「ただいま」ということだ。

他人の助けを借りれば、いまできることは、明日には1人でできるようになる可能性がある。1人でできるようになれば、それは新しい「現下の発達水準」になる。

子どもがすでにわかっている状態は「現下の発達水準」だ。

教育は発達を先回りして「明日の発達水準」に引き上げ、それを新しい「現下の発達水準」にすることだ。自分1人でもできることから自分1人ではできないことへできる人の模倣（まねること）を通して移行していく。

いまはわかっていないことでも、教師の指導や仲間の援助を受けることで、つまり模倣を通した協同の学びで、新しいことがわかっていくことが真の学びになる。

教師の役割は、子どもの「現下の発達水準」と「明日の発達水準」、つまり発達の最近接領域を見極め、適切な目標設定と課題の提示、支援を行うことになる。

2.現下の発達水準にとどまる授業になっていないか?

子どもが1人でもできるようなことをただ確認して終わりにしている授業は、子どもを「現下の発達水準」にとどめるだけになる。

例えば、教師が発問するとすぐに「ハイ！　ハイ！」と挙手、「○○です」と子どもの答え。「そうですね」と教師。「では、△△は？」。また、「ハイ！ハイ！」……というような授業がある。活発な授業に見えるが、もし、その授業の発問内容が既知の当たり前の内容を聞いている場合は、学びとしては低いものになる。ときにはそのような学習の確認も必要だが、いつもすでにわかっていることを確認するような内容なら問題だ。

明日の発達水準を意識した発問なら、それは即座に「ハイ！　ハイ！」と挙手するようなことにならないだろう。また、そうさせては駄目なのだ。一部の思いつきで発言する子どもに授業が引っぱられてしまうからである。

教師は発問するとき、瞬間的に答えを求めがちだ。知識確認の発問ならそれでもいいが、発問がその時間の核となるような主発問ならば、考えるゆとりを与える。子どもが、「現下の発達水準」をもとにそれぞれに精一杯考えて、それらの考えの交流から「明日の発達水準」に到達していけるように授業を進めていきたい。主発問をしたら、ノートに「自分の考え」を書かせると、そのゆとりをとりやすくなる。

迷っている子ども、わからない子どもも大切にする。ある意味では迷わないで単純に考えている子どもより深く考えていたり、考えてわからなくなる場合もある。だからまず迷っている子ども、わからない子どもから発表させるといいだろう。

いまはわかっていないことを、わかっていくことが学びだから、いまはわかっていないことに挑戦することは、いまより高いレベルへの挑戦になる。それを一部の子どもだけではなく、1人残らず挑戦していくようになるのが、「学びがある状態」だ。

明日の発達水準を意識した発問をしよう。そして、一人ひとりがじっくり考えた上で、みんなの意見も聞きながら自分の考えをつくっていくようにもっていくのが教師の務めになる。本当にみんなが学んでいると教室は活発になるというより静かになるかもしれない。しかし、頭の中では活発に思考されているはずなのだ。

明日の発達水準を意識するからこそ、教師対子ども一人ひとりの関係ではなく、教師と子どもたちと教材の3つがうまく絡み合うことが大切になる。

子どもたち一人ひとりは、主体的でありながら、教師や他の子どもの助けも借りながら、いまはわかっていないことに挑戦するのだ。

3. 子どもの現下と明日の発達水準を知るためには

現下の発達水準を知るのに欠かせないのは、子どもたちの素朴概念をしっかりとらえておくことだ。学校の学びがなくても、子どもたちは経験などからさまざまな素朴概念をもっている。

理科教育の雑誌や本に、「こんな授業を試みた」という実践記録や自分の授業をもとにして「こんな授業ができるよ」という授業プランが紹介してあるものがある。

それらは、その学年の明日の発達水準の参考になる。そこまで子どもたちは進めるという具体例として見ることができる。

5章 教材研究の進め方と教材開発法

ここまでで、授業への心構えや理想とする授業についてのイメージはわいたことと思う。いよいよ、教材研究・教材開発について考えてみよう。

1）教材研究の進め方

1．本質的とはどういうことか

理科教育の教育内容として選択したいのは、「本質的」なものである。

では、「本質的」とはどういうことだろうか。現代の自然科学が明らかにすることができた自然像から考えてみよう。

現代的自然像を非常に要約的に述べると、次のようになるだろう。

自然界には質的に異なった多くの階層が存在し、それぞれの階層ではそこに固有の法則性が支配している。

これらの階層は、小は素粒子から大は星雲に至るまですべて絶えざる生成と消滅の中にあり、たがいに関連し依存しあって1つの連結された自然をつくっている。

これらの自然はすべて歴史的に形成されたものである。

板倉聖宣さんは、科学的な自然観は4つあると書いている。

科学の歴史をみると、長い間にわたって、非常に多くの新発見をもたらした自然観ないし哲学的展望というものがいくつかあることに気づく。その最も主要なものは、次の三つにまとめることができるであろう。

その一は原子論の哲学あるいは原子仮説といわれるものである。そしてその二は、自然界の諸力（エネルギー）が相互に作用し相互転化するという自然観ないし哲学である。そしてその三は、この自然が歴史的に形成され変化していくという進化論の哲学ないし自然観である。（中略）

ところで、20世紀にはいると、以上の三大仮説、三大自然観に加えて、もう一つの仮説・自然観が大きな有効性を発揮するようになってきたことを忘れることはできない。

それは、自然の法則の階層性の考え方である。(中略) これらの四大仮説－四大自然観を早くから有効に教育することに成功するならば、科学教育もおそらくその効率をきわめて高めることができるであろう。子どもたちが、これらの仮説・自然観を有効に活用して、積極的に自然に問いかけ、文献や教師に問いかけていくことができるようになれば、ファラデー以上に真理をかぎつけることができることは確かだからである。

(『教育学全集増補版　自然と法則』小学館版の「自然認識の歴史」から)

板倉さんのいう四大仮説(四大自然観)は、結局のところ「自然の構造と法則性」に対する深い洞察であった。だからこそ、それらにもとづいて自然科学は自然の秘密を少しずつ明らかにすることができたのだろう。

自然観のうちの1つ目は、分子や原子についての考えである。身のまわりの物の世界、つまりマクロ物体の階層の存在根拠を与えている、分子論・原子論である。

2つ目が進化論である。生物にとどまらず、全自然が進化の所産であり、進化の過程にあることから、その重要性が浮かび上がってくる。

3つ目として、エネルギー論をあげることができる。すべての階層を貫くものとしてのエネルギー保存の法則に関わっているからである。

私にとって「本質的」とは、自然の構造・法則性に根ざした原子論・進化論・エネルギー論に連なる基本的な事実・概念、法則をさす。そういった基本的な事実・概念、法則は、適用範囲が広い。ゆえに、それらが「わかる」ことは、子どもの視野をひろげ、「知的喜び」と「感動」をもたらすのである。

これらの基本的な事実・概念、法則は、自然をとらえていくのに欠かせないものであるが、むやみにたくさんあるわけではない。これらは、例えば「物は重さをもっている」「重さは保存される」というように1～2行で示せるようなものだ。これらをゆたかな教材を通して、その場かぎりの認識ではなく、信念として獲得させることが重要である。

そのためには、どうしても「体系的に」組み立てられた授業が必要となる。

これらの基本的概念・事実、法則(教育内容)を教材レベルでゆたかに肉づけし、前の学習をあとの学習に関連するように単元や1時間の授業の「体系」を考えていくのである。

2. 量で勝負するな

小林喜三男さんは、『授業の技術4　1時間を充実させる方法』という本の書き出しで、こういっている。

> 子どもの頭は「白い紙」のようなもので、その上にいろいろなことを書き込んでやる過程が授業である、と考えている教師がいる。(中略)……このタイプの教師を「あれもこれも型の教師」とよぶことにしよう。量で勝負する教師である。
>
> 白い紙だなんてとんでもない、子どもの頭は写真のフィルムや印画紙のようなものだ。これには前もっていろいろな感光剤が塗られているのであって（感光度の強いものもあれば弱いものもある。白黒もあればカラーもある）、授業はそれに感光させるための露出である、と考える教師がいる。(中略)……質で勝負する教師である。
>
> 「あれもこれも型」の教師の授業は平板である。カリキュラムどおりに、週の計画を立てたその計画どおりに、授業を進行させる。子どもの興味関心におかまいなしに一方的に授業をすすめるから、そのように強引にすすめることが可能なのである。この教師の教室には活気がない。子どもたちは苦行のように机についている。教師はますます不安になる。それで、あれもこれも、もっと教えなければと考える。プリントをたくさん用意するのもこの型の教師だ。宿題をたくさん課すのもこの型の教師だ。量で勝負するというわけである。
>
> ながい間の経験でわたくしはこのタイプの教師をすぐ見ぬくことができる。（中略）……良く言えば自分の時間までギセイにする熱心な教師……（中略）すべてを量で代償してしまっているので、授業の悩みを外にあらわすようなことはしない。
>
> これに対して、平板な授業をさけるためにいつもスランプに陥り、そのスランプを解決するために悩んでいるのが質で勝負する教師である。この型の教師は時間割どおり機械的に授業を進めることができない場合がある。いつも子どもの興味関心を手さぐりし、露出のための「決定的瞬間」をとらえようとしているからである。この教師の教室には活気があふれている。教師は子どもたちの中心にいる。いつも、こんどは、「あれとこれとを育てよう」と考えている。……
>
> 質で勝負する教師は自分を大事にする教師である。非本質的な量の仕

事に埋没されないで、いつも本質的な教育のありかたに目を向けている。

（『授業の技術４　１時間を充実させる方法』小林喜三男著、明治図書、1961年）

ある単元の授業を頑張る、ということは、必ずしも長い時間をかけていろんなことを何でも扱うプランをたてるということではない。もちろん、長い時間をかけることが必要な場合もあるが、往々にして自己満足で終わる可能性が大きい。

ばんばんプリントを配って授業をやるのだが、その中身ときたらあれもこれもと欲張って教えようとしている教師が多い。あれもこれも教えようではなく、あれとこれだけは教えたい、というしぼりきった内容を、ゆたかに肉づけして教えないと、焦点がぼけた授業になってしまう。

私たちは、質で勝負する教師になろう。

3. 1年に1単元こそは

私たちは、はじめからすぐれた授業者になれるわけではない。すぐれた授業者になろうとする意欲と絶えざる修業こそが、そこへ近づく唯一の道である。理科の授業は奥深い。理科の授業を考えつづけ、やってみては“成功”したり、失敗したりをくり返し、さらに考察を加え改善をはかる。

理科の授業のおもしろさを知ってしまうと、なかなかやりがいがあることなのだ。やりがいがあって、日々自分が精神的・知的・技術的に太っていく、わかることも多くなるがわからないことも多くなって、いろいろな問題意識が芽生えてくる……これが本当の学習である。私たちが本当の学習を体験することによって、はじめて子どもたちに「学ぼう。学習っておもしろいんだぞ」といえるのである。

はじめから無理をすることはない。1年に1つでも頑張ってやる単元があれば、年々「財産」が増えていく。10年目にもなると、あれもやりたい、これもやりたいと思う単元が多くなって、それらを調整するのがつらくなってくるほどである。「急がばまわれ」である。

知人・友人、サークル仲間、同僚などに「今年は○○の単元は、頑張ってやってみようと決意しているんだ」と表明しておこう。

私たちは誰もが弱さをもっている。逃げ道をふさいで、どうしても頑張らざるをえなくしてしまうのだ。研究会やサークルへ実践報告することも考えよう。

1年に1単元は教材研究をばっちりやって、教師も子どもも共にやりがいのある理科の授業をつくり出そう。これこそ本当の理科の授業だというものを目指そう。失敗したってどうってことはない。やり直す機会はあるし、新しい単元で頑張ればいいんだ。

4. 授業計画をつくる

授業計画をつくるとき、気にいる授業書やテキストがない場合がある。いや、実際、ない単元のほうが多いことだろう。

そのようなとき、私が若いときのことだが、まずやったことは、その単元の授業計画を立てるのに手がかりになりそうな雑誌論文、とくに『理科教室』(科学教育研究協議会編集)のものを5、6年分、それから単行本で役に立ちそうなページをコピーして、コピーの束をつくることだった。これを持ち歩いては、電車の中などで読むのである。

学習内容として何が大切なのか、使えそうな問題・課題がないか、どんな実験教材があるのか、ということを考える。また、実践記録からは、子どもの認識実態(どんなところでつまずいているのか)をさぐることができる。こうして、どのような授業をしたらいいかが次第にイメージされてくることもあれば、いつまでたっても漠然としたままのこともある。集中して考え続けることで、頭の中で「発酵」が行われて、かすかでも授業の輪郭が見えてくるとしめたものだ。そうならないで見切り発車してしまうことも多い。その場合は、授業をやることによっては、次の時間の授業を構想していく。

自然科学の授業の理想は、子どもたちが“本質的なことをとらえる”ことによって、自然を科学の目でみることができ、さらには自然に働きかけることができるようになっていく授業である。だとすると、「何をこそ子どもたちに教えるのか」「どのように系統的に授業を組めば、ねらいに迫れるのか」などに考えをめぐらす必要がある。

そのために、

＊教えたい内容(学習内容)を考える
＊それを教材として具体化する(教材化)
＊教育内容が定着し、しっかりした認識になるように何時間かの授業のシリーズを組み、そのなかの1時間1時間の授業の展開を考える
＊授業の進展にしたがって、その展開を見直していく

という作業を進めるのだ。

おおまかに単元の時間数をおさえる。中学校では定期試験が節となることだろう。今度の中間試験までにここまでの内容をやろうなどと考える。

その上で、単元のねらい（できるだけしぼる。つまり、これだけは、というもの）を設定する。

ねらいは、学習内容を凝縮して簡潔・明快に表現したものである。基礎的で本質的な内容、すなわち、より適応範囲が広く一般性があり、具体的な事実や現象にぶつかったとき生きて働く知識となるものである。

＊単元をいくつかのパートに分節化する。最初のパートは、導入部ということで、教師がもっとも頭を使うところである。子どもたちに「おもしろそうだな」と思わせ、しかも後の学習の土台をつくるところだからである。

＊単元の流れ、各パート間のつながり、それぞれの流れを考える。

とくに意識しているのは、子どもの認識実態などをもとにして「こうこうだからこういう配列になっているんだよ」と他人に説明可能なストーリーをつくるということである。

ある概念なり法則を浅くてもある程度理解されるように導入する。いくつかの場面へそれを適用させるなかで深い理解に至らせるための作戦を練るのである。

子どもたちは、自然に対して「自分の仮説」をもって働きかけるなかで、認識を深めていく。私たちは、子どもたちが、途中、とまどったりつまずいたりしながらも、正しい認識を深めていけるような問題・課題とその配列を考えなければならない。

＊1時間ごとの問題・課題をつくる。

＊実験・観察・作業などを問題・課題との関連でどう設定するかを考える。

といったことを同時並行で考えていくのである。

5. 課題の重要性

(1) ぎりぎり「何を」教えるか

授業において、あらゆることを子どもに考えさせるわけではない。子どもから考えを引き出すことはとても大切であるが、教師が説明をするとか読み物を与えるとかを選択することも多い。説明してしまったほうがよいところで、無理に考えさせたり、考えさせなければならないことを、すぐに説明してしまったりすることをさけなければならない。

糸井秀夫さんは、『授業の方法』(柴田義松・糸井秀夫著　明治図書1967年)の中で、教えた方がよい場合を次のようにあげている。

＊教えなくては子どもの分るはずがない時
＊教えないと危険をともなう時
＊複雑な操作を必要としていて、教えないと非常に能率が悪い、および時間的にムダが多いという時
＊最終的に考えさせたいことがあり、そこへ到達するまでの抵抗をなくす意味で(これは考えさせる前提をつくるということ)

そして、考えさせたほうがよい場合は1つしかない、という。

＊子どもたちが、考えることのもととなる基礎的な知識を持ち、考える方法を知っている時

ここでの「基礎的な知識」というのは、基本的に以前の授業で学習したことであるが、生活体験から得た認識が役に立つこともある。まずは「前の授業が生きること」をおさえたうえで、子どもたちの自由な発想が発揮されうるように考えさせたい。

子どもたちに考えさせるために行う教授活動が「発問」である。発問群の中で、1時間の授業の中核となる発問がある。それが課題とか主発問とか基本発問とか呼んでいるものだ。

1時間の授業で、ぎりぎり「何を」教えるのか。この「何を」が授業のねらいとなる。

玉田泰太郎さんは述べる。

ぎりぎり1つか2つにしぼられた「何を」を授業のなかで具体的に子どもたちに提示するのが、課題であり、主発問である。

この到達目標ともかかわって「何を」教えるかを的確に反映した課題が用意できるかどうかが、1時間の授業の成否ともなる。

よい課題がつくれたら、もう教材研究のほとんどが終わるのである。

「子ども達の自然の認識をゆさぶり、深めるような、そして到達目標に迫る課題をつくりだすことが、授業を成立させるために、不可欠の条件となる」(真船和夫編著『教科教育法　小学校理科』所収、1981年日本標準)

(2) 課題をつくる

私たちが理科の授業をするにあたって悩むのは、どんな課題を投げかければ子どもにとってやりがいがあるのか、課題をどう系列化すれば子どもの認識が深まっていくのか、ということである。いつも、もっとよい課題があるはずだ、という思いを抱いて授業しているのが現状である。

課題は何を教えたいのかに深くかかわってくる。

ねらいをぎりぎりしぼったところで、そのねらいを討論や実験、作業の中で子どもたちがつかんでいけるような課題をつくらなければならない。

まず、その課題が子どもたち自身の課題となるものでなければならない。何を考えればいいのか、何をやればいいのか、がはっきりわかることはもちろん、考えよう、やろうという気をおこすものでなければならない。そのような気をおこすのは、子どもの手のとどく範囲、子ども自身の射程距離に課題があるということだ。

教師の提示する課題が、子ども自身から内発された問題意識に転化するような課題とその配列を考えたいものである。

かつて中学校「磁界と電流」の授業テキストづくりを進めていたときのことだ。私は、「電流が流れると、そのまわりに磁界ができる」ことの理解をねらいにした1時間の授業の課題を次のように練っていった。

「電流が流れると磁界ができますか」という課題がまず考えられる。しかし、電流と磁界が関係があるかどうか全くわからない段階でこのように問われても、子どもにとっては考える手段もなければ、考える気もおこらないだろう。

そこで、まず永久磁石の磁界について学習した。続けて、磁界の中で鉄が磁石になること、さらに、電磁石の磁界が永久磁石と同様であることを学習した。

その上で、「電磁石から鉄心(鉄芯)を抜くと、コイルのまわりの磁界はどうなるか」を課題としたのである。選択肢もつけた。「ア.　なくなる、イ.　変化しない、ウ.　弱くなる、エ.　わからない」というものである。

こうすることによって、たしかに討論になった。しかし、選択肢で生じている磁界の強弱まで問題としたため、鉄心の働きをふくめて拡散した討論になってしまった。

この課題で問題にしたかったのは、電磁石の構成要素である鉄心を抜いてしまっても、鉄心が磁石になっていたのだから、そこに磁界があったということ→その磁界をつくっているのは電流だ、ということだ。

そこで、課題を「電磁石の鉄心を抜くと、残ったコイルに磁界はあるか」というスッキリしたものに改善した。さらに、電流に意識的に注目させようという意図のもとに、最終的にこの課題は「電流を流したまま電磁石から鉄心を抜きます。コイルの内側や外側に磁界はあると思いますか」というものに改善された。

私の場合、「あるかないか」「できるかできないか」「大きくなるか、変わらないか、小さくなるか」というような二者択一、三者択一で、実験などでどれが正しいかを検証できるような課題の表現をとることが多い。

私たちはよく「この課題は授業になる」とか「この課題では授業にならない」というが、そのときは以下のようなことを意識している。

＊「子どもの側からの意外性」……その課題を通して得られる認識が、子どものもっている「素朴概念」なり「常識」といったものと大きくずれている
＊「実験・観察などからの検証可能性」……実験・観察や「科学者の研究結果」など、子どもにとって納得できる仕方で検証できる
＊「思考対象、指示対象の明確性」……何を考えていいか、とまどうような無限定な問いや課題をさける。あまりにも当たり前のことかもしれないが、そのために授業が混乱することは多いのである。

6. 課題の系列化

「よい課題」の条件の1つが、「子どもの側からの意外性」といっても、授業の進展にしたがって、子どもの予想と正答との間にズレがなくなっていかなければならない。つまり正答率が高まっていき、ついには100％になるわけだ。子どもの自然認識が深まっていくような授業の計画の結果としてそうなっていくのである。

私が授業の計画を、すなわち課題の系列化を考えるとき、もっともよりどころにする原則は、

浅い理解→習熟→深い理解

という3つの段階である。

習熟というのは「物事になれてうまくなること」という意味だ。「浅い理解」（半わかり）の認識をもとに、いくつかの場面に仮説をもってぶつかっていくことで、「深い理解」に至ると考えるのである。

より具体的には、つぎの玉田泰太郎さんのいうことをみることにしよう。

> 基礎的な物質認識は、教える内容の本質に直接迫るような教材をまず提出し、子どもたちの認識を高め、それをもとにして、同じ教材で質的に深まりやひろがりを持つものを何回か繰り返すなかで、すべての子どもにたしかな物質認識を得られるようにすることができるのである。
>
> そして、その繰り返しもただ単に事実や実験を羅列的に行い、そのあとで概念なり法則なりを導きだすといった方法ではない。必ず最初にとりあげた教材の予想・討論・実験のなかで、仮説にまで高まった子どもたちの認識を、つぎにとり上げる教材のなかでたしかめ、討論・実験を経てよりたしかにするという方法をとる必要がある。
>
> 経験的にいえば、最低三回はこの繰り返しが必要であって、子どもたちの新しい教材への切り込み方をみていれば、どれだけたしかな認識になっているかがわかるし、それによって、なお繰り返しの回数をふやすことも検討されねばならない。
>
> （『理科授業の創造』新生出版1978年）

子どもたちに「何を」捉えさせたいかによって、授業の計画は大きく変わってくる。

例えば、物の重さについての授業において、「物の重さが保存される」というように、「保存性」に重点をおいた捉え方をさせたいのか、「物の出入りがなければ物の重さには変わりがない。軽くなったのは物が出ていったからだ」というように、「物の出入り」と「重さの変化」を結びつけて捉えさせたいのかでは、授業が異なってくる。

これに類することはたくさんある。

- 物質→分子→原子というプロセスで原子を導入するのか、物質→原子集団とするのか。
- 「生物の生活」を中心に教えるのか、「生物の分類」を中心にするのか。
- 「力とはどういうものか」を中心にするのか、「力の平行四辺形の作図」

を中心とするのか。

•「気象」を中心にするのか、「気候」を中心にするのか、等々。

結局、ねらい（教育内容）をどう設定するか、それをどう課題化するか、それらをどうシリーズ化するかということは、一連のことであって切りはなせないのである。

7. 課題にみあった観察・実験

実験は、課題→討論→実験のなかに位置づけられる。

科学の研究において、仮説をもって自然に働きかけて正否を問うというのが実験の本質的な機能である。

授業においても、実験のこのような機能を重視するのである。したがって、教師がいきなり実験をしてみせたり、子どもたちに“何のために”やっているのかわからない実験をさせて、それからあれこれ考えさせるやり方は原則的にはとらないのだ。

実験は、

＊直観的に本質をズバリと示すもの
＊簡単にできるもの
＊授業時間内にやり終えるもの
＊安全なもの（危険性がある場合は、教師実験で注意深く行う）

といった性格をもっていることが必要である。

それから、課題の内容によっては、「ものをつくる」「ものにはたらきかける」実験を考えなければならないこともあろう。

課題にみあった観察・実験は、探すか、工夫したり開発したりしなければならない。

教材研究の結果として、授業の計画ができ、1時間の授業展開をどうするかがはっきりしてきたとしても、それはあくまで「仮説」である。仮説は、授業という試練を受ける。授業によって教材が試される。

子どもがわかってくれない、教え方の技術が悪かったという前に、もう一度、教材のとらえ直しをすることだ。そして、子どもに投げかけた課題がよかったかどうかを吟味することだ。授業の計画は、いったん決めたらそれでやり通さなければならないなどという、硬直化した考え方は捨てよう。授業をやりながら、子どもたちの反応によって不断に軌道修正をはかっていくべきものである。

8. 実験の効果を高めるのは教材構成

子どもたちは実験が好きだ。ただし、“実験をやらせさえすれば楽しい、おもしろい”ということにはならないだろう。7.にも書いたとおり、実験の意味がわかり、その実験そのものにおもしろい要素があり、実験から何かがわかる、あるいはその実験から認識がさらに深まるという条件をそなえた実験を行いたい。

そして、例えば、液体窒素でいろいろな物質を冷やす実験のように、子どもたちが目を輝かせるような実験は、たんにやっただけで終わらせるのではなく、授業の流れのなかに適切に位置づけて、最高の効果を発揮するようにしたい。塩化ナトリウムを融解してみせる実験や、液体窒素でいろいろな物質を冷やす実験を、教師のたんなるお話と結びつけてやるだけではもったいないと思うのだ。

これらの実験では、子どもたちが物質界に切りこむ認識の武器として、融点・沸点を獲得していくような教材構成、問題の系列をつくるとよいだろう。

まず、授業の一連の流れの中で「塩化ナトリウムを液体にすることができるか」という問題を出す。日常生活では、食塩の液体なんて見たことはない。それまで融点・沸点を学んできているので、「融点から考えて800℃以上にすればできる」という子どもと「食塩水を熱して塩が残ったが塩は融けなかった」という子どもとに意見が分かれる。その上で実験してこそ、無色透明の美しい液体に感動し、そして融点・沸点についてさらに深く理解していくのだと思う。

100 mLのビーカーに20 mLほどエタノールを入れて液体窒素をそそいでガラス棒でかきまぜると、ガラス棒に固体のエタノールがついてくる。このような実験は、融点・沸点についての認識を確固としたものにするためにやりたいのだ。

もちろん、どうやったらよいか、皆目見当がつかない単元も多い。

でも、私は思う。「子どもが学習の主体者なんだ」という立場にたって、子どもの発想、意見を大切にしながら、彼らなりの認識にゆさぶりをかける。そうしながら、彼らの科学的認識をどうつくっていくかを考えつづけていけばよいのだ。一挙にすごい授業なんてできるようにはならないのだ。

2) 教材開発の具体例——古川千代男さんの授業

私が尊敬する故古川千代男さん（松山東雲（しののめ）中高）の教材開発法を紹介しよう。

1. 教材開発の原則

古川さんはいう。

> 私の教材開発は、特定の実験方法をねらって工夫をこらすというやり方ではありません。……右往左往しながら一連の教材を考える中で、教具や実験法が生まれてきたものが多いのです。その間のことをふり返ってみると、とりとめがないように見えて、いくつかの原則があるように思うのです。

2. 子どものつまずき・疑問からの教材開発

古川さんの教材開発は、子どものもつ素朴概念から出発する。思いもかけないようなところで、とまどっている生徒をみたときの驚きが出発点なのだ。

授業の中ではなかなか発見しにくく、素朴だが、常識的でない疑問、そこを乗りこえると理科が好きになるかもしれない疑問、それが古川さんにとって新しい見方の発見場所なのだ。

例えば、子どもは「無色透明な液体は、水と同じように100℃で沸騰する」と思っている。身近で沸騰している液体といったら水くらいしか見かけないかもしれない。子どもにとって液体とは水なのかもしれない。それならそういう素朴概念を克服して「物質の世界ってそうだったんだ！」と感動するような教材や授業を考える必要がある。

その過程では、子どもが本音を出し、誤った考え、意見も大切にされ、正答と同等の扱いを受ける権利がなくてはいけない。誤った概念をもっていても、それも大切にしていく、口先だけでなく、実験してやれるものなら実際にやってみせることが大切である。

では、「沸点以降、気体の温度は上がらない」という素朴概念からの古川さんの教材開発を例に見ていこう。

中1の融点・沸点を教えている時期、古川さんは、休み時間に子どもと話していて、「水は100℃で沸騰して気体になると、水蒸気になったのだからもう温度は上がらない、まわりの空気と同じ温度になる」と思っている生徒がいるのを知った。他の生徒に聞いてみても、気体になったら温度は上げられないと考えているようである。

確かに、水の状態変化の実験でも、沸点以降の温度をはかることはない。しかし、すべてが気体になったとき、ふたたび温度を上げられることを知らせないと、融点や沸点の意味も明確にならない。「物質に熱エネルギーを加えたとき、融点や沸点に達すると分子配列を変化させるのに使われ、状態変化が終了すると、ふたたび分子運動をさかんにすることに使われる」ということをはっきり認識させたい。

そこで、古川さんは次の授業のとき、「水の沸点は100℃。そのとき出てくる水蒸気を加熱すると100℃以上になるだろうか。つまり200℃の水蒸気はできるだろうか」と問いかけてみた。「できる」と答えたのは思ったとおりごく少数で、「水はいくら熱しても100℃以上にならないのだから、水蒸気だって上がらない」という、いたって平凡な答えが大多数だった。つまり融点のところで学んだ「状態変化が終わると、ふたたび温度が上がり出す」という知識が沸点では生きていなかったのだ。

古川さんは、生徒と一緒に「どんな実験をやればYes、Noがはっきりするのか」を探ることにした。

まず、水を入れた丸底フラスコを加熱して水を沸騰させ、その水蒸気をガラス管に誘導し、ガラス管を別のバーナーで加熱した。しかし、これではガラス管が割れてしまった。そこで、ガラス管を黄銅管（プラモデル屋・ラジコン屋においてある内径3～6 mm黄銅管が一番手に入りやすくて便利）に替え、さらに熱効率をよくするため、管をコイル状にして実験をしたところ、200℃を超える過熱水蒸気ができた。出てくる水蒸気は目に見えず、湯気とは違うことがよくわかる。温度計が200℃を超えたところで紙をあてると焦げ、木も焦げた。マッチを近づけると点火した。

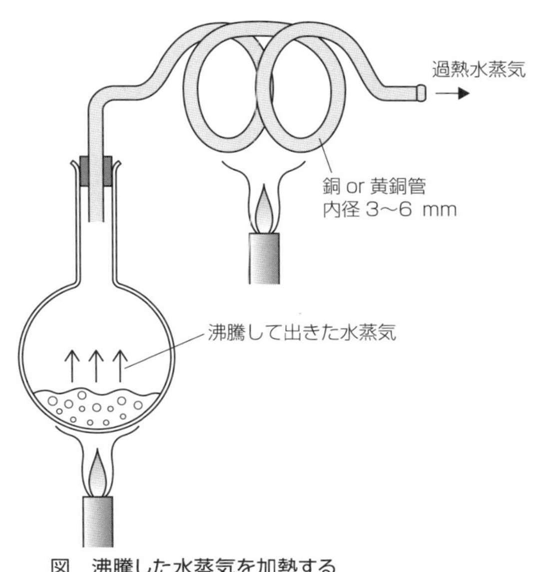

図　沸騰した水蒸気を加熱する

水蒸気で紙や木が焦げ、マッチが点火するという実験にはたいへんな反響があった。「200℃の水蒸気があるだろう」と予想していた少数派はもちろん、反対派も一緒になって、実験の大成功に「すごいなあ」と大喜びした。その後、何度やってもこの実験は生徒たちの目を引きつけた。中でもマッチが発火するのは意外性があって、考えをゆさぶるのにたいへん有効だった。

今では、古川さんのこの実験は、「過熱水蒸気の実験」として教科書でも扱われるようになっている。

3. 原子論を教えるために

前述したように、理科授業でまず優先させたいのは本質的なことの理解である。なかでも、「すべての物は原子や分子で構成され、その原子や分子はたえず運動をしている」という、素朴だが基本的な「原子論」をきちんと身につけさせたい。

古川さんは、この原子論の導入を「気体」の学習からはじめている。中でも、体積の圧縮性、気体がスキマの存在する粒構造をもっていること、分子が運動していることを発見するところから開始している。それをさらに固体、液体に広げ、状態変化の学習で分子運動と分子配列の関係を学ぶことで、その初歩段階を終えることにしている。

状態変化の授業では、多種で多様な物質を扱い、生徒にとって思いがけない物質の状態変化をみせ、感性をもゆさぶりたい。そう考えた古川さんは、そのためにまず、日常経験できる温度を上下に大きく超える温度を得ることに取り組んだ。その当時 はまだ理科授業で液体窒素を使うことなど考えられない時代である。食塩と氷の混合物の寒剤よりだいぶ温度を下げられる「エタノール・ドライアイス（固体炭酸）－72℃」があることを知った古川さんは、砕いたドライアイスにアルコールを少しずつ注いでみた。激しい泡だちがおさまったところで温度計で測ると、

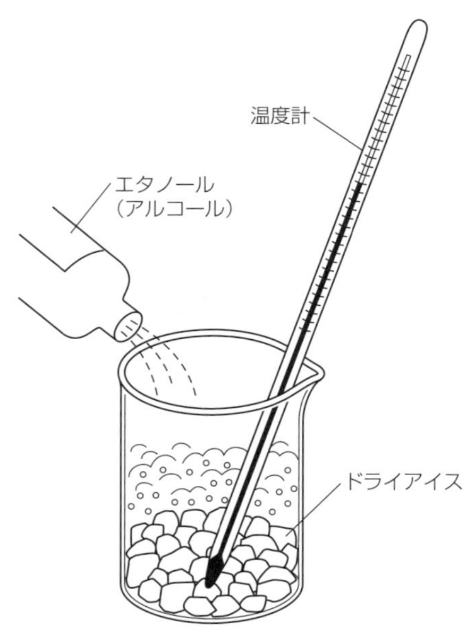

図　アルコールドライアイス寒剤のつくり方

みるみる下がって－70℃を切った。

この寒剤に花を入れるとまるでドライフラワーのようになる。ゴム管は固化して折れるし、ビニル管は割れ方までガラスと同じだ。水もまたたく間に凝固する。とにかく勝負が早いし、日常では見られないような現象が見られる。水銀を試験管に入れ、ゴム栓をして何度も入れたり出したりして水銀の凝固、融解を楽しむこともできた。

実はこの寒剤で最もやってみたかったのは、常温で気体のものを液化する実験だった。水やアルコールで液体⇄気体の変化実験はよく行われるが、本来、常温で気体の物質も気体⇄液体の変化をすることを見せないと「すべての物質は」と一般化できない、と古川さんは考えていたのだ。「－70℃までに液化する物質を見つけなければ」と、『理科年表』（国立天文台編）などを調べた古川さんは、「プロパン…融点－188℃　沸点－42℃」を見つけた。

早速、下の図のように、寒剤につけてある試験管の中にプロパンを徐々にふき込んで冷却したところ、プロパンはサラサラした無色透明な液体になった。次に試験管を空気中に出し、その口に火を近づけるとポッと引火し、中から出てくる気体が燃える物質であることが一目でわかった。手で温めて沸騰させると大きい炎になり、冷却すると小さくなってやがて消える。沸騰していても大変冷たいのがわかるため、液体が沸騰しているときはいつも100℃だと思っている生徒たちを驚かせるのにもよさそうだ。

このプロパン液化の実験では、その後、プロパンボンベからガスライター補充用ボンベ、さらに卓上コンロ用ブタン・カートリッジを使うようになった。

また、実験方法もポリ袋に一度とったブタンを試験管に吹きこんだり、袋のままドライアイスの固まりに押しつけて液化させたり、指であたためて気化させたりするよう工夫した。この授業も大成功だった。

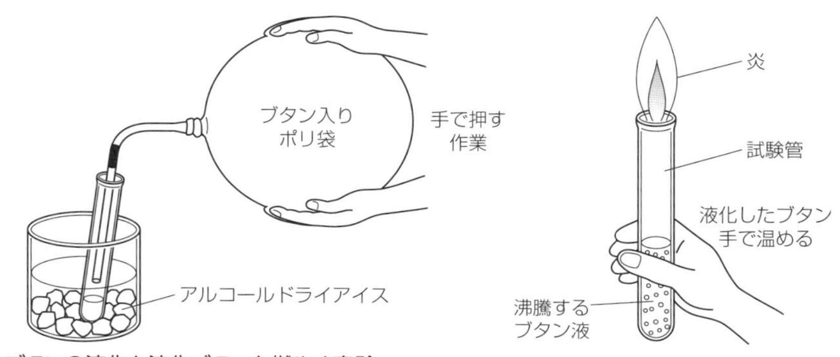

図　ブタンの液化と液化ブタンを燃やす実験

4.好奇心――古川さんをつき動かすもの

「生徒たちが物質の世界を科学的にゆたかにとらえてほしい」という願いをもって、素朴概念や誤概念に着目し、自然科学の基礎を教えよう、という古川さんの願いを支えたのは好奇心だ。好奇心こそ開発の原動力だ。あらゆることに首をつっこむこと、いつもキョロキョロしていること、何でもおもしろがること、生徒の知的好奇心をゆさぶってやろうとすること。そのためにも、自分自身好奇心をもっていたい。

スーパーマーケットやホームセンターへ行けば、理科授業で使える材料はないかという目で見てまわる。東京・大阪に行く機会があると、東京秋葉原や大阪日本橋で電子部品などの専門店をぶらつく時間をとる。100円均一の店にもいろいろな道具や材料がある。古川さんは病院でも授業に役立つものを見つけたりしている。生命をささえる物質はタンパク質だ。すべての生物はタンパク質によって成り立っているといっても過言ではない。だから、あらゆる生物のあらゆる部分にタンパク質が存在しているはずだ。しかし、生徒たちは「タンパク質＝お肉」という素朴概念をもっている。

当時、タンパク質 のいちばん鋭敏な検出法として、ニンヒドリンを使用していた。調べたい液にニンヒドリンを加えて、煮沸してから放冷する。タンパク質やアミノ酸が存在する場合は、青紫から赤紫色の呈色が見られる。

この方法は手間も時間もかかるため、もう少し簡便な方法はないものかと考えていた古川さんは、病院の古くからの主治医の机の上に尿検査用紙があるのを見つけた。この検査用紙には、尿中タンパク質検出用紙と書いてあった。古川さんは大喜びで何枚かわけてもらい、唾液、汗、植物のしぼり汁などいろいろな生物体につけてみたところ、すべてにタンパク反応があった。これならばリトマス紙的に使えるということで、薬品問屋で購入し、授業に使いはじめた。中でも、ごく普通の植物のあらゆる部分からタンパク質が検出できたことには生徒たちを驚かせた。

古川さんのように、常に好奇心をもって生活の全てから教材を開発していきたいものである。

第2部
実践編

1章 物の重さと密度

授業でのねらい

・物には重さがある。重さがあれば、それは物である。
・物の形が変わっても、水に溶けて見えなくなっても重さは変わらない。
・物の出入りで重さが変わる。物が出ていけば軽くなり、物が入ってくれば（つけ加われば）重くなる。
・気体は目に見えず捉えにくいが、重さがあるので物である。
・空気の１Ｌあたりの重さは約1.2ｇある。

A 物と重さ（質量）の授業

――ジュース500ｇを飲んだら体重は何ｇふえるか――

1. 保健室から体重計を運んで

私は、中学1年生の理科を担当すると、最初に「物の重さ」の授業をやる。本来なら小学校4年生くらいで自然科学教育のスタート時に行いたい授業である。

「物には重さがある。逆に重さがあれば、それは物である」「“系”に物がつけ加われば、その物の分だけ系の重さがふえる。系から物が出ていけば、その物の分だけ軽くなる。系に物の出入りがなければ（変化が起こっても）系の重さは変わらない」という内容を初歩的にでも理解させたい。

「物の重さ」の授業の1時間目は、体重計の問題だ。体重計を保健室から借りてきて、普通に立ったとき、台をおさえつけたとき、片足で立ったときの目盛りの読みがどうなるかを問うのである。仮説実験授業の授業書「ものとその重さ」（板倉聖宣・渡辺慶二『ものとその重さ』国土社所収）から学んだ方法である。この体重計の問題は「重さの保存性」についての認識を強烈に植えつける。導入部においては、このような一般的・本質的内容をふくんだ問題を扱って、一挙に高いレベルへ引きあげたい。

「物の重さ」の2時間目には、「つけ加わった物の重さの分重くなる」ことを人間で確かめる。

板倉聖宣さんの言葉を借りると、「『食物をたべてもそれはまだ自分のからだの一部となっているとはいえないから、それは体重には加わらないはずだ』という考えは大人のなかにも根づよくあります。また反対に、『食物はからだの中で消化されると、重さがなくなる』という考え方も根づよいものがあります。しかし、食物はたべたとたんに体重にかかりますし、消化してもへることはありません。体重がへるのは、大便・小便をするほか、汗をかいたり、口から水蒸気や二酸化炭素をだすからです」（前掲書88ページ）。人間でさえも物がつけ加われば、そのつけ加わった物の分重くなるのである。

中学生なら1Lのジュースを飲ませてみる。500 mL（= 500 g）だったら小学生でも可能である。ぜひ小学校の「物の重さ」の授業で扱ってほしい。

2.「物の重さ」の課題例

以下は、私がこれまで中学1年の授業で扱ったことがある主発問(課題)である。

(1)　この紙は、1 cm × 1 cmの大きさである。この紙片に重さがあるか。
(2)　紙をまるめる前後で重さの変化はあるか。
(3)　せんべいをこなごなにしたあと、重さはどうなるか。
(4)　物をつくっている分子1個にも重さがあるか。
(5)　水を入れたビーカーに木を浮かべる前後で全体の重さはどうなるか。
(6)　入れた水に浮いた氷がとける前後で全体の重さはどうなるか。
(7)　水に食塩を溶かす前後の重さはどうなるか。
(8)　あばれまわっている赤ちゃんの体重をはかりたい。どうやってはかったらよいか。
(9)　水そうの中で泳いでいる金魚の重さを、できるだけ金魚をキズつけないではかるにはどうしたらよいか。
(10)　粉（炭酸カルシウム）を塩酸に入れる前と後では重さはどうなるか。
(11)　人の体重を体重計ではかる。次のうち、どのはかり方がもっとも目盛りが大きくなるだろうか。
　ア．両足で立つ　　イ．片足で立つ　　ウ．どれも同じ
(12)　人が1000 gのジュースを飲んだ直後体重は何gふえるだろうか。
　ア．1000 gふえる　　イ．ふえるが1000 gより少ない
　ウ．ふえない　　エ．その他

中学1年の授業時間が少ないので、最小限(11)と(12)をメインに2時間の授業を組むようにしていた。小学校では(1)～(10)も扱いたい。
「(7) 水に食塩を溶かす前後の重さはどうなるか。」の実験では、少し意地悪して、コップ+水で200 gに食塩10 gを入れてかき混ぜるとき、ちょっとしぶきが飛び散るようにかき回す。「210 gにならない！　軽くなった分は、そのしぶきの分、かき混ぜ棒についた分だ」ということを見抜かせることもやりたい 。
「(6) 浮いた氷がとける前後で重さはどうなるか。」の実験を普通に行うと、ビーカーの外側に水滴がついて、その分重くなる。重くなったことに注目できるかどうかがポイントである。「重くなったからには、何か加わった物があるはずだ」という見方ができるようにしたい。ビーカーの外側についた水滴をよくふきとれば質量は変わらない。

3. 授業の展開

では、私が中学1年で行っていた授業を少し小学校向けにアレンジした授業展開を紹介したい。ジュースは1000 g (1 L) ではなく500 g (500 mL) にしてある。

(1) ジュースを飲んでみせて課題を出す

理科室には保健室から借りた体重計を置いておく。チャイムの終了と同時に授業をはじめる。
『これは何でしょう？』と言って1Lの容器を高くかかげる。
「ジュースだ！」「飲ませて！」
『これはりんごジュースです』と言って、コップにあけ、おいしそうに飲んでみせる。子どもたちは歓声をあげる。飲んでみせることで一気に興味・関心をひくと同時に「飲むと……」という課題にリアリティーをもたせることができる。パフォーマンスの一種である。
『いいかい、きょうは、このジュースについての課題を考えよう』と言って課題を出す 。
『体重をはかってから、すぐにジュースを500 g飲みます。飲み終わってからすぐにもう一度体重をはかると、飲む前とくらべてどうなると思いますか。課題の意味はわかりましたか？』
「わかった！」という声。全体を見まわして、“わかっていない”という顔つきをしている子どもがいないかどうかチェックする。

『はい、それでは、課題を書きなさい』

ノートに書きはじめると、課題をどう表現していいかわからない子どもが出てくる。

「先生、もう一度言ってください」

『どこがわからないの？』

子どもとやりとりしながら、課題をはっきりつかませる。そのうえで、選択肢を板書する。

飲んだ直後はかることを強調し、目盛りの読みとりは、体重計に乗ったとき針が静止したところで行うことも確認しておく。

課題を全員がもれなくつかむことなしに、授業ははじまらない。ここでは「飲んだ直後に体重をはかる」ことがポイントである。

【板書】

ア　変わらない（前のまま）

イ　500 gちょうどふえる

ウ　500 gまではふえない。100 gとか200 gくらいふえる

エ　500 gまではふえない。400 gくらいふえる

オ　その他

自分の考えを書いている最中は、机間巡視をする。〈自分の考え〉には、予想とそのわけを書くことを確認している。とくにアやウを選んだ子どもの「わけ」に注目しておく。

7、8分後、『まだ書き終わっていない人は？』と聞く。『あー、まだ何人かいますね。では、あと2分間で書き終わりなさい。頑張って書くんだよ。頭をふりしぼって！』『はい、あと30秒！』

書き終わった子どもたちが、「私にやらせて！」などと言ってくる。

時間が来たら、『もう時間だよ。これから、どの予想が何人いるかを聞きます』と言い、それぞれ挙手させて人数を数え、板書にかき加える。

ある日の授業では、アが2人、イが33人、ウが6人、エとオは0人。自信度を聞いてみると、「絶対自信がある」という子は、ア、ウは0、イが8人いる。

(2) 意見発表

次は意見を発表させる。『では、意見発表にいくよ。少数意見からいくよ。

アの人はだれだっけ？ K君とT君か。じゃあK君。頑張ってね』
K君「私はアだと思う。理由はちょっとはふえているけど体重計には表れない」
『どうしてちょっとしかふえないと思うの？』
K君は、うまく答えられない。
『そう思うだけなのね。じゃあ、T君は？』
「そんなに早くは体重は変わらないと思う。前に身体測定で体重をはかったとき、昼食を食べる前よりも食べたあと全然ふえなかったから」
イの子どもたちが、「それは、変わったんだよ」と叫ぶ。
『どのくらい食べてふえなかったのかわからないね。でも、すごい体験をしているね。みんなのなかで食事の前とあとで体重はかったことある人いる？（だれも挙手しない。）T君はすごいね。次にウの人にいくよ。ウの人は？』
はじめはだれも手をあげない。やっとS君が手をあげる。
『S君、えらい。では意見を言ってくれ』
「りんごジュースに入っている栄養が体内に吸収されるから。その栄養が100 gくらいだと思った」
『言っている意味わかるか？』と全員に問いかける。
「わかる！」
『わかんなかった人？』
何人かが手をあげる。ざわついた感じになるので、『みんな聞く態度になってる？ Y君はなっていないよ。Y君は別のことを考えてた。』つい説教調になってしまう。『いいかい、わかるってことは、自分の考えじゃない考えも理解できなくちゃいけないわけ。ナルホドそれはそれで考えられる、とね。よーく他人の意見を聞いて、それをわかって自分の考えとくらべてみるんだよ。いまのS君の考えって、鋭いと思いませんか？』と言ってから『S君の考えと同じ人はいない？』と聞いてみる。
すると数人が挙手。『何だ、いるんじゃない（笑）。じゃあ、S2君 、君の言い方で発表して』
「栄養が吸収されたから。吸収された分だけ重くなる」
『S2君の意見は、S君とまったく同じかな？』
「違う！」「だいたい同じ！」
『ちょっと言い方が違うけど、2つの意見を聞くと、ウの考えがはっきりしてきたでしょ。では、イの人の意見を聞こう。一番多数派ですね。イは、自信がある人が8人もいたね。きっと、なるほどそうかという意見がこれから出てきますよね。はい、じゃあ意見！』

何人かが挙手する。

『いま、だれが手をあげるの早かったかな？　はい、じゃあT君！』

「体の中に吸収された栄養もちゃんと重さになる。それに体の中に入ったものは、みんな重さになる。だから500 gふえる」

『I君は？』

「飲んだ直後でしょ。500 g体内に入れるんでしょ。飲んだ直後にはかるんだから、外に出るわけじゃないから、500 gふえる」

『ちょっといままでと言い方が違う意見が出てきましたね。“外に出るわけじゃないから”っていう言い方がそうですね。みんな入っているからってことだね。ほかのクラスでは、胃や腸のなかで宙ぶらりんになっているから重さがかからないって意見があったよ』

「宙ぶらりんっていったって……」と、そちらのほうに流れていきそうになるので制止して、意見を聞くことにする。

「空気を吸っても、空気は気体だから、重さはほとんどふえないけど、ジュースは液体だから、全部重さがふえる」(K君)

「重さが変わらないって言う人がいたけど、変わんないなら飲んだことは完全に無視されちゃうから、変わんないことはない。それからジュースの入れもの変えても重さが変わんないんだから、飲むのは体が入れものになるんだから、500 gふえる」(I君)

『いままで出た意見と違う意見の人いないか？　はい、M君！』

「もし、人間とジュース別々においといても、500 gふえるんだから、飲んでも別々においたのと同じで500 gふえる」

『ああ、みんな言いたいことわかった？(「わかった！」の声)。体重計の上にのっかって、それに500 gおいとくの。500 gおいとくのと500 g体のなかに入るのは同じことだと。(「いいねえ」と拍手がおこる) これもいままでの言い方と違いますね。他に違う意見の人いる？　はい、じゃあIさん！』

「同じかもしれない」

『いいよ、言ってみて』

「飲んだ直後には500 g自分の重さに加わると思う。飲んで何時間かかかってはかったなら、栄養分になってしまって実際にふえる分は減るかもしれないけど、飲んだ直後なら、まだジュースは体内にあるだけで、500 gのまま

だと思う」(拍手)
『じゃあ、イの人の意見に対してアだとかウの人で反論ありますか？』
　アとウは形勢不利とみてか挙手がない。
「アの人に対してでもいいですか？ あの、アだと、食べても食べても体重が変わらないってことになっておかしいと思います」(拍手)
『もう少し討論をしたかったけど、時間がなくなってきた。ほかのクラスでは、ウの人に鋭い反論が出たよ。食べたものの重さが全部加わるとしたら、出すのが半分くらいあったって、体重がどんどんふえてしまうはずだっていうんだ。わかる？』
「これは、飲んだ直後だよ！」とIさんが大声を出す。
「先生、そろそろ実験しようよ！」
　予想分布を再度調べる。アの1人がイへ、ウの2人がイへ移る。

(3) いざ実験!　ジュースを飲んだ直後の体重をはかる

『だれか実験台になってくれないかな。じゃあ、E君！』
　全員を前へ集める。体重計の一目盛りが200 gだから、10 g、20 gの違いはわからないが、100 g、200 gの違いは何とかわかること、針が安定してから目盛りを読み取ることを説明する。
　ほんとうに安定したときの目盛りを読まなければならないので、針の指し方が安定してから、ふれ幅の真ん中に矢印の形の先端を指すようにしてセロハンテープで貼り付ける。
　E君の体重は33.5 kg。
　いよいよ、ジュースを飲む。すでに500 gのジュースを入れてある容器をE君にわたす。E君は、ぐいぐいと飲む。飲み終わると、みんなが拍手。
『もし500 gふえたら、34 kgのところを指すはずだね。さあっ、E君、体重計に乗ってみな』
　息づまる瞬間。目盛りは34 kgを指す。
「やったあ！」

(4) 〈結果とわかったこと〉を書かせて参考プリントを読ませる

『はい、じゃあ、席にもどって、〈結果とわかったこと〉を書いて』
　子どもたちはノートに〈結果とわかったこと〉を書く。何人かに発表させる。
「ジュースを500 g飲んだら、体重は500 gふえた」
「食べたり飲んだりした分、体重はふえる」
　最後に、以下のような参考プリントを配布し、一読させて授業を終了する。

【参考プリント】

• 人間の体重24時間――何もしなくてもじわじわとへる体重

もし君が1 kgの弁当を食べたとしたら、食べる前と食べた後で体重はどのくらいふえるでしょう。ある人は「食物がおなかに入っただけだから、体重そのものはふえるはずはない」と思うでしょう。またある人は「食物はおなかに入ると消化されてしまうから、1 kgまではふえないけれど何百gかはふえる」と思うでしょう。「消化されようが、吸収されようが、それは全部体重に入るはずだから、ちょうど1 kgふえる」と考える人もいるでしょう。

実験をやってみました。ご飯やおかずがちょうど1 kgになるように食事を作ってもらいました。食べる前の体重は58.5 kgで食べた後はかったら59.5 kgになっていました。食べたすぐ後なら、ちょうど1 kgふえるのです。

では、食べてから時間がたった場合はどうでしょうか。

食べた物が体の中でどうなるかを知るために、体重の変化を調べた科学者がいます。イタリア人のサントリオ・サントリオ（1561～1636年）です。

サントリオは、座席がついていて座ったままで体重がはかれる大きなてんびんを設計して作らせました。そしてそのてんびんの座席に一日中座って食べたり飲んだり大・小便をしたりしました。そのたびに重さは変化しました。食物、飲物、大便・小便、すべてその重さをはかりました。

そして彼は考えました。体の中に取り入れた食物や飲み物の重さから大便と小便の重さを引いた分だけ、体重は増すはずだと。ところが、実験の結果は思っていたより体重の増加が少なかったのです。そこで彼は考えました。「おそらく、体の中に取り入れた食物や飲み物の一部は、人間の目に見えない形で体の外へ出ていってしまったのだ。だから、その分だけ体重の増加が少なかったのだ」と。

では、人間の目には見えずに体の外に出ていく物とは何なのでしょうか。それは水分なのです。じっとしていても、一日当り、約0.8～1 Lの水分が私たちの皮膚の表面から大気中に逃げ出して行くのです。0.8～1 Lということは、重さでいえば約800 g～1000 gになるわけです。

ところがサントリオの時代には、まだわかっていないことがありました。

それは私たちが酸素を取り入れて二酸化炭素を出しているということです。ですからサントリオは、これらの気体の重さを考えに入れることができませんでした。ずっとあとになって、ある生物学者が体重68 kgの成人の一日当りの酸素の吸収量と二酸化炭素の放出量とを測定したところ、前者は0.7 kg、後者は0.82 kgでした。酸素と二酸化炭素の出入で、一日に120 gほどがじわじわとへっているのです。汗として出た分と合わせると、1時間に約40 gずつへり続けていることが明らかになりました。

そこで一日の間に、どのように体重が変化しているかをグラフでみることにしましょう。もう、急に体重がふえたり、へった。するのはどうしてか、何も食べないでいると少しずつ体重がへっているのはどうしてか、わかりますね。

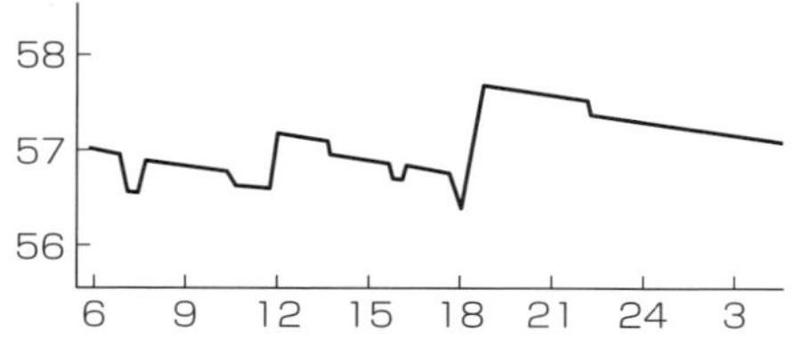

図　1日の体重変化の例

この読み物で、実験結果をダメ押しし、さらに「食べてから時間がたったとき、体重がほとんど変わらないのはどうしてか」の浅い理解をねらった。

ただし、酸素と二酸化炭素の出入りの部分は、中学1年生にも難しい。この部分は省略してもいい。

なお、皮膚から蒸発する水分は正確には汗ではない。不感蒸泄（ふかんじょうせつ）といって、皮膚および呼吸によって意識されずに水分が蒸発する現象である。

4. 物の重さの授業のねらいと質量保存の法則

取り上げた授業は、「物には重さがある。物の形が変わっても物の状態が変わっても、その物の出入りがない場合には重さは変わらない。出入りがあれば、出た分だけ軽くなり、入った分だけ重くなる。逆にはじめより軽くなったら何か物が出ていった、重くなったら何か物が付け加わった」という科学の論理（質量保存の法則）をとらえることをねらいにしている。

小学生や中学生にこうした授業をすると、水を飲んだり、トイレに行ったりした後に体重はどうなるかと、興味津々で体重計に乗ってみるようになるものだ。

物の質量は、形が変わろうが、状態が変わろうが、運動していようが静止していようが、地球上であろうが、月面上であろうが、宇宙空間であろうが、変わらない実質の量である。つまり条件によって大きくなったり小さくなったりしない量である。

日常生活では「重さ」という言葉がよく使われる。この「重さ」や「重い、軽い」には質量の意味の場合があるだけでなく、重力の大きさや密度の意味の場合もあるので、注意が必要である。日常生活では普通には「重さ」は質量に置き換えてもOKの意味で使われることが多い。私は、重さ（質量）としたり、重力の大きさの場合には重量という言葉を使うようにしている。

質量保存の法則という言葉が、小学校や中学校の理科の教科書で最初に出てくるのは、中学校理科の化学分野 である。「化学変化の前後では、物質全体の質量は変化しない」というものだ。生徒たちは、いくつかの実験をして質量保存の法則をまとめる。ここで質量保存の法則の内容、あるいはこの法則を確認するために行った個別の実験の内容を覚えて終わりなら、この学習から科学の目で物事を見る姿勢を身につけさせるのは難しい。

質量保存の法則は物理変化でも化学変化でも成り立つ。例外は、核分裂や核融合のような質量とエネルギーの相互転換を無視できない場合である。実は、質量保存の法則が化学分野で出てくるというのは、物理変化では当たり前だけれども、“化学変化のように別の物質ができる場合”でも成り立つというところが大切なのだ。

「物には重さ（質量）がある。物の形が変わっても物の状態が変わっても、その物の出入りがない場合には重さは変わらない。出入りがあれば、出た分だけ軽くなり、入った分だけ重くなる。逆にはじめより軽くなったら、何か物が出ていった、重くなったら何か物が付け加わった」という決まりだけでも、いろいろな場面に適用可能である。さらに質量保存の法則を原子レベルで支える「原子は、なくならないし、新しく生まれはしない。化学変化が起こっても原子の組み替えが起こっただけで原子全体は変わらない」という認識が身に付くならば、さらに強力な科学の目をもったことになるといえるだろう。

B　空気の密度

——教室いっぱいの空気の重さは？——

1. 空気の密度の授業

密度は、1 cm^3 あたりの質量のことである。1 cm^3 あたりだと数値が小さいときは、気体の場合のように1Lあたりの質量を使う場合もある。

缶に空気入れで空気を押し込んでから重さをはかると前よりも重くなっている。空気にも重さがある。水上置換で1Lだけ放出してから重さをはかると空気1L分の重さ、つまり密度（単位g／L）を求めることができる。

また、教室の大体の容積を求めて、密度（g／L）×教室の容積（L）で、教室全体の空気の重さを求めると、案外大きな値になることに驚く。

教科書では、空気の重さを「中2　天気の変化」の「大気圧」で学習することが多い。だが、「気体にも重さがある」ということは物質についての基本的認識として、中学の最初のころに学習したい。

2. 授業の展開

(1) 準備

- 教材用ガス缶（他のスプレー缶でも可能だが、酸素や二酸化炭素などの教材用のガス缶がちょうどよい。その場合付属のビニル管も使用する）
- 電子てんびん（上皿てんびんでも可）
- 空気入れ（バレーボールなどのボール用空気入れ。あるいは自転車の空気入れの口金をボール用のものに替えたものでもよい）
- 水槽
- メスシリンダー（500 mL）

(2) 空気に重さはあるの？

ポリ袋を見せて、『これを閉じるよ』と言って、口を結ぶ。

『この中には何も入っていないよね』

「空気が入っている！」

「そうだ、そうだ」
『では、口をあけたときと、口を閉じたときではどちらが重いかな？』
「口を閉じたほう！」
「空気はすごい軽いよ」

0.1 gまではかれる電子てんびん（あるいは上皿てんびん）にのせて比べてみる。同じ重さである。

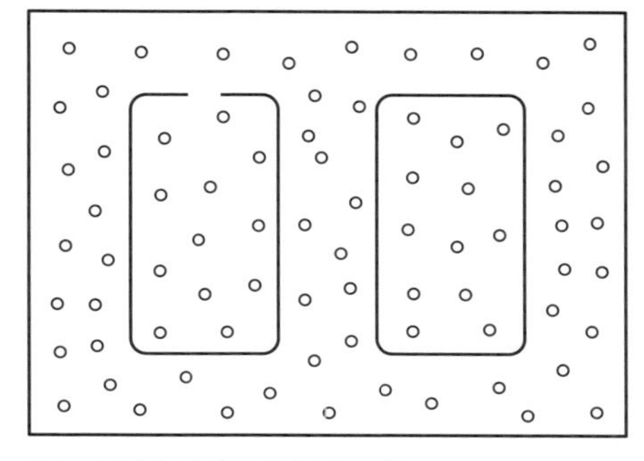
図　子どもが描いた板書の例

私の授業では、かつて、ある子どもが黒板に図を描きながら「口を閉じてもそれは空気に囲いをしただけだから、あけたものと同じ」と説明したことがある。今では、その子どもの説明を紹介している。
『では、空気の重さははかれないのかな？ 昔、ガリレオという科学者が考えた方法があるんだ。容器に空気を押し込めば、押し込んだ分重くなる。また、それから空気を出せば、出した分軽くなるっていうんだ』

板書に容器の図を描き加え、その中の点々の数を多くする。

(3) 空気１Ｌの重さをはかる

『この缶に空気を押し込んでみよう』

教材用のガス缶付属のビニル管をとりつけ、ビニル管に空気入れの先を差し込む。缶の上のパイプを手ではさんで下に押しながら、空気入れで空気を押し込む。まず空気入れを子どもに押してもらい、さらに教師が押し込んで力の差をみせるとよい。
『さあ、どのくらい入ったかな？』

ちょっと缶の上のボタンを押して、シューッという空気の出る音を聞かせる。
『空気を１Ｌだけ出して、缶の重さをはかって減れば、その減った分が空気１Ｌの重さだね』

子どもたちを前に集める。
『では、空気１Ｌの重さを求めてみよう』
〔空気１Ｌの重さのはかり方〕

① 缶に空気を押し込み、その重さをはかっておく。缶の出口にビニル管をつなぐ。

② 水槽に水を張り、水を満たしたメスシリンダーをその中に倒立させる。

缶につないだビニル管をメスシリンダーの口のところに入れ、缶の上のボタンを押して缶から空気を出し、メスシリンダーに水上置換で空気を集める。500 mLのメスシリンダーなら2回に分けて1Lを放出する。

③ 缶からビニル管をはずし、缶の重さをはかる。空気を出す前の缶の重さとの差から空気1Lの重さを求める。約1.2 g／Lになる。

以上を行ってから、缶に押し込んだ空気を水槽に出してみる。かなりの量、押し込まれていたことがわかる。

④ 教室の空気の重さを計算する

《空気1Lの重さがわかったね。では、この教室にある空気を全部集めたときの空気の重さはいくらぐらいになると思う？》

選択肢を、「ア．数十g　イ．数百g　ウ．数kg　エ．数十kg」あたりにしておく。

あらかじめ教室の縦、横、高さのだいたいの値をはかっておく（余裕があれば、巻き尺を使ってその場ではかる）。この授業を行ったときの教室の容積は、8（m）× 8（m）× 3（m）= 192（m^3）だった。

縦・横・高さがそれぞれ1 mの立方体の体積1 m^3は、1000 Lにあたるので、この教室にある空気は、192 × 1000 Lになる。

空気1Lの重さが1.2 gなので、192 × 1000 × 1.2 = 230400（g）≒ 230（kg）になる。

教室程度でも、そこにある空気の重さは200 kg以上もあるのだ。

『教室の空気でこんなにあります。塵もつもれば山となるといいますね。空気は、ずーっと上のほうまであります。この空気の底に私たちは暮らしています。後で、空気の圧力の勉強をしますが、そのときには空気の重さのことを思い出してください』

等と言って、授業を締めくくる。

金属と磁石

授業でのねらい

・金属には、「金属光沢をもっている」「電気をよく通す」「叩(たた)くと広がり、引っぱると伸びる」という特徴がある。
・主な金属光沢は銀色である。金属をよく磨くと鏡になる。
・食品デコレーション用のアラザンの表面は銀色であり、よく電気を通すので金属である。
・折り紙の銀紙は紙に金属を張ってある。
・ふつうの磁石につくものは主に鉄である。
・鉄と酸素が結びついてできている砂鉄は磁石につく。砂鉄は、磁鉄鉱という鉱物が砂粒の大きさになったものである。小石でも磁鉄鉱がある程度以上ふくまれていると強い磁石についてくる。
・市販されている磁石でもっとも強いのは、日本人が開発したネオジム磁石である。

A　金属の授業

1.1時間の金属の授業

私が教師になったころの教育課程では、中学校理科教科書に「金属」の項目がなかった。そこで、1時間の金属の授業をしたりした。今では、中学1年生で金属を学ぶようになったので、2時間程度は使えるだろう。

(1) 準備するもの

磨いた金属板（銅、鉄、アルミニウムなど）／電池に豆電球を組み込んだテスター（豆電球テスター）／マグネシウムリボン（紙やすりで磨いておく）／「仁丹」／鏡／銀紙／紙やすり／スズ／金床(かなとこ)あるいはレンガなど／金槌(かなづち)あるいは木槌

(2) 金属の特徴とは?

まず、磨いた金属板を何種類か見せる。

『これらの物質はあるグループに属しています。何でしょうか？』と聞くと、「金属」という答えがすぐ戻ってくる。

『これらの物質には見ただけでわかる共通した特徴がないか？』という問いには、「光っている」「ピカピカしている」「光沢がある」などの意見が出る。
『金属がもっているこのようなピカピカした独特の光沢のことを金属光沢といいます』と言って、「金属光沢（磨けばピカピカ）」と板書する。
豆電球テスターを首から下げ、間に電流がよく流れるものを入れると豆電球がつくことを説明する。
銅から順に、金属板の電導性を聞く。「流れる」「流れない」の挙手で予想を調べると、アルミニウムなどは、電導性について迷う生徒が多い。
この実験を進めるうちに、「金属は全て電気を通すのでは？」という認識になっていく。念を入れてマグネシウムや水銀についても確かめる。
最後に、板書の「金属光沢」の下に、「金属はよく電気を通す（電流を流す）」と書き加える。

(3)「仁丹」（商品名）の表面は金属？

『これは「仁丹」です。口の中をさわやかにする清涼剤です。中は薬が入っているんですが、表面は銀色をしています。ではこの銀色をした「仁丹」の表面は金属でしょうか？』
「確かに金属光沢だけど体内に入るものだから金属ではないのではないか」などと迷う生徒が多い。
「電気を通せば金属だ」ということから「仁丹」の電導性を調べると豆電球がつく。
銀色金色の折り紙にも金属が使われている。銀色の折り紙はアルミ箔（はく）が張ってある。金色の折り紙はさらに薄い透明な塗料が塗ってあるので、そのままでは電気を通さない。表面をはぐと電気を通す。
昔の鏡は金属光沢を利用したものである。青銅鏡を入手して見せるのも効果的である。
生徒たちから『それなら、今のガラスの鏡にも金属が使われているのか？』という質問をしてみよう。生徒たちを前に集めて演示で行う。時間に余裕があれば各班に小さな鏡を配って調べてもらってもよい。
鏡の裏側を紙やすりで少しずつ削り取ってみる。すると銀色の金属面が表れる。テスターで試してみると、豆電球もつく。
生徒たちは鏡の本質はガラスだと考えている。ここで、鏡は昔も今も金属を用いていることや、昔の鏡（金属鏡）は表面がくもりやすく、鏡磨きの職人が存在したこと、今の鏡は表はガラスで裏は保護材でおおわれているので、いつまでも金属光沢を失わないこと、などを話す。

(4) 延性・展性についての実験

『もう1つ金属の特徴を見せます』と言い、スズの粒を見せる。よく電流が流れるかどうかを調べる。

『これはスズという金属です。これを叩いてみましょう』

スズを紙に包んで叩くことをする。時間に余裕があれば、これも「できるだけひろげろ」という課題にすると、生徒たちは夢中になってスズを紙に包んで叩く。

開いて見せるとスズは平べったくなっている。

板書に「延性・展性（引っ張れば延び、叩けば広がる）」を付け加える。金属以外のものは叩くと割れたりしてしまうことや、金属線は引っ張って延ばしたものであることを説明する。

最後に金属の3大特徴をもう一度説明して、授業を終わる。

(5)「電気が通るもの・通らないもの」の授業

小学生向けの2時間続きの「電気がよく通るもの・通らないもの」の授業テキストを紹介しておこう。

＊導通（どうつう）テスター（豆電球テスター）でしらべてみよう

「電気（でんき）がよく通るもの・通らないもの」をしらべるには導通テスターを使います。

導通テスターの導線（どうせん）の間をくっつけてみると、豆電球（まめでんきゅう）が光ります。電気が通った（ながれた）からです。

導通テスターの導線の間にしらべるものを入れて、豆電球が光ると、間に入れたものは電気をよく通すものです。

調べるもの	予想（よそう）	結果（けっか）
木の板（いた）		
プラスチックの板		
10円玉		
1円玉		
鉄の板		

どんなものが電気をよく通すでしょうか？

＊金属の話

電気がよく通るものは、みんなにています。

銀色だったり、赤っぽいですが銀色のものとにた「つや」をもっています。

銀色をしていて電気をよく通すものは「金属」のなかまです。

金属がもっている「つや」を「金属光沢」といいます。

金属光沢は、ほとんどが銀色ですが、金色のもの（金）、赤っぽいもの（銅）もあります。金属は、みな、電気をよく通します。

反対に金属光沢をもっていて電気をよく通すものは、金属なのです。

金属をさびにくいようにしたい、きれいな印刷をしたい、などのとき金属に金属ではないものでカバーして（おおって）いることがあります。

そんなときは、紙やすりでけずってみましょう。

おおわれていたものがはがれて金属が出てきます。

金属には、鉄、銅、金、銀、アルミニウムなどがあります。

ほかにもたくさんあります。知っている金属を出しあってみましょう。

＊これは金属かな？

・折り紙の銀紙、金紙があります。

うらの紙のところは金属ではないことがすぐわかります。おもての銀色、金色のところは金属でしょうか？どうしたら調べることができるでしょうか？

・ケーキの上に飾りで、銀色のまるいつぶがのっていることがあります。

この銀色のつぶはアラザンといいます。中には砂糖などが入っています。砂糖は金属ではありませんが、銀色のところは金属でしょうか？どうしたら調べることができるでしょうか？

調べるもの	予想	結果
銀紙の銀のところ		
金紙の金のところ		
アラザンの銀色のところ		

＊身のまわりで金属光沢をもったようなものがあったら、金属かどうか調べてみましょう。

2. 物質の世界のなかの金属

元素の表としての周期表には約100種類の元素たちが並んでいるが、その約8割は金属元素である。

金属元素の原子がたくさん集まってできた金属という物質のグループは、大きな3つの特徴、すなわち1、金属光沢、2、電気・熱の良伝導性、3、延展性がある。

これらの特徴は原子レベルでは金属原子がたくさん集まった状態で、原子の所属をはずれた電子たち(自由電子)が存在するということから説明される。

金属原子が非金属の原子と結びつくとき、自由電子は非金属の原子の所属になり自由電子ではなくなってしまう。つまり金属元素が非金属元素と結びついた化合物は金属ではなくなっている。

化学変化に金属が関係するものも多い。金属の化合物から金属を取り出したり、金属と他の物質（非金属）を反応させて、金属の化合物にしたりしている。そのとき、金属の3大特徴(とくに金属光沢と電導性)を知っていると、化学変化の特徴である「別の物質に変わる」「新しい物質ができる」などが認識しやすくなる。

大学での理科教育の講義や教師対象の講演で「カルシウムは何色か？」「バリウムは何色か？」と質問してみる。カルシウムやバリウムという原子だけからできている、つまり単体の場合、という限定をつけてである。

白という答えが多数である。

カルシウムは骨やカルシウム製剤のイメージだし、バリウムで知っているのは胃のX線検査のときに飲む乳濁した液体である。骨はリン酸カルシウム、胃のX線検査のときに飲むのは硫酸バリウムで、それぞれ化合物である。単体のカルシウムやバリウムは銀色をしている。

周期表で上段アルミニウムのところから階段状に金属と非金属の境目がある。その境目の左側は、第1族元素の水素を除いてすべて金属の原子である。大きい括りではカルシウム、バリウムは「アルカリ土類金属」というグループの一員である。

授業で、私は、カルシウムやバリウムは実物も見せている。色を見せると共に叩いて展性を見せ、良電導性を見せる。

3.「仁丹」の銀色の正体をつきとめた体験

私は、新任のころ、板倉さんの講演で聞いたのだと思うが、ある小学校教師が金属の授業をしたら、授業後子どもに「仁丹は銀色しているけど金属なの？」と聞かれたという話に感動していた。

仁丹は森下仁丹の製品。明治38（1905）年、総合保健薬として発売され、今でも口中清涼品として販売されている。生薬を銀色のもので包んである。

金属の原子がたくさん集まってできた金属という物質のグループには、大きな3つの特徴がある。

それはP77で述べたように、1、金属光沢、2、電気・熱の良伝導性、3、延展性である。

「金属光沢があったら金属の可能性が大きい」「さらに電気が流れたり、延展性があったら絶対金属だ」ということがわかる。

では、仁丹の表面がまず電気を流すかどうか調べてみた。

電池と豆電球からなる簡単なテスターで、「仁丹」をはさんだ。すると豆電球が光った。電気が流れたのである。この表面は金属なのだということがはっきりした。

次の段階として、その銀色の金属は何という金属かという疑問にとらわれ、調べてみることにした。

まず、仁丹の粒を10個ほど、うすい塩酸に入れてみる。中身は溶けるけれども、銀色の殻は溶けずにそのままの形を保っている。例えば、アルミニウムだったらうすい塩酸に溶けるはずである。ということはイオン化傾向が水素よりも小さい金属だということだ。

次に、その殻だけを試験管に入れて少量の濃硝酸を入れた。すると、殻は溶けてしまった。つまり、イオンになったのである。このことで、水素よりイオン化傾向が小さい金属である、銅、水銀、銀、金、白金がその金属の候補になる。濃硝酸は、酸化力がとても強い酸なので金、白金のようなイオン化傾向が大変小さい金属はさすがに溶かさないものの、それ以外なら溶かしてしまうはずであり、濃硝酸に溶けたことから金と白金は除ける。口に入るものだから水銀も除ける。色から見て銅も除けるが、銅は合金では銀色のものもあるからまだわからない。

ろ過した液に塩酸を加えると白くにごる。これで銀の可能性が高くなる。銀イオンがあるところに塩化物イオンを入れると塩化銀の白色沈殿ができるからである。沈殿をろ過して放置しておくと黒ずんでくる。これは塩化銀が光で分解するからである。また、この沈殿はアンモニア水に溶ける。これも塩化銀であることを示す。

こうして、「仁丹」の表面は銀だったことが同定されたのである。

引き続き、私は、次のような疑問をもった。

「どうして、安いアルミニウムではなく、銀なのか？」

仁丹の会社に電話をした。「アルミでは、すぐ光沢がにぶくなってしまうんですよ。また、胃の中で溶けてしまうんですよ」ということだった。なるほど、銀はアルミニウムよりはるかに空気中の酸素と結びつきにくい。胃液はうすい塩酸であるが、銀ならびくともしないのである。

それでも銀はほんの微量は水に溶ける。銀イオンは殺菌作用をもっている。

1個の仁丹に0.0001 gという量の銀が数万分の1 mmというおどろくべき薄さで張りつけてあるのである。

高校化学では、銀は硫化水素と反応して硫化銀になることを学ぶ。硫化水素によって銀製品は黒ずんでくる。そこで、私は、仁丹を硫化水素の臭いがする温泉場に置いてみたことがある。ちゃんと表面が黒ずんできた。

しかし、今の子どもたちは仁丹という商品名を知らない場合が多いので、同じように表面が銀色のアラザンを使っている。アラザンは、中味は粉砂糖などだが、表面はうすい銀の箔でおおっている。アラザンという名前は知らなくても「ケーキやチョコレートにデコレーションとして丸い銀色の粒が載っていることがあるよね？」というと大概の子どもは知っている。

4. 人類の歴史と金属

金のように石英脈の中や川底に“自然金”として単体の金属が得られるものは、数えるほどしかない。ほとんどの金属が化合物の形で自然界に存在している。

人間は、酸化物や硫化物などで存在する鉱石を木炭や石炭・コークスなどの炭素によって還元して、単体の金属を得てきた。単体の金属をとり出すのがやさしい金、銀、水銀、銅、鉛、スズ、鉄がまず利用された。これらは、イオン化傾向が小さい金属である。

しかし、アルミニウムよりイオン化傾向が大きい金属が単体としてとり出せるようになったのは、まだ最近のことである。

まず、1807年にイギリスの化学者デービー（1778～1829年）が、ナトリウムとカリウムをとり出した。すでに発明されていたボルタの電池を利用して、水酸化ナトリウムおよび水酸化カリウムを融解して液体状態にしたうえで電気分解したのである。

ナトリウムとカリウムは、その大きな還元力によって、当時、まだ化合物からとり出す方法がなかった金属を得る強力な手段となった。アルミニウムは、1825年に、デンマークの物理学者エルステッド（1777～1851年）が、1827年にはドイツのウェーラー（1800～1822年）という化学者がエルステッドよりも純粋なものをとり出すことに成功にした。

こうして得られたアルミニウムは非常に高価なものであった。金や銀と同じくらいに貴重なものだったのだ。アルミニウムのメダルがナポレオン三世（1808～1873年）に献上されたという話が残っているくらいである。

アルミニウムは酸素と結びつく力が強く、その酸化物を融解するのに2000 ℃以上の高温が必要なのだ。アルミニウムをたくさんふくんでいる鉱石はボーキサイトであるが、ボーキサイトは、酸化アルミニウム（アルミナ）を40～60 %ふくんでいる。これから純粋な酸化アルミニウムをとり出せる。この酸化アルミニウムは、コークスで還元することもできないし、融解して電気分解しようにも、融解するのが困難なのだ。

1886年のこと、アメリカのホール（1863～1914年）とフランスのエルー（1863～1914年）が、ほぼ同時（2カ月違い）だが別個に、酸化アルミニウムからアルミニウムを取り出す方法を発見した。氷晶石という鉱物を融解した液の中に酸化アルミニウムを溶かしこんで電気分解する方法である。

現在、使われているアルミニウムの工業的なつくり方は、この二人の発見した方法そのものである。大量の電力を必要とするので、アルミニウムは電気の固まりとか、電気の缶詰といわれている。

アルミニウムの電解による製法の原理は、マグネシウムなどのとり出し方にも応用されて、今日の軽金属時代の糸口になったのである。

私は、中学理科や高校化学の酸化・還元の授業のときには、次のような授業をしている。

自然金（砂金）、自然銀、自然銅、それにいろいろな金属の鉱物、古道具店で入手した青銅鏡を見せては話をする。班ごとに行うテルミット反応では融けて流れ落ちる鉄に歓声をあげ、得られた銀色の丸い粒が鉄であることを確認する。

人類は、とり出しやすい金属から使いはじめ、鉄鉱石や砂鉄から鉄をとり出せるようになった。こうして青銅器文明から鉄器文明になった。今も、鉄器文明の延長線上にあること、鉄を中心にしながらアルミニウムなどの軽金属がさまざまな材料に使われるようになったことなどを話すのである。

鉱物にエネルギーを投入して得た金属は、いわば「エネルギーの固まり」だ。金や白金は別にして、だいたいの金属は、相手さえいれば電子を渡してイオンになりたがっている。そのことは、さらに電池の授業で活かされる。

金属は、単体の約8割を占めていて、化学変化に金属が関係するものも多い。非金属（金属の化合物）から金属をとり出したり、金属と他の物質（非金属）を反応させて、金属の化合物にしたりしている。そのとき、金属の3大特徴（とくに金属光沢と電導性）を知っていると、化学変化の特徴である「別の物質に変わる」「新しい物質ができる」などが認識しやすくなる。

B　磁石の授業

1．「磁石につくもの探検」の授業テキスト

新宿区教育委員会の「理科実験名人の授業」プロジェクトで、ときどき小学生向けに2時間続きの理科授業をしている。そのときの授業テキスト「磁石につくもの探検」を紹介しておこう。

＊世界でいちばん強い磁石で遊ぼう！

【ネオジム磁石とは？】

1984年、たいへん強い磁石がわが国で発明されました。それがネオジム磁石です。ネオジム磁石は今でもはんばいされている磁石の中で、鉄を引きつける力は世界で最高です。

ネオジム磁石はネオジムと鉄とホウ素からできています。鉄もはいっているのでさびやすいのですが、さびにくくするためにニッケルというきんぞくをうすくくっつけてあります（ニッケルメッキ）。

たいへん強力なのでくっついた2個をはずすには力がいります。

はなれている2個がくっつくとき、バチンと強くくっつくので、ゆびの肉が切れてしまうことがあります。

【実験1】ふつうの磁石とくらべてみましょう。

鉄くぎがどのくらいつくでしょうか。

【実験2】手のあいだに2個のネオジム磁石をおいてみましょう。

※注意　くっつけるとき、はずすときは、1個ずつでしましょう。2個がくっつくとき、バチンと強くくっつくので、ゆびの肉が切れてしまうことさえあります。

【実験3】磁石のまわり。

ネオジム磁石をスタンドのはさみにはさんで動かないようにします(こていします)。

先端に大型のクリップを結びつけた糸を用意します。クリップをネオジム磁石から少し離して、その糸を、ネオジム磁石の真下にセロハンテープでこていします。クリップとネオジム磁石の間は開いていて、糸はぴんとはっています。磁石とクリップの間にいろいろなものを入れてみましょう。

【実験4】この教室の南と北はどちらの方角でしょうか。コンパスでしらべてみましょう。

ネオジム磁石を、丸い方を上下にしてつくえの上に立てて少しまわしてみましょう。

平らなところはどんな方角をむいて止まるでしょうか。

- コンパスの針は磁石です。磁石にはN極とS極があります。地球は大きな磁石です。地球の磁石は北極にS極があり、南極にN極があります。

コンパスのN極は北の方向をさすのは、地球のS極と引きあうからです。(地球のS極とN極は北極と南極にきちんと一致しているのではなく、少しずれています。)

【実験5】お札(千円札や1万円札)は磁石につくでしょうか。

お札を動きやすくしてたしかめてみましょう。

【実験6】磁石は砂場で砂鉄をくっつけます。

では、小石はくっつくでしょうか。

- 砂鉄はじてっこう(磁鉄鉱)のつぶです。じてっこうが入っている小石は強い磁石にくっつきます。

【実験7】磁性スライムをつくってみよう。

磁性スライムにネオジム磁石を近づけて、つのを出させてみましょう。

磁性スライムの近くにネオジム磁石をおいて、磁石がのみこまれるようすをみてみましょう。

2.磁性スライムづくり

ここで磁性スライムづくりについて述べておこう。

手づくりスライムは、科学イベントや実験教室などの科学遊びでいつも大人気のものづくり・実験だ。得体の知れないぐにゃぐにゃの感触があり、ゆっくりと引っぱれば伸びていき、急に引っぱると切れたりする。たくさんの長いひも状のPVA(ポリビニルアルコール)の間をホウ砂(しゃ)イオンが水素結合で橋をかけるようになり、ゲル化したものである。

＊濃度の低いホウ砂水溶液でつくる

従来の方法は毒性のあるホウ砂水溶液を飽和させて使う。だからホウ砂水溶液とPVA糊を混ぜるとすぐにゲルになる。だが、ホウ砂は、傷があったりすると、人体に危険であるので、代わりに約1％ホウ砂水溶液を用いる。濃度が低い分、よくもまないとゲル化しないが、安全性が高まる。念のために遊んだ後は手をよく洗う。

(1) 約1％ホウ砂水溶液をつくっておく。

(2) 容器3個を用意。3個に(1)の液、PVA洗濯糊、着色液などをそれぞれ同量ずつ入れておく。

(3) ポリ袋(ジッパー付きが扱いやすい)にPVA洗濯糊と着色液などを入れて、よく混ぜる。着色液には絵の具や食紅などのほかに、蛍光フェルトペンの芯を水に入れてつくった蛍光材などを用いる。

(4) (3)に(1)の1％ホウ砂水溶液を入れて、ポリ袋をもみもみしながらよく混ぜ合わせる。

(5) 次第に粘りが出てきてゲル化していく。全体がスライム状になったらできあがり。すぐにはゲル化しないので粘り強くもむ。

＊磁性スライムのつくり方

先のつくり方で、「着色剤など」の代わりに砂鉄や四酸化三鉄の磁性体粉末を入れると、磁性スライムをつくることができる。砂鉄や四酸化三鉄の粉末は洗濯糊の半分〜同量程度は入れる。砂鉄は砂場で磁石で集めて、何回か磁石でより分ける。

(1) 約1％ホウ砂水溶液をつくっておく。

(2) 容器2個に（1）の液と約1.5倍にうすめたPVA洗濯糊を同量ずつ入れておく。例えば約15 mLずつ。このとき砂鉄は3～4 mL程度。
(3) ポリ袋（できればジッパー付きが扱いやすい）に砂鉄を入れてから、容器2個から液を入れる。
(4) ポリ袋をよくもみながら、混ぜ合わせる。
(5) 次第に粘ってきてゲル化していく。全体がスライム状になったらできあがり。すぐにはゲル化しないので粘り強くもむ 。

磁性スライムは、ネオジム磁石のような強力な磁石を使って遊ぶ。

磁石を近づけると“つの”が出たり、スライムの近くに置いた磁石にまるで生き物のように吸い寄せられ、磁石を食べるかのように磁石を包み込む場面が見られる。

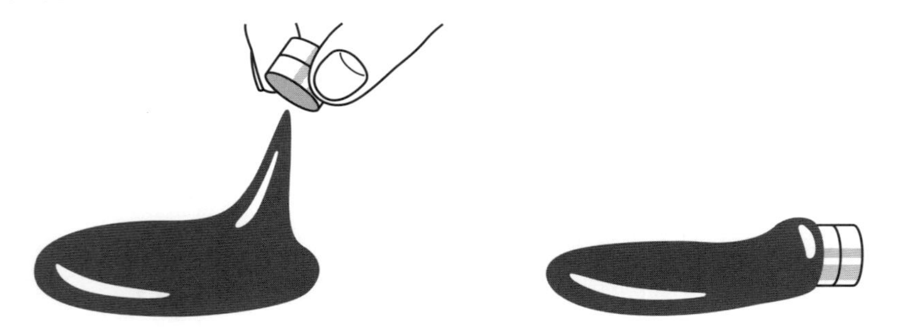

図 ネオジム磁石を使うと、磁性スライムはつのを出したり、磁石を包み込んだりする

C 磁石の基礎知識

1.「磁石」の「磁」と「石」はどこから来たの？

鉄を引きつけたり、糸につるすと南北を指す石（鉱石）があることは、非常に古くから知られていたようだ。それは天然磁石だ。磁石の「石」は鉱石だったからである 。

磁石の「磁」は、もともとは中国で「慈」で、磁石を「慈石」と呼んでいた。「慈」は、「慈(いつく)しむ」という言葉通り、「大切にする。いとおしむ。かわいがる」という意味である。磁石が鉄を引きつけるようすを、まるで母親が子どもを抱くようにやさしくかわいがっている姿に例えたのである。

いま、「石」の磁石といえるのは、スチール黒板に紙を止めるのに使われている黒色のフェライト磁石だ。この材料は金属の酸化物で、金属の性質を失っており、金属の仲間ではなく石の仲間だからだ。金属光沢をもっていないし、電流をよく流さないし、叩けば石のように割れてしまう。

また、金属の鉄や鋼が磁石の材料に使われるようになってからは、中国では「磁鉄」と呼ばれている。石ではないからだ。

では、砂鉄はどうだろうか。砂鉄は、校庭の砂の中にも、家の近くの公園の砂の中にも、山の土にも、海岸の砂浜の砂にも、いろいろなところに入っている。日本中いたるところで、砂鉄を見つけることができる。実は、砂鉄はもともと、岩石に入っていた「磁鉄鉱」という鉱物である。岩石のなかには、石英、長石、雲母がふくまれているものがある。そして、それらの岩石はもともと地球内部のマグマだった。マグマからできた火成岩には石英、長石、雲母が多くふくまれ、他に磁鉄鉱(砂鉄)がふくまれているのだ。

磁鉄鉱は、結晶形をもった鉱物だ。金属の鉄ではなく(鉄粉ではなく)、鉄と酸素が結びついて金属ではなくなっている。金属の鉄粉なら、空気や水分があるところに置いておくとさびて赤くなったりするが、砂鉄は変わらない。砂鉄は、鉄のように磁石に引きつけられる「砂」といっていいだろう。

多くの岩石には磁鉄鉱がふくまれているので、そのふくまれる量によっては、石ころでも強力な磁石についてくる。糸にぶら下げた石に強力な磁石を近づけると、磁石に引き寄せられるものが多いことがわかるだろう。

2.磁石のまわりの空間—磁界

いつも磁石になっている普通の磁石を永久磁石という。永久磁石は、冷蔵庫の扉を閉じるのに使われたり、モーターやスピーカーにも使われている。また、カセットテープ、テレフォンカード、自動改札用切符などには、磁気を帯びる性質をもった物質(磁性体)が使われている。

永久磁石の棒磁石に鉄粉をふりかけると、鉄粉は、多くが磁石の両端にくっつく。つまり、磁石の両端は鉄を引きつける力が最も強い。このように鉄を引きつける力が強いところを磁石の極(磁極)という。

棒磁石を糸でつるしたとき磁石は南北を指して止まるが、北を向く磁極を北極(N極)といい、南を向く磁極を南極(S極)という。

N極とS極は引き合い、N極とN極、S極とS極は反発し合う。

磁極のまわりは、磁力が働く空間になっている。この空間を磁界という。磁場という言葉もよく使われるが、磁界と同じ意味だ。「磁界」は、理科の教科書や磁石を実用として使う工学の分野で、「磁場」は、物理学で使われることが多いようだ。

磁界の向きなどの磁界のようすは、磁力線で表される。

コンパス（方位磁針）や糸につるした棒磁石が、地球の北極、南極を指して止まるのは、地球全体が1つの磁石で、磁界をつくっているからである。

コンパスのＮ極が北の方向を指すので、地球の磁石は北極にＳ極があり、南極にＮ極があることになる。しかし、地球磁石のＮ極とＳ極は、地球のまわる軸（地軸）の北極と南極にきちんと一致しているのではなく、少しずれている。

D　一時磁石と永久磁石

磁石に鉄片をくっつけたとき、鉄片は磁石になっている。磁極にくっついているところは、磁石の極と違う磁極になり、他の端は同じ磁極になる。例えば、鉄片が、磁石のＮ極にくっついた部分はＳ極になっている。このように鉄片が磁石になることを磁化されたという。

鉄片が磁石にくっつかなくても、磁石に近づけると、磁界の働きで、鉄片は磁界の向きに磁化されている。

普通の針金や鉄クギをつくっている軟鉄 は、磁石の磁界の中で一度は磁石になっても、磁界から離してしばらくすると磁石ではない普通の軟鉄に戻る。つまり、軟鉄は「一時磁石」である。

電磁石の芯（しん）にも軟鉄が使われている。電流を流したときだけ磁化されるようにしたいからだ。

しかし、縫い針やピアノ線のように鋼鉄でできたものは、一度磁石になると、いつまでも磁石のままだ。これを永久磁石という。

1.磁石は「小さな磁石」の集合体

10 cmほどのピアノ線を磁石で一定の方向にこすると磁石になる。

このピアノ線磁石に鉄粉をつけると両端にたくさんつき、真ん中にはほとんどつかない。半分に切ると、真ん中の部分はどうなるだろうか。

切ったところにはそれぞれに新しくＮ極とＳ極ができていて、両端がＮ極とＳ極の磁石が2つできることになる。さらにそれぞれを2つに切ると、それぞれの両端がＮ極とＳ極の4つの磁石ができる。くり返していくと、どんどん新しく両端がN極とS極の磁石ができていく。「切っても切っても磁石」なのである。

磁石になる物質は、直径100分の1 mmくらいの体積の磁区という区域からできている。磁界をかけない（近くに磁石を近づけない）ときでも、磁区ごとに、ある一定の方向に磁化されている。磁石を近づけると、どの磁区も一定方向に（磁界の方向に）磁化されて、強い磁石の性質をもつようになる。この磁区が1つひとつ小さな磁石と考えるとわかりやすいだろう。

永久磁石は、磁界が取り去られても、そのまま一定方向に磁化が残ったままになっているものだ。

永久磁石になったものも、温度を上げていくと、ある温度（キューリー点）になると磁区の熱運動によって、全部の磁区が一定方向に向いているのをばらばらにしてしまう。磁石になる物質をキューリー点以上の温度にしてから冷やすと磁区が地球の磁界と同じ方向に磁化される。

実は、地球の磁界は過去に何度も反対向きになっている。キューリー点の温度以上の溶岩が冷えて磁化されたものを調べてわかったのだ。

さて、磁石を小さい磁石（磁区）の集合体として見てみよう。

磁化されていないときには、磁区はみなばらばらの向きを向いて全体として打ち消し合って磁石の性質が表れない図（a）。

磁石になる物質は、磁界の中では、磁区がみんなそろって同じ向きを向くものだ。すると全体として磁石になっている図（b）。

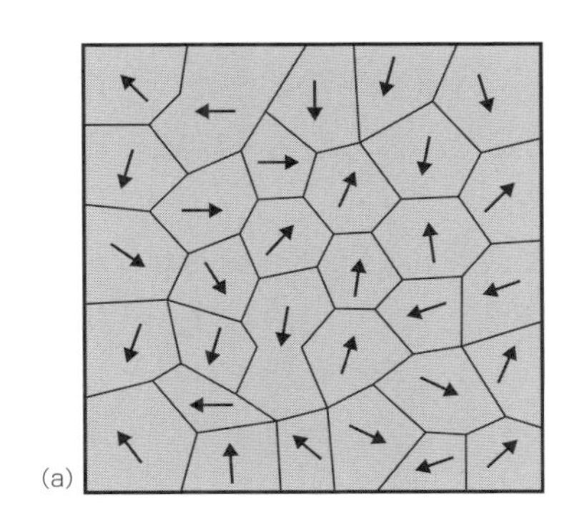

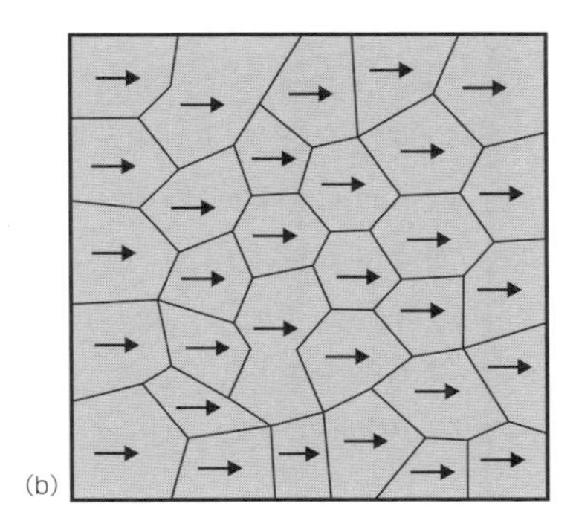

図　磁石を小さな磁石の集合体として見る

なお、ここでは「磁区」を「小さな磁石」としたが、物質をつくっている原子が磁石がすでに磁石であるということもいえる。原子は中心に正電荷をもった原子核があり、そのまわりに負電荷をもった電子が存在している。原子核のまわりでの電子の回転や原子核や電子の自転から磁性が生じていて、原子1個がある方向の磁界をもった磁石と考えられるのだ。いわば原子磁石だ。

原子磁石はとても小さく、磁区の長さである100分の1 mmに2万個も並ぶほどである。

2.磁石の種類

ここで、主な磁石の発明、開発の歴史を示しておこう。

1917年　本多光太郎らによってKS鋼が発明された。

1931年　三島徳七によってMK鋼が開発された。

1933年　アルニコ磁石が発明された。

1934年　新KS鋼が開発された。

1937年　東京工業大学の加藤与五郎、武井武によってOP磁石が発明された。

1970年代前半　サマリウムコバルト磁石が発明された。

1982年　住友特殊金属（現・日立金属NEOMAX）の佐川眞人によってネオジム磁石が発明された。

炭素が2 %以下の鉄と炭素の合金を鋼（こう、はがね）という。鉄が成分の中心の磁石を磁石鋼という。

戦前、それまでの磁石性能をはるかにしのぐ磁石が本多光太郎（1870～1954年）によって発明され、世界を驚かせた。KS鋼だ。

1931年には、三島徳七（1893～1975年）がMK鋼を発明した。さらに本田らはMK鋼の性能を超える新KS鋼を発明した。古くから小学校の理科室にある棒磁石はこれらの磁石鋼のものである。

同じ頃、加藤与五郎（1872～1967年）と武井武（1899～1992年）が今日のフェライト磁石のもとになったOP磁石を発明した。OP磁石は、それまでの何種かの金属の合金とは違って、鉄・コバルト混合酸化物を材料としていた。金属の酸化物でも強い磁石になることを見いだして、今日多量に生産されているフェライト磁石へと道を開いたのだった。フェライト磁石は鉄酸化物粉末を主原料にした、現在もっとも一般的な磁石である。

MK鋼や新KS鋼は、アルニコ磁石の源流となった。アルニコ磁石は、アルミニウム、ニッケル、コバルトなどを原料とした磁石だ。小学校の理科に強力なU型のアルニコ磁石がある 場合が多いと思う。

1970年代前半に欧米において、サマリウムコバルト磁石が発明された。非常に強力で、この磁石の登場で超小型のモーターやスピーカーなどが可能になり、電子機器の軽薄短小化が進んだ。

周期表のなかに希土類元素という一群がある。サマリウムコバルト磁石は、希土類のサマリウムをふくんでいるので希土類磁石と呼ばれる。サマリウムコバルト磁石は、もうこれ以上高性能な磁石は出てこないのではないかと思われるほどの磁石だった。日本は、本田、三島、加藤・武井らの発明で「磁石王国」の名をとどろかせていたのに、それがゆらぐ事態になったのだ。

そこに、サマリウムコバルト磁石より強いネオジム磁石が佐川真人（1943年〜）さん によって発明された。同じく希土類磁石だ。

ネオジム磁石は、ネオジム・鉄・ホウ素という3つの元素からなる磁石である。サマリウムよりネオジムのほうが地殻にたくさんある 。また、コバルトに比べて、鉄やホウ素は地殻にたくさんある元素で、値段もずっと安い。

ネオジム磁石は、サマリウムコバルト磁石と比べて密度が小さく、機械的強度は約2倍ある。密度が小さいので装置の軽量化に役立つ。また、機械的強度が大きいということは、加工作業・組立作業中の磁石の取り扱いが容易だということだ。

ネオジム磁石の強力な磁界を利用して、医療用のMRI（磁気共鳴画像診断装置）が電磁石ではなく永久磁石でつくれるようになった。

ネオジム磁石は今でも市販磁石の中で世界最高の性能を誇っている。鉄がふくまれているので錆びやすいという欠点があるが、表面にニッケルメッキをすることで錆びるのを防ぐなど改良もされている。

3. ネオジム磁石にお札がくっつく

ネオジム磁石を机の上で指でくるっと回転させると、いつもN極とS極が南北を指して止まる。糸でつるさなくても地球の磁界の方向を向く。

ネオジム磁石をポリ袋で包んで、石ころに近づけると、砂鉄のような小さな粒だけでなく、かなり大きな石ころでもくっついてくることがある。

机の上に置いた、真ん中から折って動きやすくした千円札、5千円札、1万円札にネオジム磁石を近づけるとお札がくっついてくる。どうもお札の場所によってくっつきやすさが違うようだ。これはお札の印刷インクに磁性体を混ぜた磁性インクが使われているからである。自動販売機などでの紙幣識別のための情報の1つになっているようだ。

4. ネオジム磁石を使って常磁性、反磁性を見る

磁石にくっつきやすい物質は、鉄、コバルトやニッケルである。これらがもつ磁性を強磁性という。

強磁性体以外の物質の磁石への反応は非常に弱いので、普通は、「磁石にくっつかない」としている。

しかし、どんな物質も、超強力な磁石を使うと反応する。普通の磁石にはつかなくても強力磁石にくっつく場合は常磁性、反発する場合は反磁性という。常磁性をもつ物質は常磁性体、反磁性をもつ物質は反磁性体という。

常磁性体に酸素がある。酸素は超低温に冷やすとうすい青色の液体になる。液体にした酸素を入れた試験管を糸につるして、ネオジム磁石を近づけると試験管がカチンと音を立ててくっついてくる。試験管の外側からネオジム磁石を上にすべらせると液体酸素がもち上がってくる。

他に常磁性体には、マンガン、ナトリウム、白金、アルミニウムなどがある。アルミニウム100 %でできている1円玉を水に浮かべて、強力磁石を近づけると磁石に寄ってくる。

反磁性体には、黒鉛、アンチモン、ビスマス、銅、水素、二酸化炭素、水などがある。例えば、静かな水面に強力な磁石を近づけると、水面が凹むのだ。

反磁性の黒鉛の棒などの反磁性体を、バランスをとってつるして、強力な磁石を近づけると、磁石から遠ざかる方向に動く。

シャープペンシルの芯も黒鉛が成分だから、それを使って反磁性を調べることができる。ただし、他の成分の磁性によってうまく反磁性が見られない場合がある。

液体窒素とドライアイスで物質の状態変化

授業でのねらい

・液体窒素は空気を冷やしてつくった窒素の液体である。沸点は –196℃である。
・ドライアイスは二酸化炭素の固体である。
・ドライアイスは１気圧では固体から液体にならずに気体に状態変化する。このような状態変化を昇華という。昇華点は１気圧で約 –78℃である。
・液体窒素やドライアイスはものを冷やして低温にしたり、凍らすのに用いられている。

A　液体窒素の授業

1. 液体窒素を使った授業

(1) 教師１年目の悩み

低温条件下で実験するときには液体窒素がよく使われる。無色透明の液体でビーカーに注ぐとビーカーの中で沸騰している。

私は、今から40年以上前、大学院修士で物理化学と化学教育を専攻してから、埼玉県の新任の中学校理科教師になった。無我夢中で教育に取り組んでいたが後悔していることもあった。親友の滝川洋二(たきかわようじ)さん（元東海大学教授）から「一緒に博士課程に行って理科教育を研究しよう！」といわれたときに、それを断ったことだ。「いや、ぼくは、学校現場で理科教育を研究して、それを全国に発信できる教師になりたい」などと言って、現場に飛び込んだのだ。それなのに、実際に教師をやってみるとマンネリズムに陥り、事なかれ主義で教科書をこなすだけの先輩教師などにも出会い、疑問をもちはじめてもいたのだ。

(2) 液体窒素を使った授業などが、教師生活を変えた

中学校１年生の担任だった。理科の授業は「状態変化」に入ろうとしていた。「塩化ナトリウムをたっぷり液体にして見せよう」「エタノール・ドライアイス寒剤でブタンを液体にして見せよう」など工夫をこらしながら授業を進めた。

単元が終わりに近づこうとしているときに、「まとめで液体窒素の実験を

しよう！」と思った。私は、液体窒素によるいろいろなものの冷却実験をしたときに、子どもたちの喜ぶ顔がイメージできたのだ。子どもたちが100の言葉より、この実験で物質の世界をゆたかにとらえるに違いないと思えたのだ。

私は電車とバスを乗り継いで片道2時間くらいをかけて大学の研究室に液体窒素をもらいに行った。授業の結果は期待した通りだった。「これからは、この液体窒素の授業のような充実感・達成感のある授業をしていこう」と自分に言い聞かせた。もう後悔の念は吹き飛んでいた。

ビーカーに液体窒素を注ぐと、ビーカーの中で無色透明の液体がさかんに沸騰している。約−196℃の低温の液体である。

液体窒素を使えば、いろいろな気体を液体にしたり、液体を固体にしたりできる。また、融点・沸点を認識の武器にして、状態変化のゆたかな世界を子どもたちに見せることができる。

ドライアイスも状態変化の世界を見せるのに有効だが、液体窒素は、デュワーびん（液体窒素や液体酸素用の魔法瓶）さえあれば、かなりの日数の保存がきくし、約−196℃という低温である点が、ドライアイスよりずっとすぐれている。

だから、今もときには学生たちと子どもたちに液体窒素の実験教室をしたりしている。科学のおもしろさを子どもたちや一般の人たちにどう伝えたらいいかという現在の研究も、その延長線上にあるのだ。

(3) 液体窒素の基本実験

『これは液体窒素を保存する容器です。内缶と外缶を重ねて二重にしてあります。内缶と外缶の間は、真空で熱がほとんど伝わりません』と容器の説明をする。

実験室の机の上に、液体窒素を少量こぼしてみよう。机の上にパアッと液体窒素が散る。見学者は、あせって後ずさりする。

液体窒素がいくつもの水滴のようになってコロコロところがるようすが見られる。

『これは、液体窒素が直接机に接触しないで、液体窒素から蒸発した気体の窒素の薄い膜の上にのっているからです。同じことは、強い火の上にのせたフライパンに水を吹きかけると見ることができます』

【液体窒素に指を入れてみせる】

発泡ポリスチレンの板の上に300 mLのビーカーをおき、少しずつ液体窒素をそそぎ入れる。はじめは、ほとんど気化してしまうが、しだいに落ち着いてくる。ビーカーの外側は、霜で真っ白になる。

ビーカーの中では、液体窒素が沸騰している。

『液体窒素の温度は、–196 ℃です』と言って、ビーカーを右手で持ち上げ、左手に直接注いでみせる。全く平気だ。液体窒素が球状態をなし、その表面から激しく気化して直接皮膚に接触しないからだ。

『このなかに、指を数分間ひたしておけば、石のようになり、もはや元に戻りません。ものすごい凍傷になるでしょう。その場合は指を切断しなくてはならないでしょう』と言う。そこで、指をほんの一瞬、液体窒素中に入れて見せる。瞬間的に入れるだけならば、指と液体窒素の間に窒素の気体が膜となって直接触れ合わないので平気なのだ。

【花などを冷やす】

『この中にいろいろなものを入れて冷やしてみましょう』

と言って、花を入れる。花を入れると、まるで天ぷらをあげているように花のまわりが泡立つ。取り出すとパリパリになっている。花を机に打ちつけると粉砕される。

卵もひたすと凝固する 。ゆで卵みたいになるが、時間がたつと元に戻る。

ゴムボール（軟式のテニスボール）は、液体窒素にひたしてぐるぐる回して全体を冷却させる。ビーカーの壁にあたって音を立てるくらいに固くなったら、取り出す。ややへこんで石のように固くなっている。これを真上に放り上げて固い床に落とせば、音をたてて、いくつかに割れてしまう。それが温まると次第に弾性を復活させる。なお、プラスチックのボールは、液体窒素の中でこなごなに砕け散ることもある。

バナナを冷やす場合は、ビーカーにバナナがつかるぐらいに液体窒素を入れ、その中にバナナを入れる。中までよく凍ったら、取り出してくぎを打ってみる。バナナがカチンカチンになるまで待つのがポイントである。しっかり凍っていないと打っている間に折れてしまう。また、細胞の間が柱状節理のような模様で縮まって凍るので、冷やしすぎるとその境界面で割れやすくなるようだ。あまり強く打ちすぎないように。

【空気や酸素を冷やす】

ポリ袋に空気を入れ、しばって、液体窒素の中につける。なお、ポリ袋はビーカーよりずっと大きいものを使っても大丈夫だ。部分的にでも液体窒素の中につっこんで無理やり押し込むようにすると、空気が縮んだり、一部液化したりして、全体が入っていく。

しぼんだポリ袋を取り出すと、白くにごった液体が隅のほうでさかんに沸騰している。これは液体空気だ。白いにごりは、ほとんど氷で一部はドライアイスだろう。

同様に、ポリ袋に酸素を入れて冷やすと、淡い青色の液体酸素ができる。液体酸素は淡いブルーでとてもきれいだ。

ネオジム磁石のような強力な磁石を近づけると液体酸素はくっついてくる。鉄には強磁性という性質があるが、酸素には常磁性という性質があり、強力な磁石にはくっついてくる。

【液体酸素がしみこんだ脱脂綿に点火する】

ポリ袋に脱脂綿を入れてから酸素を入れて閉じる。これを液体窒素で冷やすと、できた液体酸素が脱脂綿にしみ込んで淡いブルーになっている。

脱脂綿をポリ袋の隅にして、蒸発皿の上で、ポリ袋をはさみで切り、脱脂綿を皿に落とす。この液体酸素がしみ込んだ脱脂綿に点火すると、とても激しく燃焼する(開放系なので爆発はしない)。

【二酸化炭素を冷やす】

二酸化炭素を入れたポリ袋を冷やす。サラサラした粉末状になる。ポリ袋の上から強く握ってやると、ぎゅっと固まりドライアイスのようになる。

【エタノールの氷をつくろう】

100 mLビーカーに約20 mLのエタノールを入れ、これに30 mLの液体窒素を入れて、ガラス棒でかき混ぜると、シャリシャリしたエタノールの固体になる。

そのままガラス棒でかき混ぜていると、ドロッとして水アメのような状態を経て元のさらさらした液体に戻る。エタノールをうまく凍らせるコツは、液体窒素をエタノールより多めに入れるようにすることと、すばやくかき混ぜることだ。

エタノール入りの試験管を冷やして、エタノールの固体をつくる。それを用意しておいた液体のエタノールの中に入れてみよう。「このエタノール氷はエタノールの液体に浮くでしょうか。沈むでしょうか」と質問してから入れる。

氷が水に浮くのを見慣れていて、つい、他の物質も水と同じと考えてしまいがちだ。しかし、エタノール氷は、液体のエタノールに沈む。

実は、水の場合が異常であって、たいていの物質は液体より固体のほうが密度が高い。液体よりもその固体のほうが、分子や原子がギッシリ詰まっているのである。

2. 液体窒素の実験時の発問集

次は、私が液体窒素の実験教室をやるときに配る発問(質問)集の例である。1つずつ質問を考えさせたうえで実験をしていく。また実験後に結果を書かせている。

【実験1】実験室の机の上に、液体窒素を少量こぼしてみましょう。液体窒素がいくつもの水滴のようになってコロコロところがるのが見られます。つつくとすーっと動いていきます(等速直線運動)。なぜ摩擦がとても小さいのでしょうか?

【実験2】液体窒素に指を入れたらどうなるでしょうか?

【実験3】ビーカーの中では、液体窒素が沸騰しています。花や卵、ゴム球(ソフトテニスのボール)を入れてみましょう。どうなると思いますか?

【実験4】ポリ袋に酸素を入れ、しばって、液体窒素の中につけます。酸素はどうなるでしょうか?

【実験5】液体の酸素にネオジム磁石(非常に強い磁石)を近づけます。どうなるでしょうか?

【実験6】液体の酸素を脱脂綿にしみこませます。それに火をつけるとどうなるでしょうか?

【実験7】ポリ袋に二酸化炭素を入れ、口をしばって、液体窒素の中につけます。二酸化炭素はどうなるでしょうか?

【実験8】試験管にエタノールを入れ、液体窒素につけます。エタノールはどうなるでしょうか?

【実験9】エタノールの固体をエタノールの液体に入れたら固体は浮くと思いますか? 沈むと思いますか?

【実験10】鉄の棒を液体窒素で冷やしてから、鉄棒をガスバーナーの炎の中に入れます。鉄棒にどんな変化が見られると思いますか?

3. 液体窒素を扱うときの注意と安全対策

(1) 凍傷の事故

ドライアイスの約–78 ℃に対し、液体窒素は–196 ℃という低温だ。また液体で衣服などにしみこみやすい。

液体窒素は衣服や軍手などにしみこみやすいので、しみこんで長い間皮膚に接触すると凍傷になる。まず、軍手のような手袋は危険だ。専用の革製の手袋を用いる。手首と手袋の間から入り込まないようにすることも大切だ。

短時間液体窒素がかかるだけなら、素手で扱っても大きな危険はない。素手だと皮膚に接触した液体窒素は瞬間的に蒸発して皮膚との間に気体の膜をつくる。

ただし、液体窒素が入ったビーカーを持ち上げるときなどは、素手では皮膚の表面の水分が瞬時に凍って張り付いてしまうこともあるので、革手袋の着用が必要だ。

足に液体窒素がかかることもあるので、靴下にサンダル履きは避ける。

はじめは怖がっていても、指を瞬間的に入れても平気、手のひらにとっても平気……ということで、液体窒素に慣れてくるとふざけている間に衣服にしみこんだりして凍傷になる可能性がある。

液体窒素を使った実験で、冷やしたマシュマロを食べさせる実験がある。マシュマロの内部には液体窒素がしみこまないので大丈夫だが、私はやめたほうがよいという考えだ。液体窒素で冷やした氷や果物などを口に入れてしまう危険性があるからだ。

(2) 容器破裂の事故

これはドライアイスでも同様だが、絶対に液体窒素を入れた容器を密閉してはならない。ガラスびんもペットボトルも破裂による事故の危険がある。

(3) 窒息、酸欠の事故

換気のよい部屋で、換気を十分にしながら実験をする必要がある。ドライアイスの実験も同様な注意が必要である。

1992年にある大学で起きた、実験室の温度を下げようと液体窒素を室内にばらまいて、酸欠で助手と大学院生が死亡した事故が有名だ。

(4) 液体酸素

窒素より酸素のほうが沸点が高いので、知らずに液体酸素ができてしまうことがある。

液体酸素は、かつては爆薬に使われたほどのものだ。可燃物（燃える物）

と一緒にすると激しく燃える。密閉状態に近ければ爆発する。

空気中は約68 %の窒素と約21 %の酸素がふくまれている。窒素の沸点は−196 ℃なので液体窒素は−196 ℃だが、酸素の沸点は−183 ℃だ。空気を液体窒素で冷やすと、酸素のほうが液体になりやすいので、簡単に液体酸素ができてしまう。

液体窒素をただ空気中に放置しておくだけでも、液体窒素に接した空気から酸素が液体になり混ざっていく。金属製の缶に液体窒素を入れて放置すると、缶からしずくがたれてくるが、このしずくは液体酸素だ。

液体窒素の保存容器は、ふたは載せる程度のものだが、ふたを載せておかないと、液体窒素が酸素と置換して、容器内に液体酸素がたまるので危険なのだ。

4. 液体窒素の入手法

職業別電話帳（タウンページ）で「酸素」や「ガス工業」を引き、液体窒素を扱っているかどうかを聞く。また、インターネットで、キーワードに「酸素ガス　○○県」を入力して検索すれば近くの酸素販売会社がヒットするだろう。酸素販売会社の多くは液体窒素も販売している。

身近なところでは、皮膚科のある医院では、イボ治療用に液体窒素を用いることがあるので、どこから入手するか問い合わせてみてもよいだろう。

液体窒素の保存容器は、結局、巨大な魔法瓶である。間を真空にした二重の構造になっていて真空断熱されている。

私は、現在は研究室に10 Lの保存容器をもっているが、もっていなかったときは、液体窒素を扱っている業者に借りたことがある。業者は、保存容器を預かっておいて、注文されたら入れて持っていくので、いくつか預かりの容器があったり保存容器をもっていたりする。大学の研究室で借りたこともある。すべて信頼関係のもとに借りることになる。

5. 液体窒素をどのようにつくっているか

原料は空気。まず、水分、ごみ、二酸化炭素を取りのぞく。次に、圧縮・冷却・膨張を連続してくり返し、−200 ℃近くまで冷却して液化させる。上昇気流があるところでは、空気のかたまりが断熱膨張するので温度が下がり、雲ができるということと同じ原理である。それから、酸素、窒素、アルゴンの沸点の差を利用して分離するのだ。

空気を液化させるのには大量の電力を必要とする。この電力節約のために、LNG（液化天然ガス）の冷気で冷やせるところまで冷やすという、新しい方式も行われるようになっている。

B　ドライアイスの授業

1. ドライアイスの性質

ドライアイスは、二酸化炭素の固体である。

二酸化炭素は、普通の温度では無色、無臭で、同体積では空気より重い気体だ。二酸化炭素は、空気中に0.04 %ふくまれていて、生物が呼吸するときにはき出すし、木や石油を燃やすと発生する。

二酸化炭素に圧力を加えると液体になる。この液体二酸化炭素（液体炭酸）を急激に蒸発させると、蒸発熱のために自分自身の温度が下がり、雪のような姿の固体になる。固体になった二酸化炭素を固めたものがドライアイスだ。

ドライアイスを空気中に置くと、液体の状態を通らずに気体になる。このように固体から直接気体になることを昇華という。

空気中に置かれたドライアイスは、どんどん昇華して小さくなっていくが、–78.5 ℃という温度を保つ。この低温のため冷却剤として使われることが多い。

ドライアイスは熱が伝わりにくい（熱伝導が悪い）ので、冷却の効率を上げるためにエタノールと混ぜて使われることも多い。このエタノール・ドライアイス寒剤では、–72 ℃程度の低温が得られる。

2. ドライアイスの基本実験

(1) 金属のスプーンをドライアイスの板の上に乗せる

机の上にタオルを敷き、その上にドライアイスの板を置く。ドライアイスに金属製スプーンを乗せると、目ざまし時計のような音を出してスプーンが震える。

スプーンの温度はドライアイスよりもずっと高い（室温程度）。ドライアイスの板にスプーンを乗せると、スプーンがドライアイスを温め、ドライアイスの昇華（固体から気体になること）を激しくさせる。つまり二酸化炭素の風が吹き上がるので、スプーンを持ち上げる。スプーンがドライアイスから浮くと、温める働きがなくなり、二酸化炭素の風は弱くなるので落ちてしまう。するとまたスプーンがドライアイスを温め、昇華が起こって二酸化炭素の風がスプーンを持ち上げる……このように、スプーンとドライアイスの衝突が瞬時にくり返されて、音がするのである。

スプーンはドライアイスを温めながら、同時にドライアイスによって冷やされる。スプーンが冷えてドライアイスを温める働きが弱くなると音は止む。

(2) 10円玉をドライアイスの板に突き刺す

ドライアイスの板の表面に10円玉を突き刺すように、ぐっと3 mmほど押し込み、手を離す。10円玉が勝手に踊っているかのように震え出す動きが見られる。

10円玉はドライアイスのくぼみの中にある。(1) のスプーンと同じで、温度の高い10円玉がドライアイスのくぼみの一端に触れることでドライアイスが触れたところから昇華し、二酸化炭素の風でもう一端へと押されて、もう一端を温めるので、そこから二酸化炭素の風で戻される……そのくり返しで、10円玉がふらふらと揺れる動きになる。(1) のスプーンと同様、10円玉が冷えてくると動きは止まる。

(3) 水やお湯の中にドライアイスを入れる

ドライアイスは、包丁や切り出し小刀の刃をあてて上からたたくときれいに割れる。

2つのビーカーの中に、ドライアイスを砕いたかけらを同じくらいの量入れる(ビーカーの4分の1程度)。

それぞれに水道からくんだ水とお湯とを入れる。白い煙がもくもくと出てくる。お湯のほうが激しく白い煙が出る。

水中のドライアイスから二酸化炭素の泡が出てくる。二酸化炭素の泡は非常に低温だ。白い煙は、主に二酸化炭素の泡と一緒に出てきた水分(液体)の粒で、条件によっては氷(固体)の小さな粒の可能性もある。子どもたちは、白い煙を二酸化炭素とよく間違えている。

(4) ドライアイスをチャック付き袋に入れてみる

ジッパー付保存袋に、ドライアイスのかけらを入れて、中の空気を抜きながら、チャックをしっかり閉める。袋の中のドライアイスを全体的に散らばるようにして机の上に置くと、袋がふくらんでくる。その部分の机は冷やされるので、しばらくしたら別の場所に移動する。

最後には、大きな音を出して、チャックが破れる(袋の本体が破れる場合もある)。

ドライアイスは、固体から気体になると体積が約750倍に膨張するからである。

(5) ドライアイスの上でシャボン玉

水槽の中にドライアイスを入れる。しばらくして水槽中が二酸化炭素で満ちた頃に、その中にシャボン液をゆっくり吹いてみる。シャボン玉は水槽の中でぷかぷか浮いている。たくさん浮かべると壮観である。二酸化炭素が空気より重い（密度が大きい）ので呼気入りのシャボン玉は浮いてしまうのである。

割れたシャボン玉のかけらは下のドライアイスに触れると凍ってしまう。

＊以上の（1）～（5）の実験は、船田智史「ドライアイスを使った簡単で楽しい実験」『理科の探検（RikaTan）』誌別冊「丸ごと自由研究特集号」（2012年8月号）を参考にした。

(6) エタノール・ドライアイス寒剤でブタンを液化する

ビーカーに消しゴムくらいの大きさに小割にしたドライアイスを半分ほど入れて、ゆっくりとエタノールをそそぐ。これでエタノール・ドライアイス寒剤のできあがりである。

• 水銀の実験

水銀は危険物として回収されて学校にない場合が多いと思うが、あったら、水銀の凝固を見せたい。私は、水銀を試験管の5分の1ほど入れてゴム栓をしたものをつくり、決してゴム栓は開けないようにし、この水銀の実験専用にしていた。

はじめに盛り上がった液面を見せ、試験管に印をつける。真ん中がへこんで固体になるので体積が小さくなったことがわかる。

• ブタンの実験

ポリ袋の口に、ガラス管に穴を開けたゴム栓を通したものを入れて、ゴム栓のところでポリ袋の口を閉じ、ガラス管にゴム管とピンチコックをつける。ブタン（ガスライターの燃料）を入れて、ピンチコックを閉めて密閉する。エタノール・ドライアイス寒剤の中に試験管を入れておいて、そこへピンチコックを開けてブタンを吹き込んでやるとブタンの液体がたまる。取り出して手のひらで温めてやると盛んに沸騰する。火をつけてみよう。

また、ブタンをいっぱいに入れたポリ袋をエタノール・ドライアイス寒剤に入れると、しだいに袋が小さくなり，液体がたまってくるのがわかる。これを指先で温めてやると盛んに沸騰して気体になっていく。「中の気体は本当に燃料のガスか？」と問い、袋にガラス管をとりつけて、ガラス管の先に点火し、袋を押すと「火炎放射器」のように激しく炎を出す。

3.「ドライアイスで遊ぼう!」の授業テキスト

以下は、私が小学校4年生の理科授業で2コマで行っている授業のテキストである。

＊ドライアイスって何だろう？

アイスクリームを買うとついてくることがあるドライアイス。ドライアイスの「ドライ」は「乾いた」、「アイス」は「氷」という意味です。

ドライアイスの正式名称は「固形炭酸」。固形炭酸というのは、炭酸ガス、つまり二酸化炭素の固体です。

ドライアイスは白色の固体なのに、おいておくと液体にならないで気体の二酸化炭素になって、小さくなっていきます。液体にならず、だいたい−80 ℃ととても冷たく、軽いので食料を冷やしながら運ぶのにとても便利です。

ドライアイスという名前の由来は、世界で初めて大量生産に成功したアメリカのドライアイス・コーポレーションという会社がつけた商品名でした。

1925年、ドライアイスの大量生産がニューヨークで成功しました。その当時、新発売されたアイスクリームをとかさずに運ぶために生産されたのでした。

わが国では、アメリカから設備を買って1928年から製造をはじめました。

私たちの暮らす1気圧では、二酸化炭素は、液体の状態をとらないで、固体から直接気体になります。だから「ドライ」なんですね。このような状態変化を昇華といいます。

＊ドライアイス取り扱い上の注意

- 凍傷を避けるため，ドライアイスを扱うときには軍手をする。
- ガラスびんに入れてふたをするなど、ドライアイス容器に入れて密閉してはいけない。びんが破裂して負傷するという事故がおこっている。

• ドライアイスを小片にするときは、包丁やナイフの刃をドライアイスにあて上からたたくときれいに割れる。

【実験1】タオルを敷き、その上にドライアイスの板を置く。ステンレスのスプーンを置いてみよう！どんなことが起こるか？そのわけは？

【実験2】10円玉を突き刺すように5㎜ほど押し込み、手を離す。どんなことが起こるか？　そのわけは？

【実験3】ドライアイスの板を砕いたものをチャック付きポリ袋（ジップロック）に入れてみよう。どんなことが起こるか？　そのわけは？

【実験4】お湯の中にドライアイスを入れてみよう。冷たい水の中に入れたときと違いがあるかな？

【実験5】大きな水槽にドライアイスを入れて、しばらくしてからシャボン玉をゆっくり（そろりと）落としてみよう。

【実験6】ドライアイスを入れたビーカーにエタノールを注ぐと「エタノール・ドライアイス寒剤」という冷却剤になる。これに水を入れた試験管を入れて水を凍らしてみよう。

凍ったら水はどうなるかな？　予想してみよう。

【実験7】「エタノール・ドライアイス寒剤」で冷やした試験管に、ブタンガスを入れてみよう。ブタンガスはどうなるかな？

【実験8】実験7で液体になったブタンが入った試験管を手でにぎってみよう。

何人かで交代に手でにぎると液体にどんなことが見られるかな？
この試験管をスタンドに取りつけ、試験管の口に火をつけてみよう。
試験管をにぎると、炎の大きさはどうなるかな？交代でにぎってみよう。
「エタノール・ドライアイス寒剤」で試験管を冷やすと、炎はどうなるかな？

【やってはいけない！】

• 清涼飲料水のガラスびんやペットボトルにドライアイスを入れて、割れて負傷するという事故がおこっています。ガラス容器やペットボトルは内部の圧力が高くなると破裂し、破片が飛び散ります。絶対に、容器にドライアイスを入れて密閉してはいけません。

4. ドライアイスで起こる事故

(1) びん・ペットボトルに入れて破裂事故

理科の実験・事故事例を集め、対策を述べた左巻健男他著『理科の実験安全マニュアル』(東京書籍、2003年7月発行)に、ガラス容器やペットボトルでラムネなどの炭酸飲料づくりの実験をして破裂させる事故例が載っている。

ドライアイスをガラスびんに入れて密閉して破裂という事故はよく起こっているが、ペットボトルでも危険なのだ。炭酸飲料用の耐圧ペットボトルでは約6気圧までは耐えられるように設計されている。しかし、それは新品で工場で中身を入れるときという条件なので、実際は水ロケットなどでも4気圧程度までで止めなくてはならない。

現在では、ガラスびんよりペットボトルの破裂が増えているようだ。

一般に、固体や液体が気体になると、数百倍から約千数百倍の体積になる。ドライアイスの場合は約750倍だ。

ドライアイスをペットボトルに入れて密閉すれば急激に固体から気体になるが、密閉されていれば内部の圧力が増大する。とくにドライアイスがボトルの内部で接触したところは、低温のために次第に弾性を失うので、破損しやすくなる。

ペットボトルの破裂事故を受けて、神戸市消防局が行った実験がある。

500 mLのペットボトルに40～50 gのドライアイスと、300～400 mLの水を入れ、おのおの条件を変えて実験した結果、破裂までの時間は、7～44秒で、「パーン」という大音響とともに破片が四方に飛び散ったという。高校生が、いたずらでペットボトルに水とドライアイスを入れて密閉したものを道路脇に置いて、その突然の破裂で通行人を脅かし、逮捕された事件があった。そのとき、テレビ局から再現実験を頼まれてやってみたが、神戸市消防局の結果と同様だった。

(2) 凍傷に注意

ドライアイスは低温なので凍傷に注意が必要だ。厚手の手袋を使用して扱う。

ドライアイスのブロックを割って使うときは、布か包装紙の上から割る。そのままドライアイスを金づちなどで割ると、ドライアイスの破片が目に入ることがある。

ドライアイスを直接叩くときには、大型のマイナスドライバーや包丁の刃をドライアイスにあて、上から叩くと小片が飛び散らずにきれいに割れる。

5. ドライアイスの入手法

最近、ドライアイスは、スーパーマーケットやデパートの食品売り場で、冷凍食品、生鮮食料やアイスクリームなどを冷却しながら移動するための冷却剤としてサービスで置いてあることがある。

ドライアイスを多量に使う場合は、液体窒素と同様、職業別電話帳（タウンページ）で「ドライアイス」あるいは「氷」の項を引いて扱っている業者を探す。業者が近くにないときは、その業者と取り引きがあるドライアイスを使用する店（アイスクリーム販売、ケーキ販売、葬儀店など）にたずねる。私は葬儀店で分けてもらったことがある。近くに扱っている業者がない場合は、インターネットで検索して探す。

ドライアイスの板が1枚（1 kg）あれば、2つに切って2班で使える。

ドライアイスは防水クラフト紙で包装されている。昇華速度を減らすには、大気との接触を防ぐことである。紙で包むと、大気中の水分が凝結してドライアイス表面に氷の薄い膜ができ、熱の伝わるのを妨げるとともに、昇華した二酸化炭素がドライアイスの周囲をおおうことで昇華速度を減らすことができる。

二酸化炭素は熱伝導率が0.012で、空気の0.020より小さいため熱を伝えにくいのである。

6. ドライアイスをどのようにつくっているか

ドライアイスは、排気ガスからできている。まず、排ガス中の二酸化炭素から不純物を除き、圧縮・冷却して、液化した液化炭酸ガスをつくる。このガスを急激に放出して粉状の固体にしてから、プレス機で圧縮して、キューブ型のドライアイスに成形するのである。

4章 物質の状態変化

授業でのねらい

・物質は、温度によって固体→液体→気体のように状態変化する。
・物質にはそれぞれ決まった融点と沸点がある。
・物質は、融点より低い温度では固体で、融点より高く沸点より低い温度では液体で、沸点より高い温度では気体で存在している。
・気体では、その物質の分子が１個ずつバラバラになってビュンビュン飛び回っている状態にある。
・塩化ナトリウムをその融点800 ℃にすると無色透明の液体になる。

A 状態変化の授業の課題

私が中学1年生で実施した状態変化の授業の課題は次のようなものだ。
課題の中で水銀を使っているが、現在では回収されて使えないかもしれない。

1.(1) アルコールだけが入ったゴム風船に約90 ℃のお湯をかけると、風船の大きさはどうなると思いますか。
(2) 水だけが入ったゴム風船に約90 ℃のお湯をかけると風船の大きさはどうなると思いますか。
2.水の沸点は100 ℃、メタノールの沸点は64.7 ℃です。では、エタノールの沸点は何℃でしょうか。測定してみましょう。
＊エタノールの沸点を生徒実験で行う。太い試験管に温度計を差し込んだ切り込み入りのゴム栓をして、沸騰石とエタノールを入れた水入りビーカーに入れ、ビーカーを熱して30秒毎の温度を測定しグラフにさせている。
3.エタノール（液体）を沸点まで上げると沸騰がはじまって、どんどん気体に変わりました。このとき、ぱんぱんになったポリ袋の中の気体はどうなっていると思いますか。エタノールの分子が目に見えたとして

想像図を描きなさい。

＊ゴム風船やポリ袋の中のメタノールが熱湯をかけると大きくふくらむことをミクロなレベル（分子レベル）で考えさせる。

すると、気体の分子の特徴はバラバラビュンビュンという一言で表せることができる。これは、印象深い気体の分子についての表現である。

4. この気体を液体にすることができると思いますか。気体名は秘密です。

5. 主に水とエタノールが混ざった赤ワインがあります。この赤ワインからエタノールをとり出すにはどのようにしたらいいと思いますか。

6. 水銀（液体）を固体にできると思いますか。

7. 塩化ナトリウム（食塩の主成分）を液体にすることができると思いますか。

8. (1) ナフタレンを熱するとどのようになると思いますか。
   (2) この装置でナフタレンの気体を集めることができると思いますか。

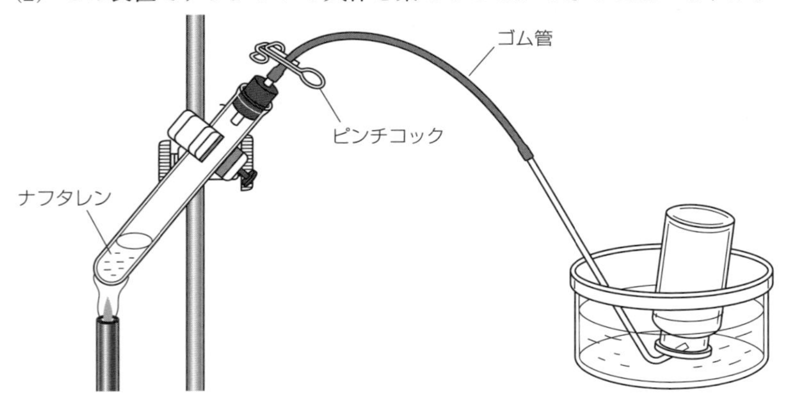

図　ナフタレンを熱する実験

9. つぎの (1) 〜 (3) の問いに答えなさい。融点・沸点の表を見て考えなさい。

(1) つぎの物質は、室温（20 ℃）で固体、液体、気体のどの状態ですか。

二酸化ケイ素　（　　　　　　）
ジエチルエーテル（　　　　　　）
ブタン　（　　　　　　）

(2) つぎの物質は、2000 ℃の世界があるとして、そこでは、固体、液体、気体のどの状態ですか。

酸化マグネシウム（　　　　　　　）
鉄　　　　　　　（　　　　　　　）
塩化ナトリウム　（　　　　　　　）
(3) つぎの物質は、－200 ℃の世界があるとして、そこでは、固体、液体、気体のどの状態ですか。
エタノール　　　（　　　　　　　）
酸素　　　　　　（　　　　　　　）
水素　　　　　　（　　　　　　　）
【液体窒素の実験】液体窒素（-196 ℃）でいろいろなものを冷やしてみましょう。

B　気体の分子はバラバラビュンビュンの授業

『この前やったエタノール風船の実験について、超拡大の目で見たとき、どんなふうに見えるかを考えてみよう。これは、君たちの想像力を精一杯発揮してほしい課題です』
『まず、課題を考えるために必要なことを説明します』と言って板書。

エタノールは、分子からできている
液体のエタノールの分子はくっつきあっている
液体と気体の分子の数は同じ
液体→気体に変化すると、体積は約1000倍になる
気体……見えない、押すと縮む、押すのをやめると元にもどる
【課題】エタノール（液体）がエタノール（気体）になったとき、風船の中の気体の分子が目に見えるとしたらどんなようすになっているでしょうか？
そのときの想像図を描きなさい。

図　板書したエタノールの液体と気体の状態

板書内容を簡単に解説する。

- 液体のメタノールの分子はみんな同じ形をしている非常に小さいつぶ。ここでは、その分子は○とする。莫大な数の分子がくっつきあっている。
- 液体のメタノールが気体に変化しても分子の数は変わらない。
- 気体になると体積が約1000倍になる。

『体積が大きくなることや気体の性質が説明できる想像図だといいね』

しばらくしたら机間巡視して、とらえたいくつかのタイプの想像図を黒板に描かせる。

出てくる想像図は、

- 分子ふくらみ説（1個1個の分子が大きくふくらむ)。
- 分子バラバラ説（1個1個の分子がばらばらになり散らばっている。
- 分子バラバラビュンビュン説（ばらばらになり、しかも運動している)。
- 分子出よう出よう説（分子はみな内壁に集まり外に向かって押している）

などである。

中学1年生にとって背伸びさせた課題である。それでも高校生に同じ授業を行ったときと同じような想像図が出る。簡単にそれぞれの意見を聞き質疑応答を行う。

分子ふくらみ説は、分子がくっつき合ったままふくらむなら、目に見えるはずである。「気体が見えない」に難点がある、分子出よう出よう説は、袋の中心にエタノールの気体がないことになるなど、簡単に意見交換する。

『君たちの想像図で分子がないところは、何があるの？』

この質問も、中学1年生にとって難しいものである。

「空気がある」という声。

『空気はなかったぞ』

「でも何かある」

『実は何もないのです』

「えーっ！」という声。

『何もない空間のことを何という知っていますか？』

「真空！」

『そうです。この空間は真空なんです。では、科学者の研究の結果、わかっている気体の分子のようすを、説明しましょう。私の説明を聞きながら頭の中でイメージをふくらませてください。そしてポイントと思うところをノートに書きなさい』

以下、説明である。
『液体のメタノールを熱していくと、分子の動きがどんどん激しくなります。液体では分子どうしはくっつきあっていますが、分子の動きが激しくなると分子どうしのくっつきあいを振り切って1個1個飛び出していきます。ついには、ある温度になると、全部の分子がくっつきあっているのをやめて、1個1個ばらばらになるようになります。ばらばらになった分子は、ものすごい速さでビュンビュンと飛び回っています。温度が高いほどスピードが速くなりますが、この教室の温度でだって1秒間に数百mぐらいの速さになるんです。カチッカチッと1秒間たつと何百メートルも先に行ってしまいます。

分子バラバラ説は、分子が運動するというところまでいくといいですね。

気体の分子はバラバラビュンビュン、これは大切ですよ。

風船の中の分子はものすごい速さで飛び回っているから、一瞬一瞬風船の内側にもものすごい数の分子がぶつかることになります。それで風船はふくらむんです。風船の外側からは空気の分子がぶつかっていますが、それよりも激しくぶつかるようになったのでふくらむのです。

分子出よう出よう説は、風船をふくらませている内側の分子だけ見れば、すごく鋭い考えですね。分子ふくらみ説もなかなかいいんだよ。分子はものすごい数あって、すごいスピードだからちょっといくと別の分子にぶつかってしまうんだ。1秒間に1億回ぐらいぶつかるんです。だから、1つの分子を見ると、そいつはなかなか先には進めなくて、ある範囲をぐるぐる回っていると考えられます。だから、その範囲はそいつの“なわばり”みたいなものなんです。液体のときは分子がくっつき合っていたから、なわばりはほとんどありません。だけど、気体では液体のときの千倍近くなわばりが増えるんです。分子がふくらむというのは、分子とそのなわばりまでふくめて考えるとなかなか鋭いでしょう？

冷やすと縮んだけど、それは、分子のスピードが落ちてきたからです。気体のときは、ぶつかってもはねかえってしまうけど、温度が下がってきて、ある温度になると、はねかえらずにぶつかると、くっつき合ってしまうようになるんです。それで液体にもどるんですね』

C　塩化ナトリウムの融解の授業

授業の展開（塩化ナトリウムの融解を演示の場合）

次の課題を出す。

塩化ナトリウム（食塩の主成分）を液体にできるでしょうか？
ア.できる　イ.できない　　ウ.その他

この課題を出すとき、「塩化ナトリウムは水にとける」という溶解と、ここで問題にしたい融解を混同してしまう生徒もいるので、注意を喚起しておく。『この課題について注意があるよ。塩化ナトリウムって水にとけるよね。この課題は塩化ナトリウムが水にとけることをいってるのではなく、固体の氷が液体の水になるように固体の塩化ナトリウムが液体の塩化ナトリウムになるかどうかを問題にしています』

例えば、次のような融点で考える理論派と強力な経験派の意見が出る。

ア……塩化ナトリウムにも融点があるだろうから、その融点以上にすればよい
イ……塩化ナトリウム水を熱したとき、水が蒸発してなくなった後、熱しつづけても液体にならなかった
イ……食塩をスプーンに入れて熱したことがあるが、パチパチはねるだけだった

意見の出しあいをしたあと、生徒を前に集める。

はじめにステンレスの薬さじにアルミホイルを巻き、その上に塩化ナトリウムをのせて熱してみる。ガスバーナーより高温の炎になるガストーチやメッケルバーナーで熱してみる。しかし、パチパチはねるだけで融解しない。

次に、試験管に底から5～6 ㎜塩化ナトリウムをつめて（机に軽くたたきつけてつめる）、ガストーチやメッケルバーナーで熱してみる。このとき塩化ナトリウムのある場所が炎からはずれないよう注意して小刻みに振りながら熱する。すると、部分的に湿ったような感じになり、融解しはじめる。

融解したら、まず無色透明であることを確認する。

次に、炎の中でゆらして見せ、液体であることを示す。

『全国的に、塩化ナトリウムを融解して塩化ナトリウムの液体を生徒に見せている先生方は非常に少ないようです。ですから、君たちは、今、すごいことを見ているんです』

次に、板の上に内容物をあける。木の板の場合、木が焦げる。塩化ナトリウムはすぐに固体になる。この固体にマッチをつけるとまだ火がつくほど熱い。

生徒を席にもどらせ、実験結果をノートに書かせる。

次の物質の融点・沸点の表を配付する。

物質	融点(℃)	沸点(℃)	物質	融点(℃)	沸点(℃)
タングステン	3422	5555	ヨウ素	114	184
酸化マグネシウム	2800	3600	硫黄	113	445
鉄	1538	2862	ナトリウム	98	883
銅	1085	2562	ナフタレン	81	218
金	1064	2856	カリウム	63.5	766
銀	962	2162	酢酸	16.6	118
酸化鉛	886	1470	水	0	100
カルシウム	842	1484	水銀	–39	357
塩化ナトリウム	801	1485	アンモニア	–77.7	–33.5
塩化カリウム	770	1510	メタノール	–98	65
ヨウ化カリウム	680	1330	エタノール	–115	78
塩化マグネシウム	714	1410	ジエチルエーテル	–116	35
アルミニウム	660	2519	ブタン	–135	–0.5
マグネシウム	650	1090	メタン	–183	–161.5
亜鉛	420	907	プロパン	–188	–42
水酸化カリウム	360	1324	窒素	–210	–196
鉛	328	1749	酸素	–219	–183
水酸化ナトリウム	318	1390	水素	–259	–253
スズ	232	2602	ヘリウム	–272.2	–268.9

図　融点と沸点の表『理科年表2019』国立天文台編及び『岩波理化学事典第5版』

＊ヘリウムの融点は26気圧のときの値。他は1気圧のときの値。

『塩化ナトリウムは何℃でとけたか？　融点、沸点どちらを見ればいいか？』
融点であることを確認し、塩化ナトリウムの融点801 ℃を見つけさせる。
融点・沸点の表は、ここではじめて出すので、すでに授業で扱ったエタノールの沸点や水銀の融点、小学校で学習した水の融点・沸点などについて表からデータを見つけさせる。とくに水の融点0 ℃、沸点100 ℃から摂氏温度の由来（1742年にセルシウスが水の融点、沸点をもとに温度目盛りを提案した）の話をする。

D　塩化ナトリウムの融解の実験

ここでは、生徒実験で塩化ナトリウムの融解を確認させる。

1. 普通のガスバーナーで挑戦

ガスバーナーの火力がある程度強いと、普通のガスバーナーでも塩化ナトリウムの融解は可能である。ということは、班ごとに融解実験を行うことができるということなので、やってみる価値はあるだろう。普通のガスバーナーでも，炎の温度は千数百度であるから，塩化ナトリウムをうまく炎で包んで高温のまま保温できれば融解可能のはずである。塩化ナトリウムの量を少量にして行えば融解できる。ただし火力が弱いガスバーナーの場合，融解できない。
【準備するもの】 塩化ナトリウム／試験管（パイレックス製）／試験管ばさみ／ガスバーナー
＊塩化ナトリウムを試験管の底から4～5 ㎜程度取る。試験管の底の丸みをおびた部分に塩化ナトリウムが収まるくらいの量。
　試験管の底を机上で何回か軽く叩いて塩化ナトリウムをぎっしりつまった状態にする。
＊ガスバーナーの炎をできるだけ強くする。
＊塩化ナトリウムがある部分が炎の中心部分に包まれるようにして熱する。炎の中心からずれると急激に温度が下がるので、ときどき揺らすときも、炎から外れないように注意する。
＊塩化ナトリウムが湿った感じになり、ついには融解する。

2. 熱源をより強力なもので

ガストーチ（いろいろな形のものがある）やメッケルバーナー（多量の空気を混ぜられるので高温を得るのに適したバーナー）を用いれば、塩化ナトリウムの量を底から約1cmに増やしても可能である。**1.**でやってみても無理な場合には、この方法で塩化ナトリウムの融解を見せる。塩化ナトリウムの量をもっと増やしても融解させるのは可能だが、時間がかかる。また、下部は液体になっても上部が固体のまま残されて、それを融解させるのが大変なことがある。

3. 多量の塩化ナトリウムを融解する

マッフル炉を用いると、るつぼで多量の塩化ナトリウムを融解することができる。マッフル炉とは、円すい形をした磁器製品で、炎の保温力をアップさせるものである。

マッフル炉は、るつぼを支えるでっぱりがあるほうが下である。マッフル炉の下のほうをスタンドのリングで保持し、そこに塩化ナトリウムを入れたるつぼを置き、上にマッフル炉を重ねて、ガスバーナーやガストーチで熱する。

マッフル炉とガストーチを用いると、るつぼに半分ほどの塩化ナトリウムは10分もしないうちに融解して液体になる。また、マッフル炉によって、普通のガスバーナーでも、るつぼの塩化ナトリウムを融解させることができる。

4. 塩化ナトリウムが融解したら

＊まず無色透明であることを確認する。炎の中で揺らして見せ、液体であることを示す。
＊炎から出したら、すぐに試験管の液体塩化ナトリウムがあるあたりにマッチの頭をつけ、マッチの火がつくことを確かめ、高温であることを示す。
＊板の上に内容物をあける。木の板の場合、木が焦げる。塩化ナトリウムはすぐに固体になるが、この固体にマッチをつけるとまだ火がつく。

E 「物質の融点と沸点の表」を活用しよう

水以外にも多様な物質の状態変化を見せたいと思い、アルコール、ブタン、水銀、塩化ナトリウムなどを扱おうとしても、理科室で実験できる物質はかぎられている。

しかし、いくつかの物質で得られた認識をもとに「物質の融点と沸点の表」を活用すれば、「物質の状態変化のゆたかな世界」へと誘うことが可能である。

『すでに配ってある「物質の融点と沸点の表」を見て下さい。今日は、この表をもとに、いろいろな物質の状態変化などを想像してみよう。

まず、融点、沸点の意味をもう一度確認しよう』と言って、次の図を板書する。

融点……その物質の固体状態と液体状態の境目の温度。
それ以上の温度では固体でいられなくなって液体になる温度。
沸点……その物質の液体状態と気体状態の境目の温度。
それ以上の温度で沸騰して液体ではいられなくなって気体になる温度。

『冷蔵庫の冷凍室に入っている氷があるとしよう。冷凍室が–20 ℃になっているとしたら、その氷は何℃になっている？　–20 ℃かな、0 ℃かな？

これは詳しくは「熱」のところで勉強するんで、カンで予想してもらおうかな』

挙手させてからあっさり説明してしまう。

『その氷の温度は–20 ℃になっているんだ。冷凍庫から出しておくととけはじめるだろ？　そのときは0 ℃だよ。

この氷を温めると、融点の0 ℃で固体でいられなくなって液体の水になる。さらに温める。水の表面から水蒸気が蒸発するから気体もあるけど、ほとんどは液体だね。100 ℃になると水の内部からも水蒸気の泡がどんどんできて、表面からも中からも気体になる。これが沸騰だ。100 ℃を超えると液体ではいらなくて全部気体だ』

（ここで「過熱水蒸気でマッチの火をつける」実験を演示で見せてもよい。）

『表にある物質は20 ℃では固体、液体、気体のどの状態で存在しているでしょうか？』

上から順に考えさせていく。はじめどのように考えてよいかわからなかった生徒も「融点・沸点が20 ℃より上なら固体」「20 ℃が融点と沸点の間にあるなら液体」「融点・沸点が20 ℃より下なら気体」ということをつかんでいく。

『2000 ℃の世界があるとして、次の物質はどの状態でしょうか？

酸化マグネシウム、鉄、塩化ナトリウム』

2000 ℃では、酸化マグネシウムは融点になっていないので、まだ固体である。鉄は、融点を超えているが沸点を超えていないので液体であり、塩化ナトリウムは融点も沸点も超えているため、気体で存在する。
『高校で学習することですが、低温は約−270 ℃が最低の温度です。では約−270 ℃では表にある物質はどの状態で存在しているでしょうか？』
すべての物質は固体状態になっている。
『もう少し温度を上げて液体窒素に近い−200 ℃ではどうでしょうか？』
プロパンまでは固体である。窒素、酸素は液体、水素はこの温度でも気体である。
『実は、君たちがまだ生まれていないころ（私も生まれていなかったが）わが国で、ある地域の地上が3000 ℃の高温に包まれたことがあります。そのとき上空では何万℃にもなったが、地上でも3000 ℃にはなったのです』
「原爆だ！」
『そう。広島の高校生たちが、そのときの屋根の瓦を川の底から拾い集めました。瓦は、表面が泡立っていた。瓦が火ぶくれた状態になるには3000 ℃という温度が必要なんです。つまり、その瓦は地上がどんな温度になったかを示す貴重な証人ということになります。これを「原爆瓦」といっています。では、そのとき、鉄はどうなっただろうか？　人はどうなっただろうか？後は君たちで想像して下さい』
『さて、物質の種類は1億を超えているといわれています。君たちがもっている融点と沸点の表にのっているのは、そのうちのごく一部だ。では、物質はみんな状態変化するのかな？』
「この机の木はしないよ」
「筆箱のプラスチックもしそうもないな」
「服の繊維もしないんじゃないか」
『状態変化は、物質をつくっている分子で考えると、固体では分子が規則正しくくっつきあっていて、それが液体になるとあちこち動けるけど、くっつきあっています。気体になるとバラバラビュンビュンになります。
つまり、状態変化は分子の集まり方が変わっていくんです。
だけど、もし温度を上げていったときに、その分子がぶっこわれたらその物質じゃなくなります。そういう物質も身の回りにはたくさんあります。中学2年生になったらそのへんのことを勉強します』

F　物質の状態変化の教材観（単元観）

　前章で液体窒素とドライアイスを用いた授業について述べたが、ここで、私が、それら以外で中学1年生に行っていた状態変化の授業について述べておこう。
　私は、いまのように中学1年生でも教科書に粒子論的なイメージが載っていなかった時代から、融点・沸点だけではなく、分子論的なイメージも入れた状態変化の授業を組んでいた。
　状態変化の授業のねらいをしぼりにしぼって、「物質は、温度によって、固体⇄液体⇄気体のように状態変化する」「物質は、それぞれ固有の融点・沸点をもっている」の2つに設定している。これが、生徒たちに認識として定着させたい教育内容である。
　中学生は、物質の状態および状態変化について、日常的な常温付近の世界にとどまって、それ以外にまで認識が拡張されていない。それなら、日常よく見られる水についての状態変化をしっかり認識しているかというと、そうでもないのだ。よく知られているように、大人でも水蒸気と湯気を混同しているし、氷はいつも0 ℃、水蒸気はいつも100 ℃などと考えている。また「水は、液体が凝固して固体になると体積が増大する」ということは正しく認識しているが、これを一般化して、他の物質も同様だと考えている。
　このような中学生の認識実態の原因は、小学校以来、「熱分解しないかぎり、どんな物質も状態変化をする」という科学的な信念をもてるように授業がされていないことが大きいと思われる。水は身近だが、物質の世界のなかに位置づけてみると変な物質である。多様な物質群のなかでこそ、水という変な物質が認識されるのである。水だけ扱っていては、水についての認識も深まらないのだ。
　融点・沸点は、物質の存在状態の結節点だ。それを認識の武器として物質の世界にアタックさせる授業が必要なのである。
　以上のことを考えて、ここでは、液体と気体の状態変化から沸点を導入し、沸点についての「浅い理解」から、同様に物質の存在状態の結節点である融点へと目を向けさせ、さらに融点・沸点をセットにして、やや「深い理解」へ至らせるように教材を構成した。多様な物質を扱ってみせても、扱った物質の状態変化については認識するが、未知の物質の世界には歯が立たないということになりやすい。扱っている物質は少数でも、認識として一般化できるように教材を構成する必要がある。

燃焼と爆発

授業でのねらい

- 炭素が燃焼すると二酸化炭素ができる。
- 燃焼とは、物質と酸素が反応して熱と光を出す化学変化である。
- スチールウール（鉄）が燃焼すると酸化鉄ができる。
- 水素が燃焼すると水ができる。水素は条件によって静かに燃焼する場合もあるが激しく燃焼して爆発する場合もある。
- 空気に水素が4～75％混合した気体は、火をつけると爆発する。

A　炭素の燃焼

中学校での化学反応式の授業は、鉄と硫黄の反応のように係数が1のものから導入するとよい。

「とくに酸素との反応を酸化という」ことを学ぶのに、私は、まず炭素と酸素の反応（炭素の燃焼）を導入にしている。これも係数が1で化学反応式が簡単だ。

$C + O_2 \rightarrow CO_2$

酸素と木炭を入れた丸底フラスコをゴム風船で密閉する。木炭がある辺りをガスバーナーで加熱すると木炭に着火する。くるくる回転するようにすると木炭は燃えて次第に小さくなり、ついにはなくなる。

肉眼で見えていた黒い物質がなくなっていくのは、まさに「反応前の物質が消えて、新しい物質ができる」という化学変化がとらえやすい。

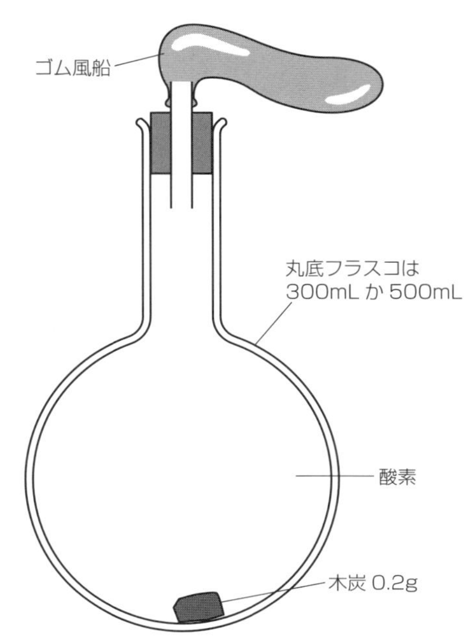

図　炭素と酸素の反応の装置

酸素と炭素の反応では、いったん気体の膨張で内圧が上がるので、必ず丸底フラスコを使用する。ゴム栓をしても丸底フラスコなら耐えるが、傷があったりすると破裂することがあるので、ゴム風船をつけてふたにする。

(1) 木炭約0.2 gをフラスコに入れる。木炭を入れたフラスコに教材用ボンベで酸素を満たす。ボンベ付属のビニル管をできるだけ奥まで入れて酸素を送り込む。線香の火をフラスコの口に近づけたとき激しく燃えるようになったら酸素で満ちたことになる。

(2) ガスバーナーの炎でフラスコ全体を暖めてから、木炭のところに集中的に炎をあて、発火させる。発火したらフラスコをバーナーから離して、フラスコを回転させるように振る。

木炭がフラスコの壁にそってくるくる回るように振る。1ヵ所で燃焼させると、新しく酸素と接触しにくいし、フラスコが破損する可能性がある。このとき部屋を暗くすると燃焼をきれいに見ることができる。

木炭は次第に小さくなり、ついにはなくなってしまう。灰がごく少量残るが全体に散らばり無視できる。

輪にした紙をフラスコの台にして、手で触っても大丈夫なくらいに冷やす。「炭素がなくなったこと」を確認し、新しく「二酸化炭素ができたこと」を、石灰水で白濁することで確かめる。

＊木炭は美術のデッサン用の画用木炭が適している。画用木炭とは、ヤナギの枝を木炭にした高級木炭である。いろいろな太さがあるが、私はいつも3 mm程度を使っている(太さはあまり気にしなくてもよい)。

B　スチールウールの燃焼

1.スチールウールの燃焼の授業

(1)　各班でスチールウールを燃焼させる

スチールウールを綿アメのように、よくほぐして火をつけると、まるでクリスマスツリーのようにチカチカ燃えひろがっていく。

鉄クギや普通の鉄線を空気中で燃やすことはできないが、スチールウールのように繊維状で表面積が大きい鉄では、空気との接触さえよくすれば燃やすことができる。

授業は次のように行う。

『前回は、鉄と酸素を化合させるのに、スチールウールを熱しておいて酸素を吹きかけました。今回は、酸素は空気中にあるものだけを使います。
　鉄は、例えば普通の鉄クギを空気中で燃やすことはできません。ですが、スチールウールだと同じ量でも鉄クギよりずっと表面積が大きく、酸素と接触しやすいので、燃やすことができるのです』
『では、これからスチールウールを使って鉄と酸素を化合させて酸化鉄をつくろう。1人ひとり、このかたまりの2分の1をとって、鉄はスチールウール、酸素は空気中の酸素を使って、酸化鉄をつくってみよう。マッチは1人3本以内にすること』
　反応場所は、金属製のバットの中。
　スチールウールはそのまま火をつけてもすぐ消えてしまう。もう、そこでマッチ1本を消費している。残りは、あと2本。
　そのままマッチの火をつけても燃焼が続かないとみるや、生徒たちは下敷きであおいだり、息を吹きかけたり、スチールウールをほぐして火をつけたりする。
　他の班でうまくいったのを見て、まねをする班も出てくる。
　スチールウールのかたまりをできるだけほぐして綿アメのようにして火をつけるとよい。チカチカと燃え広がり、全体の色が変わっていき、全部燃える。
　こうして、どの班も、スチールウールを燃焼させることができる。

(2)　呼気でスチールウールを燃やす

　生徒たちを前に集める。
『実は、ぼくはスチールウールを燃やすプロといわれているんだ。君達にプロの腕前を見せてあげよう』
　スチールウールのかたまりをそのまま使う方法である。
　スチールウールを動かないようにルツボばさみなどではさんで、机の上に置く。上部を少し毛ばたてて着火しやすくする。マッチでそこに火をつけたら、消えないうちに大きく息を吹きかけることをくり返す。スチールウールは真っ赤になって燃える。燃えるスチールウールからの照り返しの熱で顔が少し熱くなる。
　燃え残りは少しになっている。全部燃えると拍手がおきる。
　呼気を直接吹きかけるのではなく、ガラス管の先を燃えているスチールウールの近くにあてて息を吹き込んでもよい。
『スチールウールが燃えるためには、スチールウールに次々に酸素が接触することが必要ですね。もとのままだと、空気との接触が悪く、すぐに消えてしまいます。綿アメのようにほぐすことは、スチールウールと酸素の接触をよくすることになります。また、下敷きであおいだり、息を吹きかけるのは、酸素をふくんだ空気を送り込むことになりますね。

実は、人間が吐く息にはまだ酸素が16 %以上ふくまれています。だから人工呼吸ができるんですね。私は、君たちのころ、よくお風呂たきやご飯たきをやりました。薪を燃やすんです。そのとき、燃えが悪いと吹き竹といって、竹の先に穴があいたもので息を吹きかけました』

2. もっと鉄を細かくしたら？

『スチールウールは大変細いので表面積が大きいのですが、もっともっと表面積を大きくする、つまりものすごく細かい鉄粉にするとどうなるでしょうか？』

まず試験管にシュウ酸鉄（Ⅱ）を約1ｇとり、バーナーで試験管をガラス棒でかき混ぜながら数分間加熱する。試料は徐々に黒色の微粉末になる。加熱を止めたらただちにゴム栓をして、空気に触れないようにする。

『はじめ入れた物質が分解して非常に細かい鉄粉ができています。ゴム栓を取って、試験管の中の鉄粉を空気中に落としてみます』

少しずつ落とすと空中で自然発火する。下にアルミホイルを敷いておく。暗くすると発火がよく見える。アルミホイル上に赤色の酸化鉄ができている。これは主にFe_2O_3である。

＊シュウ酸鉄は水和水をもっているし、分解生成物の1つは水なので、熱すると試験管がぬれてくる。反応の進み具合は、色と二酸化炭素の発生でわかる。気体で粉末が沸き立ったような状況のときは、まだ分解が起こっている。ガラス棒は、途中試験管から抜かない。空気が入ってきて、鉄が酸化されてしまうからである。

実は、分解してできた超微粉末の成分は、Fe、FeO、Fe_3O_4、Fe_2O_3である。このうちFe_2O_3 以外は自然発火する。

私は、この実験を生徒実験で行っている。

3. 燃焼で酸素が消費されていることを実感する

スチールウールの燃焼後、反応前より質量が増加することから、「スチールウール（鉄）に何かが付け加わった」「付け加わったのは酸素だ」とまとめているだけでは、鉄と酸素が化合することを実感しにくい。

そこで、燃焼のとき酸素が消費されることを使われた酸素の分、水が上がる実験を通して実感させる。

酸素は気体なので、本当に反応して結びついているかどうかが捉えにくいが、この実験ではっきりと実感させることができる。

授業は次のように行う。

『まず、前回の実験に関連して、新しい言葉を説明します。燃焼です』

「燃焼……物質が熱と光を出しながら激しく酸素と反応すること」と板書して説明する。

『前回の実験で、鉄と酸素が反応したら酸素の分重くなったことから、本当に酸素が結びついたことがわかりました。今回は、そのとき酸素が使われてなくなっていくのが見える実験をしましょう。きょうはいろいろな物質の燃焼を行います』

生徒を前に集める。

バット上に太い鉄線で作った支持台をガムテープで固定してから水を入れ、支持台にはスチールウールを取り付け、マッチ棒をくっつけておいて火をつける。そして、すばやく酸素入りの集気びん（水上置換で集めておき、ふたをしておく）をかぶせると、スチールウールは激しく燃焼する。そのとき、びんの中では水が上がっていく。

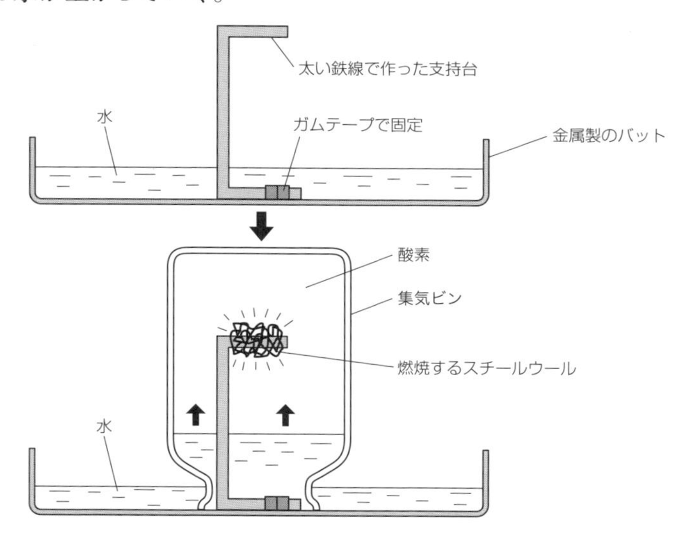

図　酸素の中でスチールウールを燃やす実験

『どうして水が上がるのでしょうか？』

生徒たちと問答しながら酸素消費をはっきりさせる。

できたものは酸化鉄だが、酸化鉄には、鉄原子と酸素原子の結びつく割合が違うものが何種類かある。スチールウールが燃焼するとできるのは主に酸化鉄（Ⅲ）、化学式でFe_2O_3である。

マグネシウムについても同様の実験を行う。

スチールウールの場合と同じように、マッチ棒つきマグネシウムリボンを台に置き、マッチに火をつけてから、酸素入り集気びんをかぶせる。すると、ものすごくまばゆい光とともに、水がびんの中に上がっていく。

『どうして水が上がるのでしょうか？』

これも問答しながら酸素消費をはっきりさせる。

この実験でできる白色の物質は酸化マグネシウム（MgO）である。

4. スチールウールが燃えると何ができる?

『細長い棒の両端にスチールウールをぶら下げてつり合わせます。一方に火をつけると、燃えた後はどうなるでしょうか？

ア、火をつけたほうが軽くなる。イ、火をつけたほうが重くなる。ウ、変わらない』という課題を出すと、アと答える生徒が結構いる。

かつてラボアジェが「ものの燃焼は酸素と激しく反応することだ」という燃焼理論を示すまで、長く燃焼理論を支配していたのは、燃える物質にはフロギストン（燃素）というものがふくまれていて、燃焼のときに放出するというものだった。木材を燃やすと、残るのは少量の灰だから、ものが燃えると軽くなるというのが当たり前だったのだ。現在の子どもたちも同様の素朴概念をもっているようだ。

フロギストン（燃素）説は、スズなどの金属の場合は燃えた後重くなる事実をどう説明するかという難題にぶつかり、「マイナスの重さがある」など理屈をつけたりした。しかし、ラボアジェの新しい燃焼理論に取って代わられていった。

スチールウールは燃えた後、重くなる。木材が燃えたら、できた二酸化炭素や水蒸気などは空気中にひろがって灰が残るだけだ。しかし、スチールウールでは、鉄と酸素が結びついて酸化鉄ができる。酸化鉄は空気中にひろがらないで残っているので結合した酸素の分重くなるのである。

酸素に重さ（質量）があるかどうかは、理科実験用の酸素ボンベの重さをはかり、そのあと、酸素を水上置換で500 mLあるいは1 L放出してからの重さをはかってみればわかる。

では、スチールウールが燃えた後にできるのはどんな酸化鉄なのだろうか。

鉄の酸化物にはFeO、Fe_3O_4やFe_2O_3がある。FeOは黒色発火性なので除いて、Fe_3O_4やFe_2O_3のどちらかだろう。かつてスチールウールが燃焼後の生成物はFe_3O_4とされていたが、X線回折法で調べてみると、主生成物はFe_2O_3だとわかった。未反応の鉄が残るので、全部Fe_3O_4になったとした場合の質量増加率に偶然近くなっていたのだ。

5.スチールウールを燃やしたら?(小学5年生)の授業テキスト

次は、私が小学校で行った授業のテキストである。

1) スチールウールとは何でしょうか?

＊スチール……

＊ウール……

特殊鋼を髪の毛より細く、長い繊維状にしたもので、綿のように柔らかい弾力性を持っています。

2) 何に使われるでしょうか?

「ペイント(塗料)をはがす」「金属をみがく、金属のサビ落とし」「家具や木工品をみがく・仕上げる」「石材や床をみがく、そうじする」など。

使い道によって、いくつかの太さがあります(日本スチールウール

等級	番手	当社基準繊維中心径	主な用途
超極荒	#5	約0.09 mm	金属などの研磨、サビ・ペイントの剥離
極荒	#4	約0.08 mm	金属などの研磨、サビ・ペイントの剥離
中荒	#3	約0.07 mm	金属などの研磨、サビ・ペイントの剥離
荒目	#2	約0.0 5mm	金属などの研磨、サビ・ペイントの剥離
細目	#1	約0.035 mm	金属・床などの研磨・清掃
細目	#0	約0.025 mm	金属・床などの研磨・清掃
中細	#00	約0.02 mm	家具・木工品・金属などの研磨・仕上げ
極細	#000	約0.014 mm	家具・木工品・金属などの研磨・仕上げ
極細	#0000	約0.012 mm	家具・木工品・金属などの研磨・仕上げ レンズ・ガラス・床などコーティング材の耐傷性試験用

株式会社)。

3) 空気には体積が多い順にどんな気体がふくまれているでしょうか?

ただし、水蒸気を除きます(乾燥空気)。

1位 (約　　　　%)

2位 (約　　　　%)

3位 (約　　　　%)

4) スチールウール(家庭用)に火をつけてみよう

5) スチールウール(家庭用)を全部燃やしてみよう

どうすればよいでしょうか?

物が燃えるための3条件

- 燃える物がある
- 酸素がある
- 燃え続ける温度が持続する

6) 次に酸素が入った集気びんの中でスチールウールを燃やしてみましょう。

*空気中と比べて燃え方は?

*燃えたあとの気体には二酸化炭素があるかどうか石灰水で調べてみましょう

ア　二酸化炭素がある(石灰水が白くにごる)

イ　二酸化炭素はない(石灰水が白くにごらない)

7) 細長い棒の両端に同じ重さの木片(木のかけら)をぶら下げてつり合わせます。一方に火をつけると、燃えた後はどうなるでしょうか?

ア　火をつけたほうが軽くなる

イ　火をつけたほうが重くなる

ウ　変わらない

8) 細長い棒の両端に同じ重さのスチールウールをぶら下げてつり合わせます。一方に火をつけると、燃えた後はどうなるでしょうか?

ア　火をつけたほうが軽くなる
イ　火をつけたほうが重くなる
ウ　変わらない
（人の意見を聞いて）
（実験の結果）
（わかったこと）

9）酸素に重さ（質量）があるかどうか調べてみましょう

酸素ボンベの重さをはかり、そのあと、酸素を500 mL、あるいは1 L放出してからの重さをはかってみましょう

＊最初の重さ（　　　）グラム
＊酸素を（　　　）グラム出してからの重さ（　　　　）グラム

10）スチールウールが燃えると酸素だけが使われることを見てみましょう

バットに針金で台をつくり、スチールウールを取り付けます。水を少し張ります。

酸素を入れた集気びんを用意しておきます。

スチールウールに火をつけて、すぐに酸素入りの集気びんをかぶせます。

どんなことが起こるでしょうか？

C　水素の燃焼・爆発

1. 水素発生装置と水素三徳実験器

水素の性質は、中学1年生で軽く扱っていても、水素の燃焼・爆発は化学変化として扱いたい。

安全な水素発生装置からの誘導管口に点火すると、水素は炎をあげて燃える。この炎を黒板に当てると、その部分が水滴でぬれて文字を書いて見せることができるので、「水ができた」ことがはっきりする。安全な水素＋酸素の爆発も見せる。これらの実験は演示で行う。

(1) 水素発生装置のつくり方

250 mLのプラスチック製洗浄びんの底から数 cmを切り取る。金属棒を

熱しておいて押しつけ、径数mm程度の穴をびんの底にたくさんあける。

「穴をあけた底を上にして、先ほどの洗浄びんの切り口に無理やりはめこむ。」

本体のふたを取り、亜鉛粒をぎっしり入れる。硫酸銅の結晶も入れると水素の発生がよくなる。

ふたをして、ノズルを途中で切り取り、ゴム管をつけ、そこにガラス管あるいは銅管をつけておく。ここが発生口になる。こうすることによって、もしも爆発しても底がはずれる程度ですむ。プラスチックのビーカーに希硫酸を入れておき、そこへ、先の亜鉛入り水素発生装置を漬ける。そうすると、底から硫酸が浸入し、亜鉛と接触して反応し、水素が発生するというわけである。

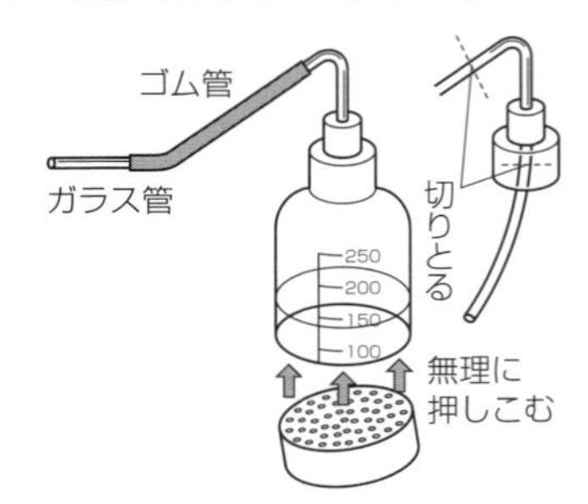

図　水素発生装置の本体

希硫酸は、濃硫酸1に対して、水5～6の割合で混ぜてつくる。水をかき混ぜながら、この中に濃硫酸を少しずつ加える。

(2) 水素三徳実験器のつくり方

ペットボトル（250 mL）の底をカッターナイフで切り取る底の周辺部（縁）を少し残しておくと爆音が大きくなる。

ガラス管（径5 mmぐらい、長さ数cm）を差し込んだゴム栓をペットボトルの口にしっかりはめる。

実験器に火がつかないのは、ガラス管に水がたまって、水素が出ていかないからなので、ガラス管は、ゴム栓の下にほんの少ししか出ないようにする。

図　水素発生装置の一部

※水素三徳実験器については、左巻健男編著『やさしくわかる化学実験事典』（東京書籍、2010年）参照。

2. 水素の燃焼と爆発の授業

(1) この気体は何？

『これは、ある気体の発生装置です。きょうは、これでその気体を発生させて、いろいろ実験をします。ちょっと危ないので、私がやりますと言いながら、（水素発生装置を見せる）』

「水素だ」という声。

『この中（上述したプラスチックのビーカー）には亜鉛という金属を詰めてあ

ります。こちら（上述したプラスチック洗浄びんを加工したもの）には希硫酸が入れてあります。亜鉛を詰めた装置を硫酸の中に沈めると、気体が発生してきます』

しばらくしたら、水素が出ているガラス管を洗剤液（中性洗剤を2倍程度に薄めたもの）につけて、すぐに引き上げる。ガラス管の先にシャボン玉ができる。球が次第にふくれてきたら、ガラス管の先をだんだん上方に向けていく。球がふくれて膜がきれいに輝くくらいになったら、装置を急に下げ、管の先のシャボン玉をふり切って管から離す。すると、球は離れて上昇していく。

「やっぱり水素だ」という声。何回かやって見せる。

水素を発生させないときには、発生装置を硫酸から引き上げて、少し振って硫酸を切ってから、ビーカーに入れておく。

『そうです。水素です。水素は、世界中で最も密度の小さい気体です。中1で学習しましたね』

(2) 水素を燃やす

『中1のとき、水素を試験管に集めて火をつけたらピュンとかバンとか音がして爆発しましたね。試験管に水素だけなら、口のところでおだやかに燃えるんです。では、これから水素が燃えているところを見せましょう。ところで、水素は燃えると何ができるでしょうか？』

「燃焼は酸素との反応」ということから、水素と酸素の反応を考えさせ、「水ができるはず」であることを確認する。

生徒を前に集める。

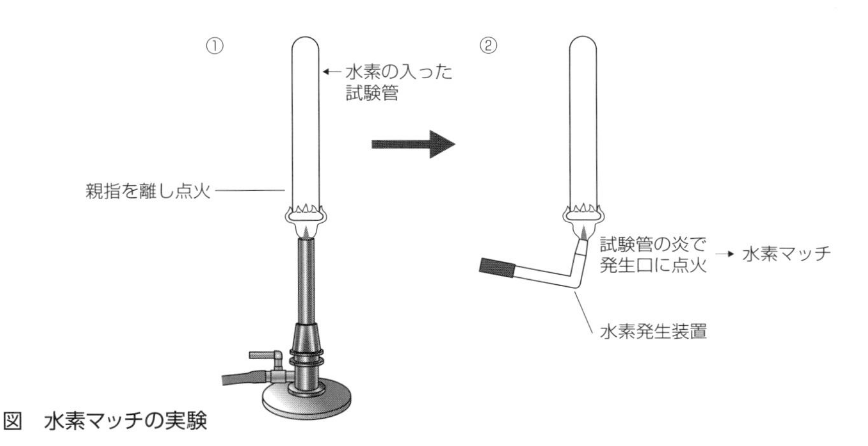

図　水素マッチの実験

水素発生装置を硫酸中に入れておく。
『水素はよく爆発事故を起こすので、水素が燃えているのをはっきり見せる教師は非常に少ないです。君たちは、これから見られるんだから幸せだと思います。もしも爆発しても安全なように、私は装置をプラスチックでつくっています。装置がガラス製だと爆発したとき、ガラスの破片が飛び散るんです。プラスチックならそんなことにはなりません』

口上を述べているうちに、発生装置の中には空気がなくなっているはずである。念のため、「水素マッチ」という方法で発生口に点火する。

水素発生装置の誘導管口から上方置換で試験管に水素を集める。水素が集まったら、試験管の口を親指でふさぎ、装置から離れたところに置いておいた、火がついたガスバーナーに、試験管口を近づけて親指をはなし、点火する。ここで、爆鳴を発して一気に燃えるようであれば、発生器内にまだ空気が残っていることになる。爆発せずに静かに燃えるようであれば、空気は残っていないことになる。燃えるときに軽い音がするが、一気に爆発でなく、口付近に炎を認めればよい。この試験管の炎で、水素発生装置の誘導管口に点火する。

炎を見せたら、次に、この炎を黒板に当てる。すると、当てた部分がぬれるようになるので、文字を書いてみせる。文字はしばらくすると消えるが、水ができたことが印象深くなる。

(3) 水素の爆発

『純粋な水素だったら、空気と出会うところで火をつければ、さっきのように静かに燃えるだけです。それが水素に酸素、あるいは、空気がある割合の範囲で混じっている気体に火をつけると一瞬のうちに激しく燃える。つまり爆発します。では、このクラスで一番勇気がある人にやってもらいます。使うのは、これ、水素三徳実験器といっています』

水槽に水を入れる。水量は、実験器のプラスチックびんの肩のあたり（ゴム栓に刺してあるガラス管に水がつかない深さ）までにする。そこに実験器を垂直に入れ、実験器の中に水を入れる。ガラス管の先は、コルクボーラで途中まで穴をあけたゴム栓でふたしてふさいでおき、ガラス管がぴったりはめ込めるようにしておく。三徳実験器を水槽の中に立てる。

※ガラス管の中に水があると後で気体の通りが悪くなるので、ガラス管は、水にひたされないようにする。

ガラス管の先をゴム栓でふたをしたまま、実験器をもち上げ、水素を水上置換で集める。水素でいっぱいになったら、ガラス管の先は押さえたまま、底を手でカバーして持ち上げ、「勇気のある人」にゴム栓のあたりを持たせる。マッチの火をふたにしているゴム栓の近くに持っていって、ゴム栓のふたを取り点火する。

火がついたら、水素の燃焼を観察する。しばらくすると、炎の様子に変化が見られる。すると、ドカーン、と爆発する。

時間に余裕があれば、もう1人やってもらう。

席にもどらせる。

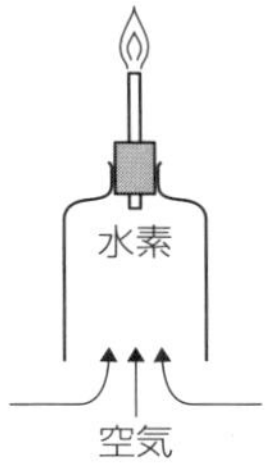

『これをどうして水素三徳実験器というのかということですが、1つ目の理由は、水素が軽いことを示せるからです。軽いから上に行くわけですね。2つ目は、水素だけだとおだやかに燃えていることを示せるから。3つ目は、水素が燃えた分下から空気が入っていって水素と空気が混じりますね。そして、ある割合になると爆発することが示せるからです。

水素
空気
図　水素三徳実験器

燃える気体は、水素だけではなく、それぞれ爆発する空気との割合に範囲があります。水素では空気と4.0～75％の割合で混ざっているときです。このガスバーナーのガスは、天然ガスでメタンという気体ですが、空気と混ぜて火をつければ爆発します。都市ガスが引かれていない場所ではプロパンガスといって、LPガスを使用していますが、空気と火で爆発するのは同じです。ときどき新聞にガス爆発が載っていますよね。どちらの種類のガスも、ガス爆発を防ぐために、メタンやプロパン自身には臭いがないので、漏れたときにわかるように少量で強烈な臭いのガスを混ぜてあります』

実験のポイントをノートにとらせる。最後に、水素の燃焼の化学反応式を書かせる。

3. その他の水素の爆発実験方法

(1) 蒸発皿に洗剤液を入れて、そこに水素を吹き込む。さらに酸素ボンベから酸素を吹き込み、泡に点火。水素だけの泡は、ボッと炎をあげて燃えるが、酸素を混ぜた泡は爆発。この実験は、蒸発皿上以外でも、例えば机の上や手のひら上でも行える。手のひらに水素と酸素の混合気体入りのシャボン玉をつくって点火すると、手のひらで爆発するのである。少し温かくなるが安全上問題はない。

(2) 水素と酸素の混合気体入りのシャボン玉を飛ばすとすーっと上に浮かんでいく。棒の先にろうそくをつけたものでシャボン玉を追いかけて点火する。

(3) 水素発生器の誘導管の水素に空気が混じっていないかどうか、水上置換で試験管に集めて、点火してみて調べる。空気が混じっていないことを確認した後、集気びんに水素を水上置換で集めるか、教材用水素ボンベからでもよい。

この水素入りのびんの口を下にしてスタンドに保持して、点火する。点火は、30 cmほどの針金にろうそくをつけたものを口の下から近づけて行う。

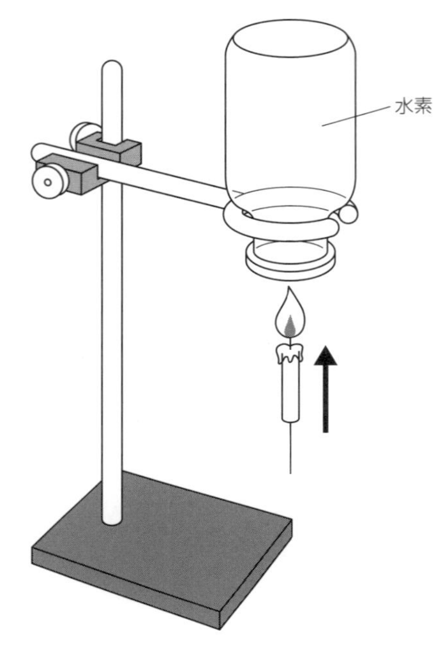

図　水素入りのびんにろうそくの火を近づける実験

点火した瞬間軽い音がするが、水素は口のところで肉眼では見えにくい炎をあげながら燃える。

ろうそくの火をびんの中まで入れると火が消える。水素は口のところで燃え続けている。

ろうそくをびんの中から引き出すとき、燃えている水素の炎にあたるようにすると、びんの外ではまた火がつく。これは、消えていたろうそくが水素の炎で点火されたからである。2〜3回くり返すことができる。

(4) 10 mチューブ内で水素を爆発させ、みんなで同時に爆発を体験することができる。爆鳴気（水素と酸素の体積比が2：1の気体）で満たされたビニルチューブをみんなでにぎって、点火器具を改造した点火装置をチューブの一端に差し込んで、それを押して火花を飛ばすとチューブ内で爆発が起こる。大きな爆発音とともにチューブ内がくもって水ができる。

水を電気分解してつくった水素と酸素で満たされたチューブをみんなににぎってもらってから実験を行うと水素の爆発がさらに実感できる。

「目の前の爆発をよく見よう」と言ってからカウントダウン。

点火すると、大きな音を立てて爆発する。チューブの中を炎が走るのを見ることができる。部屋を暗くしておくと効果的である。

＊左巻健男編著『やさしくわかる化学実験事典』（東京書籍、2010年）には、私の「“水素三徳実験器”で水素の燃焼・爆発」以外にも「ビニルチューブで水素と酸素から水の合成」、伊藤憲人さんのしょうゆのタレビンを反応容器に使った「簡単爆鳴気」が載っている。水素の燃焼・爆発についてのお薦めの実験だ。

4. 水素の爆発限界は広い

可燃性ガスは、空気（主に窒素78％＋酸素21％）とどのような割合で混合しても燃焼するわけではない。

燃焼を起こす燃焼濃度の限界を、爆発限界（あるいは燃焼限界）という。爆発限界は、燃焼する下限の濃度から上限の濃度の範囲で表す。

水素の空気中での爆発限界は体積割合で4～75％である。爆発限界からはずれた濃度では爆発しない。水素80％、空気20％の混合気体ではその上限の75％を超えているので点火しても爆発（燃焼）しない。ただし、まわりに空気があれば水素は空気中の酸素の供給を受けて燃えることはできる。

ガス名	濃度(空気中)	備考
水素	4.0～75％	爆発限界が広いので危険
一酸化炭素	12.5～74％	有毒で爆発限界が広い
メタン	5.3～14％	空気より軽い
プロパン	2.1～9.5％	空気より重く、床に滞り、かつ下限が低い

表　主な可燃性気体の爆発限界

爆発限界内で水素：酸素＝2：1、つまり化学量論比（過不足なく反応する割合）のとき、もっとも激しい爆発（燃焼）が起こる。

小学校から高等学校の理科実験で水素の爆発事故が起こっているが、普通の発生装置で、水素発生直後は、発生容器内に空気が残っているため、この爆発限界の範囲内にあり、もっとも危険な状態だからだ。

メタンやプロパンと比べると、水素の爆発限界の範囲は非常に広いことがわかる。

5. 水素の引火爆発の事故例と安全対策

(1) 事故例

水素の引火爆発事故はしばしば起こっているようだ。私が化学の事故例を執筆した『理科の実験　安全マニュアル』（東京書籍、2003年）に紹介した事故例をあげてみよう。

〈実例〉水素の燃焼を見せようと水素の発生口に点火して発生装置が爆発。

〈実例〉水素シャボン玉などに点火する実験のとき、発生口に引火し発生装置が爆発。

〈実例〉水素発生実験のために、平底フラスコに2 gの亜鉛を入れ、スポイトで10%の希硫酸を注いだときに、ほかの子どもがフラスコから伸びているビニル管の先をアルコールランプに接触させたため、フラスコが突然爆発。

〈実例〉水素燃焼実験で、水素に点火したときに試験管が突然破裂。顔面にガラス破片が当たり、右眼球裂傷、失明状態。

〈実例〉三角フラスコを発生容器に用いて、水素を発生させた。水槽中に発生した気泡が水面に出たところへ点火したら、突然フラスコが爆発。ガラスの破片が右眼に刺さり、失明の負傷。

〈実例〉水素を試験管に集めて点火しようとしたら、発生容器に火が入り三角フラスコが爆発、負傷。

〈実例〉ビーカーに水素を集めて点火。大きな爆発音がして、ビーカーにひび。

これらの事故には以下の共通点がある。

- 水素の発生口に点火している
- フラスコなどガラス容器が破裂・飛散している

(2) 水素の引火爆発事故を避けるために注意すること

① 空気が混じっていないか？

水素が燃焼している様子をどうしても見せたいときは、爆発する割合になっていないように水素を集めて点火する必要がある。空気中に4～75 %の水素があると、点火して爆発する。そのために、すでに“水素マッチ”による発生口への点火方法を説明した。水素発生装置の発生口へ直に点火することはしないで、一度試験管に集めて、集めたものに点火しても爆発しないで、口のところで燃えていることを確認し、その炎で点火する。

② 発生装置は軟質プラスチック製で

水素の発生口の先に点火するときには、水素発生装置は軟質のオールプラスチックで組み立てる。三角フラスコなどがガラス容器の場合は、絶対に火を扱わないようにする。

なお、水素の爆発実験に使ってもよいガラス容器は試験管だけである。その場合も試験管に傷がないことを確認する。

250 mLのポリエチレン洗浄びんに簡単な加工をしてつくった発生装置はすでに紹介した。私は安全のため、この装置を若いころから使っている。

③ 水素発生装置の近くにマッチなどを置かない

水素の気体の発生装置の近くで火を扱わない。火を扱うときには、発生装置と発生口を火から離し、引火しないようにしなければならない。教員が発生装置に火をつけるつもりがなくても、火が近くにあると引火して事故になることがあるので十分な注意が必要だ。

子どもがマッチや点火器具で発生装置の発生口に火をつけることがないように、「マッチなどは渡さない」「マッチなどは近くに置かない」ようにする。教員は発生装置に火をつけさせるつもりはなくても、火を持った子どもは何をするかわからないからだ。

④ 爆発の可能性があるときは防護の板を

水素に火をつける実験を行う場合は、万一に備え、厚い透明なプラスチック板や目の細かい金網で囲んだ中に容器をおいて行う。

⑤ 大量の水素と空気の混合物に点火しない

大量の水素と空気（酸素）との混合物に点火してはならない。ポリ袋中で爆発させるなど、どんなに安全な実験であっても、非常に大きな音が発生するために、聴覚に不快な感じを与えたり、聴覚を破壊することがある。

このような爆発実験はエスカレートしやすいので、十分注意しなければならない。

⑥ 事故時の救急処置

酸性水溶液が目にかかったら、少なくとも水で15分間以上十分に洗い流してから、医師の診断・治療を受ける。

ガラスやプラスチックの破片が刺さったら、それを取り除き、応急止血をし、医師の診断・治療を受ける。

6.爆発とは何だろう?

スプレー缶やカセット用ガスボンベを加熱したときに大きな音を立てて容器が破壊することも爆発というし、水素と空気（酸素）の混合気体に点火したときに光を発しながら大きな音を立てることも爆発だ。

これらに共通するのは、「何らかの原因で、急激に体積が増大し（＝圧力が上昇し）、容器などの破壊や、音、光などをともなって圧力が解放される」ということだ。

爆発をうまくコントロールできれば、圧力による膨張を仕事として利用することができる。一度に多量の熱膨張が起こるので、きわめて効率のよい仕事ができるのである。

自動車（ガソリン車）は、圧縮したガソリンと空気の混合物に点火して、爆発を起こし、エンジンを動かして走る。ダイナマイトなどの爆薬は、土木工事や鉱山から鉱石を取り出すために巨大な岩を壊すようなときに用いられる。

爆発は起きるプロセスによって、大きく二種類に分けることができる。物理的爆発と化学的爆発である。体積の増大（＝圧力の上昇）の原因が、気体や液体の熱膨張や状態変化などの物理的な原因の場合を物理的爆発、物質の分解や燃焼のような化学変化が原因の場合を化学的爆発という。

スプレー缶やカセット用ガスボンベの熱膨張による爆発や、ガラスびんやペットボトルにドライアイスと水を入れて密閉したものの爆発、水蒸気を発生させるボイラーの水蒸気による爆発は、物理的爆発になる。

火山の爆発も物理的爆発である。火山の爆発は、気体をふくんだマグマが上昇したときに急激な圧力の減少で気体が急膨張したり、地上の水や地下水が高温のマグマと触れ合って気化して急膨張したりすることが原因だ。

化学的爆発の代表は、気体の発生をともなう一種の燃焼が一度はじまったら燃える物が少しでもあるかぎり、その燃焼速度がどこまでも大きくなっていくような爆発である。

具体例としてプロパンガスや都市ガス（多くの場合、主成分はメタンガス）が漏れて、たまったところに引火したときのガス爆発があげられる。学校の実験でよく行う、水素と空気の混合物に点火すると起こる爆発、また火薬や爆薬の爆発、小麦粉や石炭粉のような可燃性の粉塵（ふんじん）が空気中に浮遊しているときに起こる爆発（粉塵爆発）もその仲間だ。

実は、容器の中に水素と酸素の混合気体を入れて点火したときに起こる爆発反応の仕組みは簡単ではない。

この反応が起こるかどうかは、H_2かO_2が解離して原子状のHやOができるか、あるいはH_2とO_2の反応によってOHという原子集団ができるかどうかにかかっている。H、OやOHはラジカル（遊離基）と呼ばれる反応性が高く、寿命が短いもので、これらができた後に、さらにさまざまな反応が起こり、H、OやOHが増えていく。ラジカルは反応のタネになり、そのタネはさらにネズミ算的にタネを増やしていく。このように反応のタネが次々と増えていくような反応を連鎖反応とよぶ。水素と酸素の爆発では、連鎖反応が起こって、空間内の圧力が急激に上昇していく。

6章 化学変化

授業でのねらい

・物質が「ばける」象徴的な化学変化は、塩素とナトリウムから調味料の塩化ナトリウムができる変化である。
・身のまわりには、燃焼などの化学変化がよく見られる。
・化学変化が起きると原子の組換えが起こるが、原子はなくなったりしない。化学変化の前後で原子の種類と数は保存される。
・カルメ焼きは、炭酸水素ナトリウムの化学変化によって発生した二酸化炭素でふくらむ。
・ある物質Aと酸素の化合物に、Aより酸素と結びつきやすい物質Bを混ぜて化学変化させると、AのかわりにBが酸素と結びつきAが分離される。例えば、二酸化炭素はマグネシウムにより還元されて、酸化マグネシウムと炭素になる。

A　分解から導入する化学変化の授業

1. ぷーっとふくらむカルメ焼き

(1) カルメ焼きとは?

白いかたまりを先につけた棒を煮つめた砂糖液に入れてかき混ぜると、ぷーっとふくらんでできるのがカルメ焼きだ。正式名称はカルメラ焼き。さくさくした感じの、あまーいお菓子だ。

家庭でカルメ焼きをつくることが流行った時期がある。終戦後、砂糖は“配給”だった。お店で好きなだけ買うことができず、人数などによって各家庭に決まった量が支給されたのである。そんなとき、かぎられた砂糖をそのままなめるよりはカルメ焼きにしたほうがおいしいと考えた人も多かった。

砂糖の配給がなくなってからも、カルメ焼きはお祭りの夜店などで人気のお菓子だった。いまは見かけることが少なくなったようだ。

さて、カルメ焼きを割ってみると、穴ぼこだらけだ。内部でガス（気体）ができて穴ぼこだらけになったのだ。それは、炭酸水素ナトリウムをふくんだ白いかたまりが原因だ。炭酸水素ナトリウムが熱で分解されて二酸化炭素ガスが発生したからである。

実はこのカルメ焼きづくり、炭酸水素ナトリウムの分解の実験の前後にやりたい授業（実験）なのである。

中学の教員時代、私は4人1班で1時間で1人1個ずつつくらせていた。

ただし、生徒実験で行うと、ガスバーナーに吹きこぼれた砂糖液がこびりつき、その後ガスバーナーを使う度に砂糖の臭いに悩まされることが多い。そこで、私は大学でカルメ焼きを指導することになったときには、カルメ焼き専用に携帯コンロないしはミニコンロを用意した。

(2) カルメ焼きのための用具と材料の準備

・カルメ焼きの専用鍋とかき混ぜ棒

理科教材会社のナリカから入手できる。専用鍋とかき混ぜ棒がセット。一緒についてくるやり方の説明は、かつて私が書いたものだ。

・ふくらませ剤

つくった後に食べる場合があるので、スーパーなどで食品添加物の炭酸水素ナトリウムを使用。商品名「タンサン」など。これを1人分約0.2 gとして（人数分＋α）倍を紙コップにとる。そこに卵の白身を加えて練る。白身の量は、1人前約1 g。Lサイズの卵の白身で約40 gあるので、卵1個で40人分の量になる。炭酸水素ナトリウムと白身をかき混ぜてソフトクリームぐらいの固さになればよい。そうなったらグラニュー糖を少量（1人分約0.2 g）を加えて、かき混ぜておく。

最後に加えたグラニュー糖は、カルメ焼きがふくらむときに砂糖の結晶になりやすくするためである。つまり、結晶成長の核。

また、卵白を入れるのは、泡がたちやすく、しかも安定した泡になるからである。卵白を入れなくてもできる。

・温度計つきかき混ぜ棒

砂糖と水を入れたカルメ焼きを加熱しながら、かき混ぜ、温度が125 ℃で鍋を火から下ろすのだが、そこまでは温度計つきかき混ぜ棒を使う。

割り箸1本を割って、200 ℃温度計をはさみ、細い針金でしばって固定する。

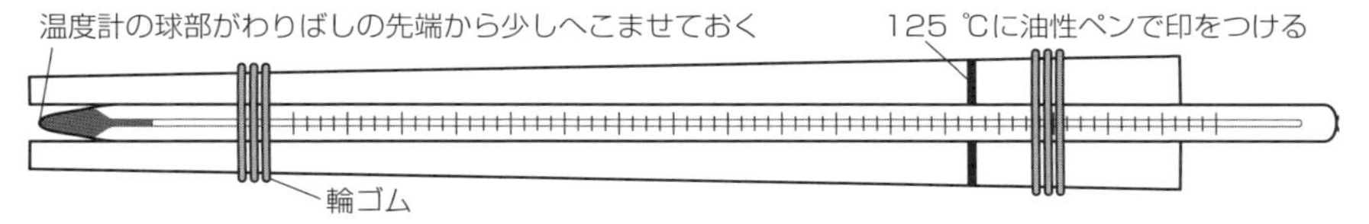

図　温度計つきかき混ぜ棒

鍋に入れる砂糖の量1人分で、グラニュー糖を大さじ軽く山盛り2杯と三温糖を大さじ軽く山盛り1杯、水を大さじ2杯を鍋に取る。これでグラニュー糖＋三温糖で50 g程度、水はその半分程度（25～30 mL）である。

グラニュー糖だけでもよい。白色のものよりやや褐色になったほうがよいと考えて、三温糖も使っている。

・カルメ焼き専用の鍋がない場合

カルメ焼き専用の鍋は、直径が11 cm、深さが3 cmある。お玉を代用品にすることができるが、砂糖液の温度をはかれる深さがあるものを使う。例えば、私は直径8.8 cm、深さが2 cmのお玉でやってみたことがあるが、ぎりぎり成功した。

・火から下ろしてからのかき混ぜ棒

割り箸で代用できるが、割り箸1本では細いのでかき混ぜにくい。割り箸を割らないで2、3本重ねて細い細金で固定したものがよい。幅が広いほうを砂糖液に入れてかき混ぜる。

(3)　カルメ焼きのための用具の準備

『今日は、カルメ焼きの実験をします。前に集まって』

『カルメ焼きは、この前やった炭酸水素ナトリウムの分解を利用しています。炭酸水素ナトリウムを熱すると、分解して二酸化炭素ができましたね。その二酸化炭素で砂糖液がふくらみます。カルメ焼きを食べると少し苦みがありますが、それはそのときできた炭酸ナトリウムのためです。

これが炭酸水素ナトリウム、別名重曹です。これを使ったふくらませ剤をつくります』

『それでは、私が見本を見せましょう。カルメ焼きは、適当にやるとほとんど失敗します。ふくらまないんです。私は、それがどうしてかを研究しました。すると、砂糖液がある特定の状態のときにしか炭酸水素ナトリウムを入れてもふくらまないことがわかりました。その状態になっているかどうかは、

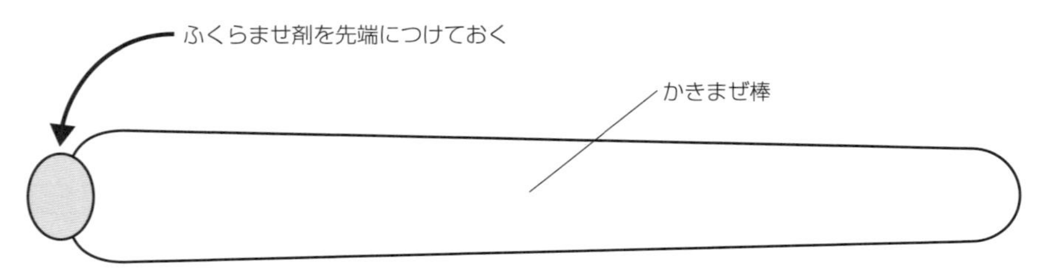

図　かき混ぜ棒とふくらませ剤

温度でわかります。そのため、温度をはかりながらかき混ぜます』と言って、温度計つきかき混ぜ棒を見せる。

かき混ぜ棒の先端に、ふくらませ剤を小豆から大豆のつぶくらいの大きさにしてつけておく。

『カルメ焼き用鍋に、砂糖を半分ぐらい入れて、水をその半分ぐらい入れます。水を入れすぎると、砂糖液ができるまでに時間がかかってしまいます』

『はじめは、温度計に集中しなくてもかまいません。それよりも砂糖をよく溶かしてください。沸騰してからしばらくすると105 ℃を超え、どんどん温度が上がるようになります。そうしたら、温度をはかりながらかき混ぜます』

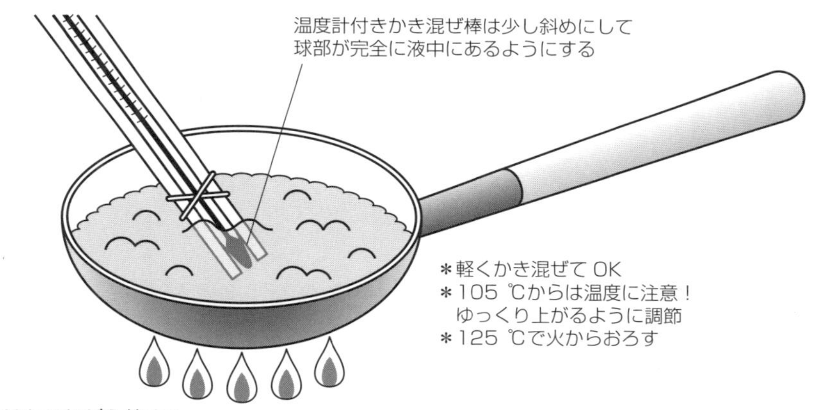

図　はかりながら熱する

『今、120 ℃です。そろそろです。125 ℃になりました。ここで火から下ろします』

125 ℃になったらすぐに火からおろす。

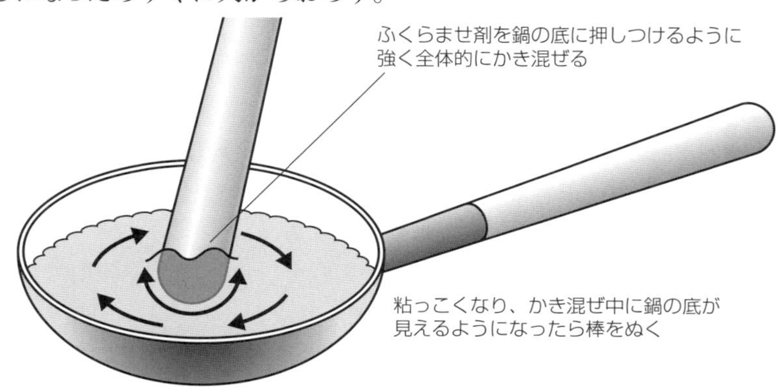

図　かき混ぜと棒をぬくタイミング

火からおろしたら、机の上に鍋を置き、10数えてからふくらませ剤をつけたかき混ぜ棒を鍋に入れる。

かき混ぜ棒で、ふくらませ剤が全体に散るようにかき混ぜると、全体が白っぽくなり、粘っこくなってきたら、かき混ぜ棒を抜く。そうするとふくらんでくる。

固まったら、鍋の底全体を遠火で熱して、カルメ焼きと鍋のくっついている部分をとかす。傾けるとカルメ焼きが動くようになったら、紙の上にあけてできあがり。

(3) 1人1個に挑戦!

『では、これからはみんなで1人1個ずつつくってみよう』

ガスバーナーの口からは、新聞紙を突き刺すこと（砂糖液で汚れやすいので）。失敗したら鍋に水を入れてもう一度熱し、失敗した中身をとってから流しに捨てること。砂糖液がこびりついたところは水をかけておくと、後でとれやすくなること、鍋や温度計は、水を入れた水槽に入れておくときれいになること、などを説明し、必要な道具（ガスバーナー、三脚、三角架）の場所を指示し、はじめさせる。

各班にB4用紙を配り、できたカルメ焼きはそこに置かせる。

あちこちで歓声があがる。

最後に、後片付けの指示をする。

『砂糖が器具などにべったりくっついていませんか？　机の上にも、こびりついているでしょう。砂糖は大変水に溶けやすいので、固まりついた砂糖のところに水をかけたり、十分に水でぬらした雑巾をかぶせておくと、時間がたてば溶けて、掃除しやすくなります。鍋や温度計は、水を入れた水槽に入れておきます。自分でもってきた鍋は放課後取りにきなさい』

2. カルメ焼き実験の補足情報

(1) 班でまとめて砂糖液をつくると汚れにくいし失敗しにくい

直径が16～20 cm程度の片手鍋で砂糖液を班の人数分をつくっておき、それを各自の紙コップに分配するやり方がある。

片手鍋に砂糖を25～30 g×人数分入れて、そこに水を砂糖の半分程度の量を入れて、焦げないように温度をはかりながら熱する。125～130 ℃で火から下ろし、その液を、前もってふくらませ剤を入れておいた紙コップに分配する。10数えたら割り箸でかき混ぜる。粘っこくなり、ふくらんでくるので、割り箸を抜く。

(2) カルメ焼きのコツ

- 105 ℃を超えていくと泡に粘り気が出てくる。泡がこぼれないように、かつ、きちんと液の温度をはかるようにかき混ぜる。
- 同じように熱していると110 ℃を超えたあたりから、温度の上がり方が急になる。110 ℃を超えたら鍋を火から少し遠ざけるか、弱火にして、少しずつ温度が上がるようにする。ここが温度の調節の一番のポイントだ。

  火から下ろす温度は125 ℃になったあたり。130 ℃を超えないように注意。急に温度が上がっていくような熱し方だとすぐに130 ℃を超えてしまい、失敗する。
- 火から下ろして机の上に鍋の底をくっつけて置き、10くらい数えてから、ふくらませ剤を先端につけたかき混ぜ棒を液の真ん中に入れ、かき混ぜ棒を押しつけるように円を描いてかき混ぜる。うまくいっていればここで全体が白色になり、さらに黄色みを帯びる。
- かき混ぜていると液が次第に粘っこくなり、鍋の底が部分的に見えるようになる。そうしたら引き抜く。円を描くように、15～20回ほどかき混ぜる。
- 固まったら、鍋の底全体を遠火で熱して（とくに鍋のふちの部分）、鍋とカルメ焼きが鍋にくっついている部分をとかす。傾けたり、割り箸で押して、カルメ焼きが動くようになったら、紙の上にあけて、できあがり。

(3) カルメ焼きの原理

砂糖水を煮詰めた液は、その温度によっていろいろな状態に変化し、もとに戻らない。お菓子では、シロップ、フォンダン、パースー（パス）、カラメル（キャラメル）などは、この性質を利用している。

カルメ焼きでは、砂糖液が冷えた後、十分に固まると、炭酸水素ナトリウムが分解して発生した二酸化炭素が逃げることができず、全体がふくらむことになる。じょうぶに固まるときの砂糖液の温度が、大体125～135 ℃ぐらいの範囲なのである。

B　酸化・還元の授業

1.酸化銅の炭素による還元

(1) 授業の概要

この授業では、「酸化銅の化学式CuOをもとに酸化銅から銅を取り出すにはどうしたらよいかを考えさせる。化学式や化学反応式の威力を知ることになる」がねらいである。

＊酸化銅から銅を取り出すには？

『これは、前に君たちがつくった酸化銅の粉です』と酸化銅入りのビーカーを見せる。

酸化銅の化学式を質問し、黒板に大きくCuOと板書してから、『銅と酸素の化合物である酸化銅から金属の銅を取り出すにはどうしたらよいでしょうか？』という課題を出す。

『別の物質を使ってもかまいません』と条件を言う。

『それからヒントを言います。A君とBさんがつきあっていました。つきあっているということは心が結びついているんですね。そこにC君が現れました。BさんはC君に魅力を感じなければ、そのままA君とつきあっていますが、A君よりずっとC君のほうが魅力的だったら、C君とつきあうようになってしまいます。すると、A君はひとりぼっちになってしまいます』

この話をすると「わかった！」という声が出る。もちろん、ぴんとこない生徒もいる。

さまざまな意見が出る。例えば、「炭素と混ぜて熱する」「水素と混ぜて熱する」「タバスコをかけてこする」など。その他、「マグネシウムと一緒にして熱する」なども聞かれる。

『「タバスコをかけてこする」というのはやったことがありますか？　10円玉がピカピカになりますね。これは、表面のうすいさび＝酸化銅がタバスコに溶けて取れてしまったんです。ですから、ピカピカになったのは、そのさびの酸化銅から銅が取れてではないんです』

板書を指さしながら『結局、CuOからOを取ればいいんですね。それにはCuよりもOと結びつきが強いものを加えればいいんですね。そこで今日は、炭素Cを使います』

『CがCuOのOと結びつくと何ができると思いますか？』

問答で、二酸化炭素CO_2と銅Cuができるはずであることを確認する。

実験時間を十分とる必要があるので、以上は15分程度ですませる。
＊本当に銅が取れるか？
班ごとに実験。実験方法を説明する。

【実験方法】
(1) 酸化銅1.0 gと炭素粉（木炭粉）0.08 gを乳鉢でよく混合してから試験管に入れる。このとき、底のほうに、平らに広げるように入れる。
(2) この試験管に気体誘導管をつけて、その先を石灰水入りの試験管中に入れる。
(3) 混合物を熱する。
(4) 加熱はおだやかに気体発生が止まるまで続ける。反応が終わったら、誘導管の先を石灰水から抜いてから火を止める。

ここで、時間がかかるのは酸化銅粉と炭素粉をはかりとることである。電子てんびんをそれぞれに2台ずつ用意するなどして時間の節約をはかる。
一部が赤くなると、はげしく気体が発生し、全体が赤くなるまで続く。そこで反応が終わるので、ガラス管を石灰水から抜かせる。
赤色の物質が銅であること、石灰水は白濁したことから二酸化炭素ができたことを確認する。
石灰水は流し、その試験管を洗って戻させる。銅入りの試験管は回収する。

(2) 酸化銅と炭素の量

酸化銅の炭素による還元をするとき、酸化銅と炭素粉の質量は、ほぼ化学量論比にしたがっている。

$2CuO + C \rightarrow 2Cu + CO_2$

になるので、CuOが2 mol、つまり2×（64＋16）gに対し、Cが1 mol（12 g）の割合で反応する。この比が化学量論比で、CuO：C＝1：0.08になる。木炭粉には炭素以外の物質もふくまれているし、一部分は、試験管内の酸素とも反応するので、炭素を少し増やしてもよい。例えば、CuO：C＝1：0.1の比率で実験してもよいだろう。
木炭粉にふくまれるカリウム塩は、この反応の触媒として働いていると考えられる。木炭粉ではない炭素粉を使うときには、ほんの少量塩化カリウムか塩化ナトリウムを添加すると結果がよい。
また、混合物の量は少ないほうが、反応が進みやすいようである。

2.酸化銅は水素でも還元しよう

授業の概要

「酸化銅の炭素による還元」の実験のまとめをしたら、「酸化銅の水素による還元」も見せておきたい。

＊酸化銅の炭素による還元のまとめ

『前回は、銅と酸素の化合物である酸化銅から、金属の銅を得るにはどうしたらよいかということで、酸化銅に炭素を混ぜて熱する実験をしました。

酸化銅は黒色で、銅は赤っぽい色をしているので、銅ができれば色でわかります。各班､銅はできましたか？　それから石灰水はどうなりましたか？』

問答で前回の実験結果を確認する。

『銅と二酸化炭素ができたことから、銅と炭素ではどちらのほうが酸素との結びつきが強いといえますか？』

「炭素のほうが強い」

『では、この反応の化学反応式を書きなさい。まだ化学反応式が苦手な人は、まず日本語で書いてからやりなさい。得意な人は日本語で書くのは省略してかまいません』

机間巡視しながら、つまずいているところを指導。

しばらくしたら、『この化学反応式は少し難しいので、よくわからない人はできた人に教わりなさい』と言う。教師によるいっせい指導より、友だちの説明のほうが納得することが多いからだ。

その後、次のように板書しながら化学反応式の組み立てを指導する。

酸化銅　＋　炭素　→　銅　＋　二酸化炭素

$CuO + C \rightarrow Cu + CO_2$

$CuO \qquad\qquad Cu$

$2CuO + C \rightarrow 2Cu + CO_2$

『この化学変化を酸化銅について考えると、「酸化銅は炭素によって酸素をとられて銅になった」ことになります。このように、酸化物から酸素をとり除くことを還元といいます。（「還元　→　酸化物から酸素をとり除く反応」「酸化銅は炭素によって還元された」と板書を加える）

炭素のほうに注目すると、同時に炭素のほうは、酸化銅によって酸化されて酸素を結びつけられ、二酸化炭素になったわけです。

つまり、還元が起こり、同時に他方で酸化が起こっています』
次の内容を板書する。

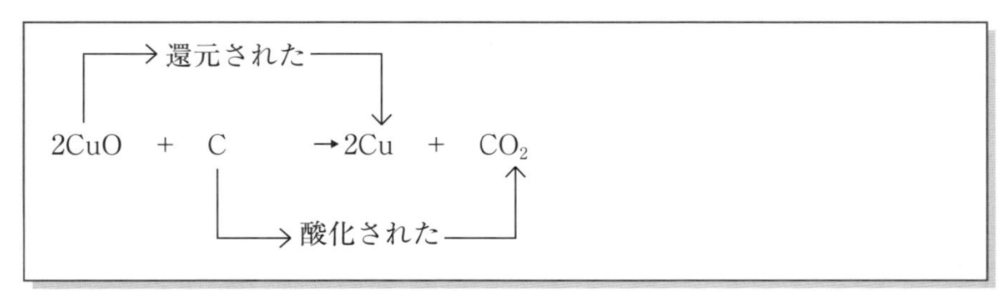

＊水素でも還元してみよう

銅と酸素よりも酸素と結びつきが強いものに水素があります。水素を使っても還元してみましょう。

「$CuO + H_2 \rightarrow ?$ 」と板書する。

化学反応式は、次のようになる。

$CuO + H_2 \rightarrow Cu + H_2O$

前に集めて演示実験として行う。

水に入れたバットに針金台をガムテープで固定して、アルミホイルでつくった皿をおいたものを用意し、アルミホイルの上に酸化銅粉をのせる。

一方、水素発生装置から水上置換で集気びんに水素を集める。その前に、125ページで行ったように、発生装置内の空気がなくなったと思われるころ、水上置換で試験管に水素を集め、口にマッチの火を近づけ、一気に爆発するのではなく、口付近で燃えることを確かめておく。なお、教材用の水素ボンベからの水素の場合はそのまま使える。

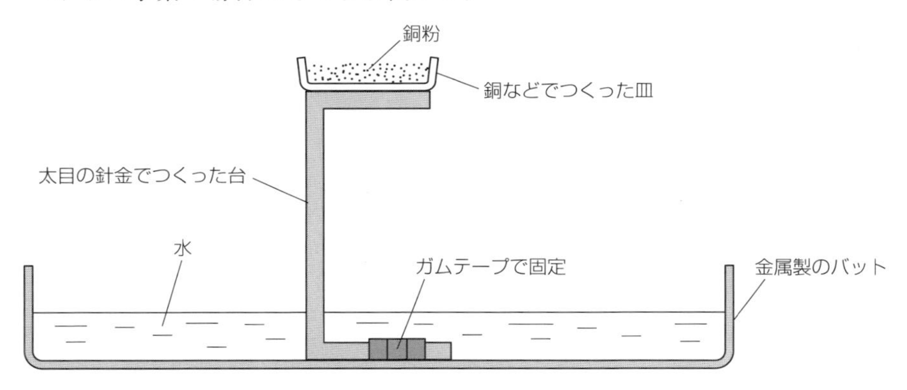

図　銅粉をガストーチで熱してから、水素入り集気びんをかぶせる

酸化銅をガストーチなどで赤熱させてから、水素入りの集気びんをかぶせる。水素内で酸化銅が燃えるように反応し、水が上がっていく。

生徒を席に戻し、実験結果を問答で確認してから板書して酸化銅は水素によって還元された。水素は酸化銅によって酸化されたことを説明。

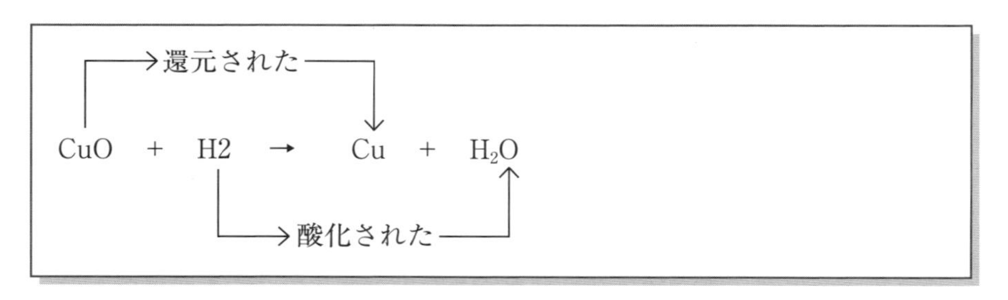

3.二酸化炭素のマグネシウムによる還元

(1) 授業の概要

『この集気びんには二酸化炭素が入れてあります。ここに火のついたろうそくを入れると、どうなりますか？』

「消える」のが当たり前という顔。やってみせる。

『君たちは、バカにするな、という気持ちになっていませんか？　ろうそくの火だから二酸化炭素中で消えました。では、二酸化炭素中で燃えるものはないでしょうか？』

「マグネシウム」という声が出る。その声が出なくても、炭素よりも酸素と強く結びつくものなら、二酸化炭素の中で燃えることを問答で確認する。これまでの学習で見たものでは、酸素と激しく反応したマグネシウムはどうか、ということになる。

『もし、二酸化炭素とマグネシウムが反応したら、何ができますか？』

「CO_2　+　Mg　→　？」と板書。

炭素と酸化マグネシウムができると予測できる。

＊二酸化炭素中でマグネシウムを燃やす

生徒を前に集め、まず、二酸化炭素中でマグネシウムを燃やしてみせる。

集気びんにボンベから下方置換で二酸化炭素を入れてふたをする。

【実験方法】

(1) マグネシウムリボン約10 cmを4つ折りにしてねじったものを針金

にくくりつける。マグネシウムリボンに火をつけ、集気びんのふたをとり、素早く中に入れる。少しずつ下におろしていく。
(2) 二酸化炭素中でも激しく燃焼が続く。燃焼後，中の物質を白い紙の上にあける。白色の酸化マグネシウムの表面に黒色の物質がついている。この黒色の物質を紙に指でこすりつけると、黒いすじが描ける。

多くの実験書が、「びんの壁についた黒い物質が炭素である」としているが、びんの壁につくのはマグネシウムの微粉末である。というのは、これは希塩酸に溶けてしまうからである。

『化学反応式で予想したように炭素と酸化マグネシウムができましたね』

生徒を席に戻し、実験結果をノートに書かせる。書きやすいように黒板に簡単に実験を図解しておく。書き終わったら、板書の化学反応式を完成させる。係数は、教師が説明してつける。

$CO_2 \quad + \quad 2Mg \quad \rightarrow \quad 2MgO \quad + \quad C$

『これらの実験からマグネシウムは何よりも酸素と強く結びつくことがいえますか？』

「水素、炭素」を問答で確認する。

また、「酸化されたもの、還元されたもの」を確認する。

(2) ドライアイスを使った二酸化炭素のマグネシウムによる還元

二酸化炭素としてドライアイスを使う方法がある。

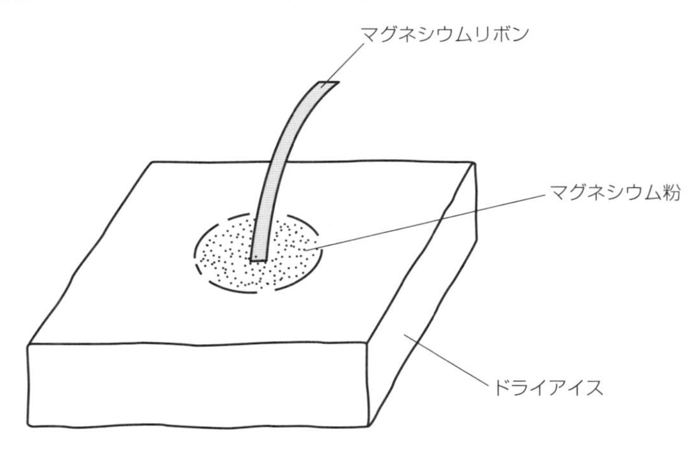

図　ドライアイスを使ったマグネシウムの還元

ドラスイアイスのブロック2個(1個約1 kg)を用意する。

1個のほうには、中程にくぼみを掘り、そこにマグネシウム粉末を入れ、マグネシウムリボンを立てる。

マグネシウムリボンに点火する。粉末のほうにも着火したら、もう1個のドライアイスを上面をぴったりカバーするように置く。

教室を暗くすると、ドライアイスを通して、中の反応がオレンジ色に見える。反応後、上のドライアイスをどけると、多量の炭と酸化マグネシウムを確認することができる。

C　身のまわりの化学変化入門

――“ばけがく”は変化がいっぱい！――

1.『Mad Science』の実験写真に釘付け

米国の理科教育の研究大会に参加したとき、さまざまな理科教材の展示ブースを見て回っていたら、大判のグレイ著『Mad Science』という本が目に入った。ぱらぱらと見ていたら、見開きでふしぎな写真が目に入ってきた。

反応容器らしいところから白い煙が上に向かって噴き上がっている。その白い煙にあたるように、プラスチックの網袋に入ったポップコーンがぶら下がっている。その反応容器にパイプからガスが導かれていた。パイプの先は「塩素」のガスボンベにつながっている。

この実験には、「危険すぎる製塩法」という見出しがあった。塩化ナトリウムをつくって、それでポップコーンに塩味をつけようという実験だったのだ。

反応容器に何が入っているか見えないが、金属ナトリウムの固まりが入っているのだろう。そこに塩素ガスを吹きかけると、激しく発熱しながら塩化ナトリウムができる。その塩化ナトリウムが吹き上がっているのだ。

後日、本書は理科の探検(RikaTan)誌委員の高橋信夫さんによって邦訳された。

2.ナトリウムと塩素から塩化ナトリウム

ナトリウムは銀色をしたやわらかい金属だ。ナイフで簡単に切ることができる。

私は、高校の化学の授業で、ナトリウムを米粒の大きさに切って水の中に入れる実験をよく見せていた。ナトリウムは、水素を発生しながら水面を動き回って小さくなっていく。次に、ナトリウムの粒をろ紙の上にのせたものを水面にそっと置く。すると、今度はオレンジ色の炎をあげて燃え出す。たくさんの水があると冷やされて燃えるまでいかないが、ろ紙の上だと少し熱が逃げにくくなっているので燃え出すのだ。

ナトリウムの大きな固まりを水に投げ込むと、大きな水柱が上がるほどの爆発になる。ナトリウムは空気中に出したままにすると空気中の水分などと反応して燃え出したり爆発したりするので、灯油の中に保存する。

ときは、1915年4月22日、所はベルギーのイープルの地。ドイツ軍とフランス軍のにらみ合いのさなか、ドイツ軍の陣地から黄白色の煙が春の微風に乗ってフランス軍の陣地へと流れていった。それがフランス軍の塹壕（ざんごう）の中へ流れ込んだ途端、兵士たちはむせ、胸をかきむしり、叫びながら倒れ、そこは阿鼻叫喚の地獄絵そのものに変わったのだ。ドイツ軍が、170tの塩素ガスを放出し、フランス兵5千人が死亡、1万4千人が中毒となった、史上初の本格的な毒ガス戦、第二次イープル戦のようすだ。このとき使われたのが塩素ガスである。

『Mad Science』の実験写真は、このようなナトリウムと塩素から塩化ナトリウムをつくるものだった。調味料の食塩は、主にこの塩化ナトリウムからできている。

3. 物理変化と化学変化

ものの変化は、大きく物理変化と化学変化の2つに分けることができる。物理変化と化学変化の大きな違いは、物理変化がものをつくっている物質そのものが変化しないのに対し、化学変化では物質が別の物質に変化することだ。

ものの位置が移動したり、スピードや向きが変わったりしても、物質そのものは変化していない場合は物理変化になる。水が氷や水蒸気になるような変化も、物質が固体、液体、気体の3つの状態の間での変化（状態変化）で、氷も水も水蒸気も水分子からなり、水分子の集合状態が違っているだけなので、物質そのものは変わっていない。このような状態変化も物質そのものが変わらないので物理変化である。

ナトリウムと塩素を反応させると、ナトリウムでも塩素でもない、塩化ナトリウムができる。このように反応前の物質とは別の、反応前にはなかった新しい物質ができる変化が化学変化、あるいは化学反応である。

化学の発音が科学と同じ「かがく」のため、口頭で科学と区別したい場合には、「ばけがく」ということがある。これは化学の性格をなかなかうまく表している。物質が「ばける（化ける）」こと、つまり物質の性質や構造や化学変化を研究する学問が化学なのだから。

「ばける（化ける）」という言葉を辞書で引くと、

“1）形をかえる。化粧したり扮装したりして常と様をかえる　2）異形のものに姿をかえる　3）転じて、その道で年功を積む　4）本来の素性を隠して、別人のさまをよそおう　5）全く違ったものにかわる。他のものにすりかわる。”

などの意味がある。「ばけがく」の「ばける」は5）に近いだろう。

4. 身のまわりの化学変化の代表は酸化・燃焼

衣・食・住、あらゆるところ、あらゆるときに、私たちはおびただしい数の化学の産物に取り巻かれて生きている。左巻健男編著『ものづくりの化学が一番わかる』技術評論社（2013年）で扱った範囲は、金属材料、高分子・プラスチック材料、セラミックス、食品・農業、日用品・建材、燃料・エネルギーと本当に広いものだった。

ものづくりは、そのものをつくる材料を得ることからはじまる。そのときに化学変化が関わっている。鉄鉱石から鉄を得たり、石油から分離したり分解して得たエチレンをたくさん結びつけてポリエチレンをつくったりしている。

私たちの身のまわりのできごとには、何らかの形で化学変化が関係している。私たちが生きていること自体が、複雑ではあるが整然と見事に調和のとれた数多くの化学変化の集まりである。

ものが燃えたり、金属がさびたりするのも化学変化だ。空気中には約21%の酸素がふくまれているが、この酸素が活性に富み、多くの物質と反応する。ある物質が酸素と結びつく（化合する）ことを酸化といい、酸素と結びついてできる物質を酸化物という。

ものが燃えること（燃焼）は、人類が知った一番古く、また一番重要な化学変化だ。燃焼は、物質が酸化により発熱と発光をともなうときの化学変化である。家庭では、ガスや灯油を燃焼させて、料理をしたり、暖房したりしている。電気文明の前には、燃焼による発光は照明にも用いられた。

5. ノーベル賞受賞の田中耕一さんが小学校時代に見た実験

カビや細菌などの微生物は、生きていくため、そして増殖するために、食べ物をつくる物質（有機物）をより小さい簡単な物質に分解する。このとき有害なものや悪臭を生じる場合が腐敗である。人間にとって価値の高いものをつくる場合は発酵といって区別している。腐敗も発酵も化学変化だ。食卓には発酵によってつくられた食品が並んでいることが多い。味噌（みそ）、しょうゆ、酒、酢、チーズ、ヨーグルト、パン、漬け物などだ。

肉や魚を焼く、煮る、油で揚げるなどの料理のときも、はじめはなかった新しい物質ができるので、化学変化が起こっている。

パンを焼くのも化学変化だ。焼きすぎて黒い炭になるのは、炭素と水素と酸素の化合物から炭素の単体が残ったからだ。

同様のことで、2012年にノーベル賞を受賞した田中耕一さんが、小学校時代に恩師から見せられて感動したという実験がある。蒸発皿に白砂糖を入れて、そこに濃硫酸を数滴たらして様子を見る実験である。しばらくすると、湯気を盛んに出しながらもこもこと黒い固まりが盛り上がってくる。白砂糖の成分のショ糖$C_{12}H_{22}O_{11}$から濃硫酸は水素原子と酸素原子を2：1の割合（つまり水H_2Oと同じ）で引き抜いて炭素が残ったのである。

6. ものが変化しても保存されるもの ―原子の保存―

物理変化や化学変化の中で、「変わらないもの」がある。「変わらない」というのは、「なくならない」「新しく生まれてこない」「そのまんま」ということだ。いろんな変化があっても、「そのまんま残る」つまり「保存される」ということだ。

ものの世界では、基本的な量である質量やエネルギーが保存される。それを表したのが、「質量保存の法則」と「エネルギー保存の法則」だ。

質量保存の法則は物理変化でも化学変化でも成り立つ。ただし、核分裂や核融合のような質量とエネルギーの相互転換を無視できない場合という例外もある。

世の中のすべてのものは、原子という大変小さな粒子からできている。原子は約100種類ある（2016年現在118種類）。何千万、何億もの物質は、結局のところ、これら約100種類の原子からできている。

物理変化でも化学変化でも、ものをつくっている原子はなくなったりしない。例えば、炭素の単体（1つの原子だけからできている物質）の燃焼という化学変化をみてみよう。

炭素　＋　酸素　→　二酸化炭素（$C + O_2 \rightarrow CO_2$）

炭素の単体は、莫大な数の炭素原子からできている物質だ。酸素のほうは酸素分子（酸素原子が2個結びついている）がばらばらに飛び回っている気体だ。炭素を酸素と反応させると、つまり燃焼させると炭素原子と酸素分子がぶつかりあって反応し、炭素原子1個と酸素原子2個が結びついて二酸化炭素分子になる。炭素原子に注目すると、はじめは同じ種類の炭素原子とだけ一緒にいたのに燃焼すると酸素原子と結びついている。その変化の前後で、炭素原子も酸素原子もなくなったりしていない。ただ結びつきが変わっただけである。化学変化では別の物質に変化するが、そのとき原子のレベルでは原子の組み換えが起こっている。これで化学変化の前後で物質全体の質量が変わらないことを原子のレベルで説明したことになる。核分裂や核融合という例外はあるものの、このような世界のきまりが、質量保存の法則を支えているわけだ。

原子がなくならないし、新しく生まれはしないというなら、いま、私たちの体をつくっている原子はどこからやってきたのだろうか？

はじめはお母さんの卵子とお父さんの精子だった。それから、母体からの栄養や食べたものからの栄養で、ここまで大きくなった。栄養のもとをたどると植物にいきつく。植物は太陽の光のエネルギーをもとに水と二酸化炭素、土からの肥料分で体をつくった。すると、私たちの体をつくっている原子は、もとは植物が吸収した二酸化炭素だったものもたくさんある。その二酸化炭素は、植物に取り入れられる前は、ある動物の呼吸ではき出されたものかもしれない。私たちをつくっている原子たちは、いろいろな変化をくぐってここまできているのだ。

私たちが死んでも原子は残る。その原子たちは、また別のものをつくるのだ。その原子たちをずっと過去までさかのぼると、宇宙の星にたどりつく。私たちは星の子なのだ。

水溶液・気体と酸とアルカリ

授業でのねらい

・物質が水に溶けて水溶液になるとき、「透明」「溶かす前後で重さは変わらない」「濃度は均一」になる。
・にごった状態では、その物質は水に溶けていない。
・二酸化炭素、酸素など気体は目に見えず、物質として捉えにくい。実感させるための体験が必要である。
・酸の働きは、水に溶けない物質に働きかけて水に溶ける物質に変えることである。アルカリの働きは酸の働きを弱めることである。

A　水溶液・気体

1.溶解と水溶液

(1) 角砂糖を水に入れたときに起こっていること

溶けること、つまり溶解は、自然現象の中で大きな役目をしており、人間の生活と生産の中でも、さまざまな形で利用されている。

私たちの身体のすみずみまで流れている血液は、栄養分や酸素を水に溶かしていろいろな細胞に運び、不必要になった物質を水に溶かして体外にもちだす役目をしている。

もともと砂糖は、サトウキビの茎やサトウダイコン（ビート）の根の汁に溶けてふくまれている。どんな植物でも栄養分として糖類を体内でつくるが、サトウキビやサトウダイコンはショ糖という糖をたくさんつくるようにした栽培植物だ。製糖工場ではショ糖が溶けこんだ液をしぼり、煮つめ、不純物を取り除いて、純白のショ糖の結晶をつくっている。特別に大きな結晶にしたのが氷砂糖である。

ガラスのコップに氷砂糖の結晶を1つか2つ入れ、水を注いで、コップを静かに置いて、溶けていくようすを、光にすかしてじっと観察してみよう。

結晶の表面に近い水が、ゆらゆらと“かげろう”のように動く。結晶の表面に砂糖の濃い溶液ができて、そのように見える。このように濃度が不均一で屈折率が違うことでそのように見えることをシュリーレン現象という。氷砂糖が水に溶けて、小さくなるまでには、ずいぶん時間がかかる。お湯を使えば、溶け方はずっと早くなる。かちかちに固まった氷砂糖も一晩おけばすっかり溶けてしまう。

別のコップに角砂糖を1つ入れて、同じことをしてみよう。角砂糖は砂糖の細かい結晶を寄せ集めたものだ。同じ1 gをとると、水にふれる表面の面積は角砂糖のほうが氷砂糖よりはるかに大きいので、溶け方はずっと早くなる。虫めがねで観察すると、コップの中の角砂糖が水に溶けるようすは、まるで高層建築がくずれ落ちるところを、スローモーションフィルムで見るような壮観さだ。

砂糖の姿は見えなくなり、無色透明の液になる。このとき「砂糖は水に溶けた」という。できた砂糖水は正式には砂糖水溶液という。砂糖はほぼショ糖からできているので、ショ糖水溶液といってもよい。姿が見えなくなっても砂糖水の中に砂糖はあるはずだ。水100 gに砂糖10 gを入れれば、砂糖の姿は見えなくなっても110 gの水溶液になるし、甘い味がする。

溶ける前には結晶の姿をしていた砂糖は、水に溶けて見えなくなってから、溶液の中でどんな姿をしているのだろうか？

砂糖はショ糖分子という非常に小さな粒子からできている。同様に水は水分子からできている。分子1個1個はとても小さいので目に見えないが、莫大な数の分子が集まると目に見えるようになる。砂糖の固まりや液体の水は分子が非常にたくさん集まったものだ。

水に砂糖を入れると、水分子によってショ糖分子が引き離されて水の中に散らばっていく。目に見えなくなったのは、水中でショ糖分子が1個1個ばらばらになっているからだ。

では、砂糖が全部溶けてできた砂糖水の表面近くと底近くでは、砂糖水の濃度は違うのだろうか？

全部溶けていればどこも同じ濃度になる。結晶をつくっていた砂糖の分子は、水分子と一緒になって水溶液中にばらばらに散らばるだけではなくて、水分子と一緒に運動している。そこで、どこも濃度が均一になる。

砂糖を入れてコーヒーを飲むときに底のほうが甘く感じるのは、溶け切れていない砂糖が残っていて底にたまっているからだ。

こうして、水に物質が溶けてできた水溶液は、

1) 透明（無色透明と有色透明）

2）溶かす前後で全体の重さは同じ
3）濃度は均一

ということになる。

（2）にごった液は物が溶けている？

次に、片栗粉を水に溶かしてみよう。片栗粉は、本来はカタクリという植物からとったデンプンだが、実際はジャガイモのデンプンだ。この片栗粉をスプーンで少々コップに入れ、水を8分目くらいまで加えてよくかき回すと、水は白くにごる。しかし、しばらくすると片栗粉の小さな粒はだんだん沈んでいき、2、3日もすると、コップの水はきれいに透き通って見えるようになる。ためしに上ずみの水をスプーンにとって、熱して水を蒸発させると、スプーンには何も残らない。片栗粉を混ぜてかき回した直後のにごった水は、溶液ではなかったのである。

このように水の中ににごりや沈殿があったら、そのにごりや沈殿は水に溶けていない。溶けている物質は、ばらばらになってとても小さな分子やイオンになっているが、にごりや沈殿の粒は莫大な数の分子やイオンの集まりである。

（3）コーヒーや牛乳は水溶液？

砂糖を水に溶かしたときは、溶液は完全に透明になる。それに対し、デンプンを水に溶かしたときや少量の粘土を水に入れてかき回したときは、しばらく放置しても少しにごっていて完全な透明にならない。どこも一様な濃さになった混合物であるという点では溶液といっていいだろう。

しかし、デンプン溶液のような溶液には、砂糖水溶液とは違った性質が見られる。例えば、砂糖溶液とデンプン溶液に、レーザー光線のような光をあて、横から見ると、砂糖溶液では何も見えないが、デンプン溶液では光の通路がくっきり見える。この現象をチンダル現象という。このような性質をもつ溶液をコロイド溶液という。それに対し、砂糖水や食塩水を真溶液ということがある。

砂糖水溶液や塩化ナトリウム水溶液では、水の中に砂糖分子や塩化物イオン・ナトリウムイオンが散らばっている。その分子やイオンなどの溶質粒子は非常に小さいので、光は素通りする。それに対し、デンプン溶液では、砂糖水溶液の溶質粒子よりもずっと大きい粒子が散らばっていて、その粒子が光を散乱するのだ。

デンプン溶液などのチンダル現象を示す溶液に散らばっている粒子のことをコロイド粒子という。

自然界や身のまわりには、コロイド溶液がたくさんある。生物の体液、濁った河川水、石けん水、牛乳、墨汁、コーヒー、ジュースなどだ。これらは、コロイド粒子だけでなく、普通の分子なども混ざり合っていて、真溶液とコロイド溶液の両方をふくんでいる。

石けん水は、濃度が低いときは真溶液で、濃度が上がると、分子が寄り集まってミセルという分子集団をつくる。このミセルはコロイド粒子の大きさなので、コロイド溶液になる。

コロイド粒子が密集したり、網目状につながって、そのすき間に水をふくみながらも流れる性質を失って、固体のようになっているものもある。これをゲルという。豆腐、ゼリー、寒天、こんにゃくなどはゲルである。

2. 気体の発生と性質

(1) 二酸化炭素の一人ひとりでする実験

子どもたち一人ひとりに二酸化炭素を発生させ、性質を調べる実験をさせる。その中で、二酸化炭素の発生法とその性質を理解させる。

【実験の方法】

1) 試験管の底から約1 cmほど炭酸カルシウムを入れる。
2) 希塩酸を底から約2～3 cm入れる。
3) 試験管の中に火のついた線香を入れてみる。二酸化炭素が発生する。
4) もう一本の試験管に石灰水を底から約3 cm入れ、そこに二酸化炭素を移して、口を指でふさぎ、振ってみる。
5) 残りの試験管にBTB液を底から約3 cm入れ、そこに二酸化炭素を移して、試験管の口を指でふさぎ、振ってみる。なおBTB液は酸性で黄色、中性で緑色、アルカリ性で青色になる。
6) 廃液はビーカーに入れる。

(2)　酸素の一人ひとりでする実験

次に、酸素の発生法とその性質を理解させる。

さらにこの実験では、集気びんに酸素を集め、酸素中での燃焼を体験させる。

『前回は、一人ひとりで二酸化炭素の実験をしました。今回は、酸素です。実験の方法をいいます。ノートに記入しなさい。実験結果を書くスペースもとっておきなさい』

【実験の方法】

1) 試験管に、二酸化マンガンを、薬さじの小さじ1杯分入れる。
2) うすい過酸化水素水を底から約2～3 cm入れると酸素が発生する。
＊30 ％過酸化水素水の原液を5倍にうすめる。原液1に対し、水4の割合。
3) 試験管の中に火のついた線香を入れてみる。
4)もう1本の試験管に石灰水を底から約3 cm入れ、そこに酸素を移して、試験管の口を指でふさぎ、振ってみる。
5) 残りの試験管にBTB液を底から約3 cm入れ、そこに酸素を移して、口を指でふさぎ、振ってみる。
6) 酸素の発生が悪くなったら古い過酸化水素水を捨て、新しいものを入れる。

『今回は、廃液は流しに捨てて結構です。酸素は、空気よりもわずかに重い気体ですから、何とか4）と5）で酸素を別の試験管に移すことができます。実験の前に酸素が水に溶けると「酸性、中性、アルカリ性」のどれになるか聞いておきます』

挙手させると酸性とする者もいる。

『では、使う器具・薬品を班で分担して取りにきなさい。1人につき試験管3本です。また、班ごとに、ビーカーに入ったうすい過酸化水素水1つ、二酸化マンガン1つ、石灰水1つ、目薬びんに入ったBTB液1つ、薬さじ2本、線香人数分、マッチ1つです』

子どもたちは、一人ひとり実験する。何時までに終わりにするかをいっておく。ここまでで、20分以上かかってしまうだろう。

『はい！時間です。結果はノートに書きましたか？』

結果を簡単に確認する。

『酸素という名前から、水に溶けると酸性になると思った人もいるかもしれませんが、水に溶けても中性です』

酸素とくれば、やはり酸素中での燃焼実験は欠かせない。

ろうそく、木炭、スチールウールを使った実験をやりたい。

『次に、集気びんに酸素を集めて、その中でいろいろなものを燃やしてみよう。その前に、質問があります。自分の予想をノートに書きなさい。それから水にどのくらい溶けるかも調べてみよう』

そして、以下を板書する。

> 次のものを酸素中で燃やしたとき、二酸化炭素はできますか？
> ろうそく　　木炭　　スチールウール
> ア、できる　　　イ、できない

予想を挙手させると、「ものが燃えるといつも二酸化炭素ができる」と考えていることがわかる。物質の成分元素や構成原子のことを学んでいない段階なので仕方ないが、「燃えても二酸化炭素ができるとはかぎらない」という経験はさせておきたい。

【実験の方法】

1) 三角フラスコに二酸化マンガンを入れ、うすい過酸化水素水を入れて、気体誘導管をつけて、水上置換で集気びんに酸素を集める。
2) 燃焼さじにろうそくをとりつけて火をつけ、酸素中に入れる。空気中との燃え方の違いをみる。燃やした後、びんに残った中の気体を石灰水入りの試験管に注ぎ、二酸化炭素があるかどうかを調べる。二酸化炭素があれば石灰水が白くにごる。木炭、スチールウールでも同様に行う。
3) 酸素をペットボトルに集めたら、水を底から数cm入れてふたをする。よく振ってみる。

『では、各班器具を取りにきなさい』

実験してみると、ろうそくや木炭は酸素中では空気中より強い光を放って燃え、スチールウールは激しく燃える。スチールウールの場合は石灰水が白濁しない。

実験結果を簡単に確認し、『燃やしたとき二酸化炭素ができるものとできないものがあります。二酸化炭素ができるものは、成分に炭素というものがふくまれています。燃やすと二酸化炭素ができる物質を有機物と呼んでいます。スチールウールは、鉄だけでできているので、燃えても二酸化炭素ができません。有機物ではない物質を無機物といいます』と説明し、次のように板書をする。

有機物……燃やすと二酸化炭素ができる物質
　　　　　成分に炭素をふくむ
無機物……有機物以外
　　　　　（炭素、二酸化炭素、一酸化炭素は無機物）

『酸素は、二酸化炭素のときのようにぺこんとへこみませんでしたね。「よく溶ける、まあまあ溶ける、少ししか溶けない、ほんの少ししか溶けない」と4段階に分けると、ほんの少ししか溶けない、といっていいですね。酸素は、水に溶けにくいので、水上置換で集めることができます』

硫黄は、酸素の中で青色の炎をあげて大変神秘的というかきれいなのだが、有毒な二酸化硫黄を生じるので、生徒実験では避ける。

(3) 水素の性質・アンモニアの性質

1時間の授業の中で、水素とアンモニアの性質を扱う。

第二部5章の水素の燃焼・爆発（P.129～P.139）は、中学校2年の「化学変化と原子・分子」での扱いだが、ここでは中学校1年の「いろいろな気体」としての扱っている。

『今までに酸素、二酸化炭素の2つの気体について学習してきました。きょうは、この時間でさらに2つの気体について学習します。まず1つ目は水素です。水素のこと何か知っている？』

「爆発する！」

「軽い！」

水素といえば爆発するもの、というイメージが強い。

『水素は世の中で一番軽い気体です。それに水に溶けにくい気体です。ここに水素発生装置があります。この装置の先を洗剤液に入れて、水素入りのシャボン玉をつくってみます』

水素を発生させ、装置の先を洗剤液につける。シャボン玉の直径が3～4cmになったら、軽く振る。すると、シャボン玉はスーッと上がっていく。なお、時間的に余裕がないので、生徒たちを席につかせたまま実験する。教室の真ん中でも再度やってみせる。

『昔は飛行船やアドバルーンに水素を入れていました。何しろ一番軽い気体ですからね。しかし、水素は燃えたり、爆発したりするというので、今はヘリウムという、水素の次に軽い気体を使っています。ヘリウムは火をつけても全然燃えない気体です』

『では、今度はみんなで一人ひとり実験をしよう』
「怖いよー！」
『水素は試験管の量なら安全です。では、やり方を言います。ノートに書きなさい』

【実験の方法】
1) ガスバーナーに火をつけておく。
2) 試験管に希塩酸（濃塩酸を約2倍に薄める）を底から数cm入れる。そこにマグネシウムリボン（約3 cm）を入れると水素が発生する。
＊この作業はガスバーナーの火から離れたところで行う。
3) すぐにもう1本の試験管をかぶせて水素を集める。
4) 水素を集めた試験管の口をガスバーナーの火に近づける。
何が起こるかを観察する。

『では、この実験で必要なものを言います。班でまとめて取りにきなさい。マグネシウムリボンを切ったものを1人5～6枚ずつ、試験管1人2本、それに、希塩酸の入ったビーカー、マッチ、試験管立て、ガスバーナーを班で1つずつです』
ポンという水素の爆発音が聞こえてくる。はじめは、どうしても空気が混ざって爆発限界の混合気体になっているので爆発する。水素が純粋になるにつれ、軽い音をたてるが爆発しないで燃えるようになる。
注意深く水素に点火した試験管を観察させると、炎がしだいに試験管の内部に入っていくのがわかる。また、乾いた試験管を使うと、できた水蒸気が冷えて試験管内が湿る。
授業終了20分前ごろに、『止め！これから、水素とアンモニアの実験を見せますから、前に集まりなさい』と言う。

【水素の演示実験】
洗剤液を入れた蒸発皿に水素を送り込むと、水素入りの泡ができる。
『これはほとんど水素、100％近い水素が入った泡です。これに火をつけるとどうなるかな？　次から選んでみよう。
ア．爆発する　　イ．爆発しないで燃える』
挙手させてから、マッチで火をつける。ポンとかボンとかいう軽い音をたてるが炎をあげて燃える。

生徒たちは、水素は純粋なほうが爆発しやすいと思っている。純粋な水素は爆発せずに燃える。

『次に、水素の泡をつくっておいて、その泡に酸素を送り込みます。水素と酸素が混ざったことになるね。これに火をつけます』

まず水素を送り込んでから、酸素ボンベから水素の約半分の体積の酸素を送り込む。火をつけると大きな音をたてて爆発する。「もう一度！」との声がかかる。音を立てて爆発するとはいえ、これはとても安全な爆発実験である。

【アンモニアの演示実験】

『次に、アンモニアの実験を行います』

まず乾いた丸底フラスコにアンモニアを補集することが必要。

もっとも簡単な濃アンモニア水から補集することにする。

【実験の方法】

1)フラスコ（250 mL）に濃アンモニア水約50～60 mLを入れ、金網上で徐々に加熱する。アンモニアは水に溶けやすく、空気に対する比重は約0.59なので、上方置換で集める。

2)端を細くしたガラス管の先近くに、水をふくませた脱脂綿を巻いておく。アンモニア入りのフラスコに差し込み、ゴム栓をする。

3) ビーカーに水をとり、フェノールフタレイン溶液を数滴加える。そのビーカーの中にガラス管の端をビーカーの底近くまで入れる。

4) 水は、ガラス管をのぼり、ついでフラスコ内に噴水が起こる。噴出した水は赤色になる。

『どうして噴水が起こるかを説明しておきます。アンモニアは大変水に溶けやすい気体です。水1に対して、その700倍も溶けます。この脱脂綿には水がふくませてあって、その水にフラスコ内のアンモニアがどんどん溶けていきました。すると、フラスコ内はアンモニアの気体がなくなって、中の圧力が小さくなります。アンモニアが気体であるときは、下のビーカーの液にかかっている大気圧という圧力とつりあっています。しかし、今フラスコ内の圧力が小さくなってしまったので、つりあいが破れ、液が大気圧で押されて、フラスコ内に上がって噴水になったのです。

まだちゃんと勉強していない圧力の考えを使わないと説明できませんから、よくわからなかったかもしれませんね。アンモニアは水に溶けやすいので、フラスコ内が真空近くになったということだけでも頭に残してください。
また、フェノールフタレイン溶液が赤くなりましたね。これは、アンモニアは水に溶けるとアルカリ性になることを示しています』
余裕があれば、席にもどらせて、水素とアンモニアの性質をまとめさせる。

B　酸とアルカリの基礎知識

1.酸の働きは、水に溶けないものを溶ける物質に変えること

故高橋金三郎（1915～1991年）さんは、その編著書『科学の方法』（1987年新生出版刊、現在絶版）のなかで、“物質探究の第一歩は、火責め・水責め・薬責め・電気責め等、いろいろの方法を組合せ、それぞれのやりかたに物質がどのように反応するか調べることである。”と述べている。
つまり、物質は、加熱したり（火責め）、水に入れたり（水責め）などの働きかけをすると、その正体を明らかにしてくれるということだ。

> “水に溶けない物質に対する薬責めには2種類ある。ひとつはアルコール等の有機溶剤を使う方法で、これは特に有機化合物に有効だ。もうひとつは酸を使って物質を分解する方法である。
> 化学の方法の中で、どんな物質にでもひろく有効に使える試薬は、「酸」ではないだろうか。”

と続けている。
水に溶けない物質に働きかけて、水に溶ける物質に変える働きをもつものとして、酸が重要なのだ。もちろん金属のグループのように、酸で溶けるものもあれば、普通の酸ではびくともしないものもある。

2.酸とは何か?

酸の定義がはじめてくだされたのは、今から約350年前のことである。
アイルランドのロバート・ボイル（1627～1691年）は1660年に、「酸とは、(1) すっぱい味がする　(2) 多くの物質を溶かす　(3) 植物性の有色色素（リトマス）を赤色に変える　(4) アルカリと反応すると、それまでもっていたすべての性質を失う物質である」と述べている。
燃焼理論の確立者ラボアジェ（1743～1794年）によって近代化学の門が開かれると、酸の本体をその構成元素に求めようとする傾向があらわれた。ラボアジェは、酸を特徴づける元素として“酸素”を考えた。当時、酸とは、

酸性酸化物に中性の水が結合したものと信じられていた。酸は必ず酸素をふくみ、酸性の原因は、酸素と、元素の非金属性にあると考えられていた。

食塩と硫酸を原料につくられる塩酸も、当然酸素をもつ化合物であることと信じられていた。ところが、塩酸は酸素をもたず、塩化水素の水溶液であることがわかったとき、化学者の間にはとまどいが起こった。

もう一度ボイルの定義に戻ってみると、食酢や塩酸はすっぱい味をもち、青色リトマスを赤色に変え、亜鉛や鉄などの金属を加えると、金属を溶かして水素ガスを発生させる。このような性質を酸性という。化合物のうち、その水溶液が酸性を示すものが酸である。

この「酸のもつ共通な性質は何か」ということで有機化学の元祖リービッヒ（1803～1873年）は、金属元素で置換される水素がある化合物として酸を定義した。例えば、亜鉛は硫酸と反応して、硫酸亜鉛と水素になる。このとき、硫酸の水素は亜鉛置換されている。酸の水素がこのように金属で置換されると、酸性もなくなったり弱くなったりする。したがって、酸性は、水素によることがあきらかになった。

しかし、水素を構成要素としてもつすべての化合物が、酸性をもっているわけではない。例えば、メタンCH_4は4個の水素原子を、エタノールC_2H_5OHは6個の水素原子をもっているが、亜鉛のような金属で置換しないので水素を発生しない。

この違いがはっきりしたのは、19世紀末に、アレーニウス（1859～1927年）が電離説をとなえるようになってからである。

アレーニウスの電離説では、「酸とは水溶液中で水素イオンを与える物質である」ということになる。つまり、酸であるかどうかは、物質を構成している水素原子が、水溶液中で電離して、水素イオンになるかならないかによって決まるのだ。

酸性は、この水素イオンH^+（正確にいえば、オキソニウムイオンH_3O^+）によることが明らかになった。こうして、アレーニウスの酸の定義が市民権を得て、現在でも、水溶液中では、アレーニウスの説がもっともわかりやすく、広く普及している。

3.アルカリと塩基

塩基は化学的には酸の反対物質で、酸と中和して、塩（えん）と水を生じる。ただし、水を生じない場合もある。塩基（base）は、塩の基（base of salt）の意味で、酸と中和して塩をつくる物質という意味である。

アルカリとは、もともとは、陸上の植物の灰（主成分はK_2CO_3）および海の植物の灰（主成分はNa_2CO_3）をまとめて、アラビア人が名づけたものだ。ここでカリ（kali）は、灰という意味である。後に、「塩基のうち水によく溶けるもの（NaOH、KOH、$Ba(OH)_2$など）」に限定してアルカリと呼ぶことが広く行われるようになった。主としてアルカリ金属、アルカリ土類金属の水酸化物を指すが、しばしばアルカリ金属の炭酸塩とアンモニアもアルカリと呼んでいる。

酸とアルカリを反応させると、おたがいの性質を打ち消しあう中和という化学反応が起こる。中和は酸の水イオンと塩基の水酸化物イオンが結びついて水ができる反応である。

一方、水の他に酸の陰イオンとアルカリの陽イオンとが結びついた物質ができる。この物質を塩という。

酸　＋　アルカリ　→　塩　＋　水

例えば塩酸と水酸化ナトリウム水溶液では、塩として塩化ナトリウムができる。

$HCl + NaOH \rightarrow NaCl + H_2O$

酸　　アルカリ　　塩　　水

イオン

授業でのねらい

・イオンは、原子あるいは原子集団が＋の電気か－の電気をもったものである。
・原子は原子核の＋電気と電子の－電気が全体として±０になっているため電気的に中性である。
・原子から電子が出れば陽イオンに、原子に電子がつけ加われば陰イオンになる。
・陽イオンと陰イオンとが集まった物質がある。イオン性物質といい、固体の場合はイオン結晶である。
・電解質水溶液にはイオンがたくさんある。
・銅と塩素から塩化銅をつくることができる。

A 「イオン」入門

1. 世の中には「○○イオン」という言葉がいっぱい

アルカリイオン、イオン飲料、マイナスイオン、空気イオン、プラズマクラスターイオン、ナノイーイオン、プラズマイオン、大気イオン……いやはや、世の中には「○○イオン」という言葉がたくさんあふれているものだ。

その「○○イオン」は、何やら科学っぽい雰囲気の言葉である。なぜなら、「イオン」「陽イオン」「陰イオン」という言葉は、極限的「ゆとり」教育の時代には、中学校理科の学習内容からなくなっていたが、中学校理科で学ばなくても、高等学校では学んだ人も多かったはずだ。「イオン」は、これまでもいまも中学校や高校の化学分野で学ぶ重要概念だったのである。しかし、その学んだ内容と世の中にあふれる「○○イオン」とはどんな関係があるのかわかりにくい。そこで、「イオン」についておさらいをしながら、「○○イオン」についても少し見ていこうと思う。

2. 学校の化学で学ぶイオンの大ざっぱな説明

学校の化学で学ぶイオンは、物質を扱う学問である化学で研究されてきたものだ。だから、どんな科学者もそこで説明されるイオンは、科学的・化学的だと同意するだろう。まず化学のなかのイオンを見ていこう。

手短にいってしまうと、イオンは、正または負の電荷をもった原子や原子の集まりのことである。そのイオンには、正の電荷をもった陽イオンと負の電荷をもった陰イオンがある。

イオンという言葉を最初に提唱したのはイギリスのファラデー（1791〜1867年）である。彼は電気分解の研究のときに、溶液中を電荷をもった粒子が「移動する」と考えて、「移動する」という意味のギリシア語ionaiからイオンionを命名した。

現在、物質の種類は1億種類を超えている。

それらの物質は、非常に大きく分けると3つに分けられる。

金属、分子性物質、イオン性物質（イオン性化合物、イオン結晶）の3つだ。

① 金属……金属元素の原子の集まり
② 分子性物質……非金属元素の原子が結びついた分子の集まり
③ イオン性物質（イオン性化合物）……陽イオンと陰イオンの集まり。金属元素の原子が正の電荷をもった陽イオンと非金属元素の原子（や原子の集まり）が負の電荷をもった陰イオンになって、＋電気と－電気の引き合いで集まっている。

分子とは、分子性物質をつくる粒子、イオンとは、イオン性物質をつくる粒子だ。そこで、分子とイオンを一緒に見ていくことにしよう。

次は、大人が最低限知っておいてほしい科学用語として、約900語を選び、それぞれに解説をつけた本、左巻健男編著『知っておきたい最新科学の基本用語』（技術評論社、2009年）から引用した分子、イオンとイオン結合とイオン結晶の私の説明である。

【分子】

原子が結びついてできている物質の基本構成単位。ヘリウムHe、ネオンNe、アルゴンArなどの貴ガスのような1個の原子が分子となるものもある。一般には、複数の原子が結びついた電気的に中性な原子の結合体である。たとえば、酸素O_2、水素H_2、窒素N_2、塩素Cl_2などはそれぞれの原子が2個結びついた分子からできている。二酸化炭素CO_2は、炭素原子1個、酸素原子2個、水H_2Oは、水素原子2個、酸素原子1個、ショ糖$C_{12}H_{22}O_{11}$（砂糖の主成分。正式名称はスクロース）は、炭素原子12個、水素原子22個、酸素原子11個が結びついた分子からできている。

かつては、すべての物質が単純な分子を基本単位としていると考えられていたが、金属やイオンからできている物質（たとえば塩化ナトリウム）は、比較的少数の原子からなる独立した分子は存在しないことがわかっている。

【イオン】

正または負の電荷（物質が帯びている静電気の量）をもった原子や原子の集まり（原子団）のこと。

原子は、正電荷をもった原子核と負電荷をもった電子からなる。原子や原子の集まりである原子団は、正電荷数と負電荷数が同じで、全体としては電気的にプラスマイナス0、つまり中性である。電気的に中性の原子や原子団において負電荷をもった電子を失えば、正電荷数が負電荷数より大きくなるので陽イオンに、逆に電子を得れば正電荷数が負電荷数より小さくなるので陰イオンになる。イオンとは中性原子あるいは原子団における整数個の電子の得失によって生ずるものである。

陽イオンと陰イオンが電気的に引き合ってできる結晶をイオン結晶という。塩化ナトリウムはナトリウムイオンと塩化物イオンからなるイオン結晶である。

水溶液の中に陽イオンと陰イオンがあれば、電流が流れる水溶液になる。

気象学などの分野で、電気を通さないはずの空気中を雷が伝わる仕組みを説明するため、「大気イオン」という存在が想定された。「正の大気イオン」「負の大気イオン」がある。

イオンをふくんだ言葉にマイナスイオンがあり、「健康によい」などとされるが、これは先に述べたイオンとは別のもので、科学的に定義されたものではなく、日本で商売用に発明された俗称であり、実体もはっきりしない。

【イオン結合とイオン結晶】

イオン結合は、陽イオンと陰イオンが静電気的な力（＋の電気と－の電気が引き合う力）で結びつく化学結合である。

イオン結合でできた物質は、常温で固体（結晶）の状態をとり、イオン結晶と呼ばれる。代表的なイオン結晶の例としてナトリウムイオンと塩化物イオンからなる塩化ナトリウムがある。イオン結晶中の陽イオンと陰イオンは互いに引き合うように交互に規則正しく整列している。

また、イオン結晶中の正の電荷と負の電荷が同数になるように結合しているため全体として電気的に中性になっている。イオン結晶では陽イオンと陰イオンは場所を移動できないので、電圧をかけても電流を流さないが、融かして液体にしたり、水に溶かしたりすると、陽イオンと陰イオンが移動できるので電流を流す。

3.非常に化学的に安定な貴ガス元素

もう少し原子の内部に入り込んで、原子の電子配置からイオンを考えて見てみよう。そのために、まず貴ガスというグループに着目する。

周期表の右端の18族に属するヘリウムHe、ネオンNe、アルゴンAr、クリプトンKr、キセノンXe、ラドンRnの6種を貴ガス元素という。

貴ガスという呼び名は、貴い、つまり大気や地殻に存在する量が少ないということからきているが、ヘリウムは太陽系付近の宇宙にはたくさんあるし、アルゴンは空気中に約1%もあり、二酸化炭素よりずっと多い。

貴ガス元素の原子は、同種の原子はもとより他の原子ともほとんど結びつかない。つまり、水素や酸素なら、水素原子2個で水素分子H_2、酸素原子2個で酸素分子O_2になっているのに、貴ガスは、貴ガスの原子どうしでも結びつかずに一人ぼっちが大好きなのだ。だから、貴ガスは不活性気体ともいわれる。ヘリウム、ネオンは他の原子と結びつかない。アルゴン、クリプトン、キセノン、ラドンは無理して結びつけると、ごく少数の化合物、すなわち2種類以上の原子が結びついた物質をつくることができるが、例外的と考えてよいだろう。

貴ガスは、どれも常温で、原子1個が分子としてバラバラでビュンビュンと運動している気体状態である。

原子は、中心に原子核（陽子と中性子）があり、そのまわりに電子がある。電子の数は元素の原子番号でわかる。各元素は、原子核の陽子の数で原子番号をふられている。陽子の数は、電子の数と同じである。これは、陽子がもっている正の電荷と電子がもっている負の電荷が、ちょうどプラスマイナス0になる量だからである。

電子は、原子核のまわりに勝手にどこにでもいるのではなく、とびとびに存在する軌道にいる。その軌道は、内側から何本かあって、そこにいられる電子の数が決まっている。

電子のいる軌道を内側からK殻、L殻、M殻……という。K殻には2個、L殻には8個、M殻には18個の電子が入れる。これからの電子の軌道は、定員がある部屋だと考えてもよいだろう。

ヘリウムはK殻に2個の電子が入っている。ネオンはK殻に2個、さらにL殻に8個の電子が入っている。アルゴンは、K殻に2個、L殻に8個、M殻に8個の電子が入っている。

ここで一番外側（最外殻）の電子は、ヘリウムで2個だが、これがK殻に入れる最大の電子の数だ。また、ネオンは、K殻には最大の2個が入り、さらにL殻にも最大の8個が入っているから、最外殻の電子は8個だ。アルゴンは、K殻、L殻は満杯になっているが、M殻には18個まで入れることができるから、まだ全体が満杯なわけではない。それなのにアルゴンは、他の原子と結びつかない、化学的に非常に安定な原子である。それはなぜかというと、M殻では、最外殻の電子が8個のときも非常に化学的に安定となるからである。同様にL殻でも、最外殻の電子が8個のときに安定化する。なお、M殻やN殻は、さらに軌道が分かれていて（部屋の中に小さい部屋がある）、M殻に8個まで入ると、次はN殻に8個まで入る。クリプトンでは、K殻に2個、L殻に8個、M殻に8個入ったら、次にN殻に2個入ってからM殻に10個入り、最後にN殻に6個入る。結局、K殻に2個、L殻に8個、M殻に18個、N殻に8個になる。

4.最外殻の電子のやり取りでイオンに

周期表1族のリチウムLi、ナトリウムNa、カリウムKは、アルカリ金属というグループに属している。金属なので銀色の金属光沢をもっている。この3つは、水よりも密度が小さく、粘土のようにやわらかいが、水などと非常に激しく反応する。例えば、カリウムは、水に入れると紫色の炎を上げながら水の上を走り回り、水と反応して、水酸化カリウムと水素になる。

ここで身近なイオン性物質の塩化ナトリウムを例に原子のイオン化を見ていこう。

塩化ナトリウムはナトリウムと塩素からできる化合物だ。ナトリウムという、とても激しい反応性をもつ物質と、塩素という、かつて毒ガス兵器にも使われた有毒な物質である塩素から、調味料に使われる塩化ナトリウム（食塩の主成分）ができてしまうのだから、化学変化とは、本当に「化ける」変化だ。

ナトリウムは、原子番号11なので電子が計11個。K殻に2個、L殻に8個、M殻に1個入る。最外殻の電子は1個である。この最外殻の電子1個を放出すると、貴ガスのネオンと同じ電子配置になり、化学的に安定になる。このとき、陽子の数より電子の数が少なくなり、全体として正の電荷をもつ陽イオンとなる。これがナトリウムイオンNa^+だ。

次に周期表17族で原子番号17の塩素原子を見てみよう。電子は、K殻に2個、L殻に8個、M殻に7個入る。最外殻の電子は7個だ。もし、最外殻のM殻に電子1個をもらえれば、貴ガスのアルゴンと同じ電子配置になり、化学的に安定になる。このとき、電子の数のほうが陽子の数より多くなり、原子全体として負の電荷をもつ陰イオンとなる。これが塩化物イオンCl^-だ。

ナトリウム原子がナトリウムイオン、塩素原子が塩化物イオンになるように原子がイオンになることを、原子のイオン化という。

陽イオンの名称は、元素名にイオンをつければいいが、陰イオンは、塩化物イオンCl^-、水酸化物イオンOH^-のように「〜化物イオン」と呼ぶ。ただし、陰イオンでも硫酸イオンSO_4^{2-}のように「化物」をつけないものもある。

ナトリウムと塩素が出会えば、それぞれの原子の間で電子のやり取りが行われて、ナトリウムイオンと塩化物イオンの集合体である塩化ナトリウムができるというわけだ。

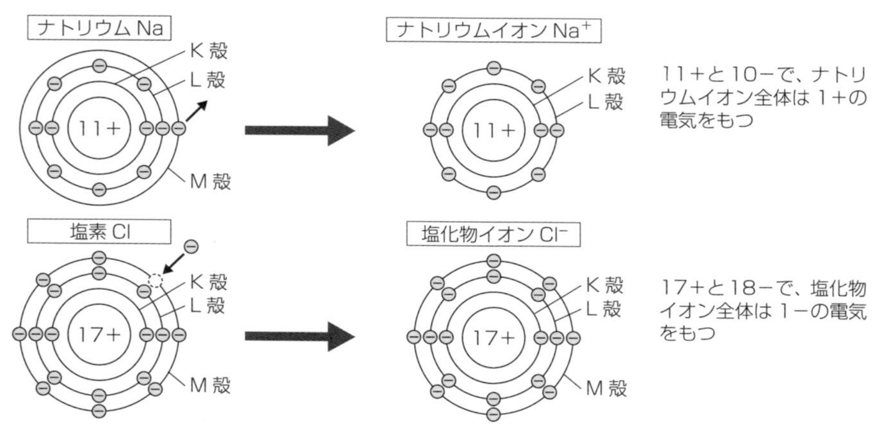

図　ナトリウムとナトリウムイオン塩素と塩化物イオン

5. 電解質水溶液とイオン

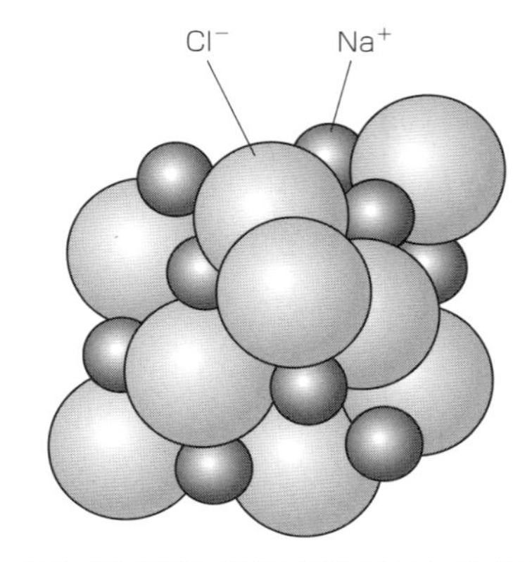

イオンが規則的に配列し結びついている結晶

図　ナトリムイオンと塩化物イオンからなる塩化ナトリウム

手で露出した電気器具やコードに触れたとき、びりっと感じて、あわてて手を引っ込めたことがあるかもしれない。このとき、乾いた手よりもぬれた手のほうが電気ショックを受けやすい。そのため、水にぬれていれば電流が流れやすい。つまり水は電流を流す、と考えてしまいがちである。しかし実は、純粋な水には電流は流れないのだ。水も、わずかに水素イオンと水酸化物イオンに分かれているが、それは本当に無視できるほどで、5億個の水分子があったら、そのうちの1個が分かれている程度だ。ほとんどは、水分子のままなのである。

ぬれた手の水には、手についている汗などの塩分（塩化ナトリウム）が溶けている。

ただし、水に何か溶けていれば電流が流れるようになるわけではない。

電流を流す水溶液には、塩化ナトリウム水溶液、塩酸、水酸化ナトリウム水溶液などがある。塩化ナトリウムのように、その水溶液が電流を流す物質を電解質という。

電流を流さない水溶液には、ショ糖水溶液、ブドウ糖水溶液、エタノール水溶液などがある。砂糖のように、水溶液が電流を流さない物質を非電解質という。

電解質水溶液には、電気を運ぶ役目をするイオンがたくさんふくまれている。電解質の水溶液に電流が流れるのは、水溶液中にあるイオンが動いて電流を運ぶ役目をしているからである。

電解質の塩化ナトリウムは、イオン性物質で、固体のときからイオンでできている。水に溶かすと、きっちり結びついていたイオンがばらばらになって散らばるのである。

イオン性物質は、水に溶かさなくても、固体を熱して液体状態にすると、固体のときは動けなかった陽イオンと陰イオンが動けるようになって電流が流れる。

私たちが日ごろ飲んでいる清涼飲料水にも電流が流れる。しょうゆやソースにも電流が流れる。水道水にも少し電流が流れる。実は、私たちの血液や尿も電流が流れる。どれにもイオンがふくまれているのだ。

ショ糖水溶液のような非電解質の水溶液には、イオンはふくまれていない。非電解質の水溶液中には、イオンではなく電気をもたない分子が散らばっているので、電流が流れないのだ。

電解質には、イオン性物質の他に酸というグループがある。塩酸は塩化水素という気体が溶けている水溶液だが、塩化水素は分子性物質で、分子からできている。硫酸、硝酸、酢酸、クエン酸なども分子からできている。これらは、水に溶けてはじめてイオンになる。水と反応してイオンができるといってもよい。

B　塩化銅をつくって見せる

1. 塩化銅水溶液の電気分解の前に

(1) いろいろな水溶液に電流が流れるかどうかのチェック

授業では塩化銅水溶液の電気分解の事実をもとにイオンの導入を学ぶが、子どもたちは塩化銅という物質についてよく知らないし、なじみもない。そこで、塩化銅水溶液の電気分解の前に、塩化銅を銅と塩素からつくって見せて、塩化銅という物質の素性をはっきりさせておきたい。

まず、いろいろな水溶液で、電流が流れるかどうかを確かめる実験をして、次のことをまとめておく。ここで塩化銅と水溶液も扱っておく。

『水溶液には電流が流れるものと流れないものがあることがわかりました。ここで、新しい言葉を教えます』

【板書】

電解質……ある物質を水に溶かした水溶液に電流が流れるとき、
その溶かした物質のこと

非電解質……ある物質を水に溶かした水溶液に電流が流れないとき、
その溶かした物質のこと

『電解質は「電気分解する物質」ということです。電極から泡が出ていることに気がついた班がありましたね。それは、電気分解が起こっていたからなんです。

電解質という言葉は、イオンという言葉を導入してから、再度そこで説明し直す。
『塩化銅は、電解質、非電解質のどちらですか？　エタノールは、電解質、非電解質のどちらですか？』と確認の問答をする。

(2) 塩化銅をつくる

『これから塩化銅を電解質の代表にしたいと思います。塩化銅水溶液はどうして電流が流れるかを、くわしく調べていきましょう。
そこで、まず塩化銅をつくってみたいと思います。塩化銅水溶液は何色をしていましたか？』
「塩化銅水溶液は青色だったこと」「塩化銅の化学式は、$CuCl_2$であること」ということを問答で確認してから、「銅と塩素を化合させると塩化銅ができるのでは？」という予想をもたせる。
教師実験を見せるために、生徒を前に集める。

【前もって塩素をつくっておく】

前もって丸底フラスコに塩素をつくっておく。気体誘導管をつけた試験管にさらし粉を小さじ2杯ほどとり、そこに濃塩酸を2倍うすめたものを数滴加えると直ちに塩素が発生する。これを乾いた丸底フラスコ（300あるいは500 mL）にとりゴム栓をしておく。全体的に薄い黄緑色。
必ず換気がよい状態でつくる。

フラスコ内の塩素を見せながら説明する。
『このフラスコに入っているのが塩素です。気がついたことはないかな？』
「色がついている」「黄緑色」
『塩素は、大変有毒な気体です。君たちは“まぜるな、危険！”という表示を見たことないかな？　酸性の洗剤と漂白剤なんかを混ぜたら、塩素が発生してしまうんです。それを吸って死んだ人もいます。
この塩素ははじめて使われた毒ガス兵器なんです。第一次大戦のとき、ドイツ軍がはじめて使ったものです』
次に銅の説明である。銅線をコイル状に巻いたものを見せる。
『これは銅ですが、銅原子がたくさん集まってできています。それぞれの銅原子からその所属を離れて自由になった電子が出て、銅原子のまわりをウロウロしています。これらの自由電子がたくさんあるので、銅は電流をよく流すし、金属光沢があります』
『では、銅と塩素から塩化銅をつくってみせます』
ガスバーナーの火をつけておく。銅線のコイルは、ゴム栓に突き刺しておく。塩素入りのフラスコのゴム栓を取り、直ちに少量の水を入れる。そこにガスバーナーで銅線のコイル状の部分を熱し、フラスコのゴム栓を取り、直ちにフラスコ内に銅線を入れ、銅線を突き刺したゴム栓をする。
ゴム栓を取ったときに塩素臭がする。前に集まった生徒たちはその臭いで「プールの消毒の臭い」というかもしれない。ただし、意識的にフラスコ内の塩素の臭いをかがせることはしないように。塩素中毒の症状が起こる可能性がある。
もくもくと茶色の煙があがり、水は青色になる。
銅線（径0.6～1.0 mm）のコイルはいくぶん細くなっている。

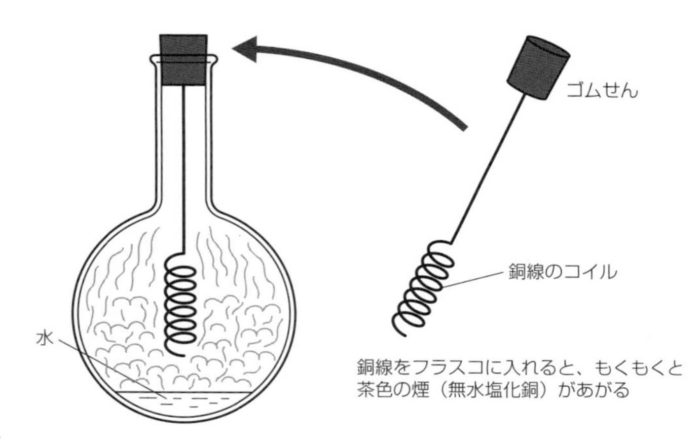

図　銅と塩素の反応

ここでできた塩化銅は茶色であるが、これは水をふくんでいないときの色である。空気中におくと湿気を吸収して黄緑色になる。フラスコに最初に少量の水を入れておいたのは、無水の塩化銅が水に溶けて塩化銅水溶液になると青色になることを示すためである。
ここで『塩化銅の固体は、電流を流すでしょうか？』と質問して、試薬びんから塩化銅の固まりを取り出して（粉末状だが、固まりになっているところを取り出して使う）電極をあてる。固体は電流を流さないことを確認させてから、生徒を席にもどす。

(3)　化学反応式を書かせる

実験の結果をノートに書かせる。

『中2で勉強した化学反応式の書き方をおぼえているかな？　銅と塩素から塩化銅をつくるときの化学反応式をノートに書きなさい』

中2の復習である。矢印の左側にははじめにあった物質、右側にはできた物質を書くことを問答で確認して書かせる。

$Cu + Cl_2 \rightarrow CuCl_2$

「塩化銅の固体は金属ではない」「塩化銅の固体は電流を流さない」ことを、ノートに書かせる。

9章 力の基本と力と運動

授業でのねらい

・力は物体の間の相互作用である。
・物体に力が働くと変形したり、運動状態が変わる。
・物体を押せば必ず押し返される。物体を引っぱれば必ず引っぱり返される。押す（引っぱる）力と押し（引っぱり）返される力の大きさは同じである。このことを作用・反作用の法則という。
・固体はすべて“ばね”の性質をもっている。固体は力を受けると変形し、力を受けなくなるとすぐに元に戻る。この性質を弾性という。固体には弾性限界もある。
・物体が力を受け続けると加速していく。

A 力とは何だ!?

1.理科の「力」と力学の「力」

私たちは、記憶力や学力などのように、よく「○○力」という言葉を使っている。理科でも、火力・水力・風力、原子力、電力などで力という言葉が使われている。火力・水力・風力・原子力の「力」はエネルギーの意味だし、電気の世界でよく使う「電力」は、1秒間にどのくらい仕事ができるかという仕事率のことだ。

そこで、力学でいう「力」の意味をはっきりさせておこう。重い物体を手で押して動かそうとしたり、物体が落ちないように手のひらで支えたりするときをイメージしてみよう。

力学では、手で他の物体に「力」をおよぼしたという作用は、物体を変形させたり、物体の運動状態を変化させたりするという結果を生じることに注目する。目に見えない「力」を、外に現れた物体の変形や運動状態の変化を見ること、想像することから逆に頭を使って力を見つけ出すことができる。

力とは、物体の変形や運動状態の変化の原因となる、物体と物体との相互作用である。このことをさらに具体的に見ていこう。

2. 力を受けると物体は変形する

物体に力が働くと、物体が変形する。具体的には、「伸びる、縮む」「ゆがむ」「ねじれる」「ひずむ」などだ。どんなに硬い鋼鉄でも、力が働くと変形する。指で鋼鉄のかたまりを押しても、その変形は肉眼ではわからないが、微小な変形を実験で確かめることができる。

「つるまきばねが力を受けると、伸びが力に比例する」ことを中学校理科で学ぶが、実は、固体はすべて“ばね”の性質をもっている。固体は力を受けると変形し、力を受けなくなるとすぐに元に戻る。この性質を弾性というが、弾性がある範囲内では、力の大きさとひずみなどの変形量はかなりの正確さで比例関係にある。イギリスの物理学者ロバート・フック（1635～1703年）が発見したこの法則を、「フックの法則」という。実際、フックは、その法則をまとめるときに、金属、木、石、焼き物、毛、角、絹、骨、腱、ガラスその他弾性体ならば、どんな物体でも見られるということを確かめている。フックの法則は、実際はばねだけではなく、すべての固体をふくむ広い内容をもっている。

1) 鉄棒に人がぶら下がると、鉄棒はまがる（しなる）だろうか。

2) ロープを引っぱり合いをすると、ロープは引っぱる前と比べて伸びているだろうか。

これらの問いに、子どもたちはイメージゆたかに「YES」と答えられるだろうか。

3. 力を受けると物体の運動状態は変化する

物体に力が働くと、物体の速さや向きなどの運動状態が変わる。

一定の速さで運動している物体に力が働くと、速さが増したり、減じたりする。運動する向きに力が働けば速くなり、運動する向きとは逆に力が働けば遅くなる。

力が働かないか、働いている力がつり合っている状態、すなわち働いている力をプラスマイナスすると0になる（合力0）ときは、「静止物体は静止したまま、運動している物体は等速直線運動を続ける」という、慣性の法則が成り立っている。そのため、この運動状態に変化を与えられるのは、他の物体が何らかの方法で働きかけ（作用）をしたときだ。

物体Aと物体Bが、力をおよぼし合うなかで、物体が動き出したり、等速ではなく加速や減速をしたり、同じ速さのままでも直線運動から向きが変わったりする。

【等速直線運動をしている物体では合力0】

ある物体に働く2つの力が同じ直線上で同じ向きのときは、2つの力を合わせた合力の大きさは足し算が成り立つ。同じ直線上で反対向きのときは、一方を負の数と見て足し算すればよい。

同一直線上で大きさが等しく反対向きの2つの力の場合ならば、合力は0となる。この場合を力がつり合っているといい、力が働いていないのと同じになる。

慣性の法則から、もし等速直線運動をしている物体があれば、その物体に働くすべての力はつり合っていて、合力0になっている。もし、水平に一定の速さで直線飛行を続けている飛行機があるなら、この飛行機に働く重力と翼などの機体が受ける揚力はつり合っており、また前向きの推力と機体が空気から受ける抵抗力もつり合っている。速さを一定に保って直線運動をしている電車や自動車の場合も水平方向、鉛直方向でつり合っている。

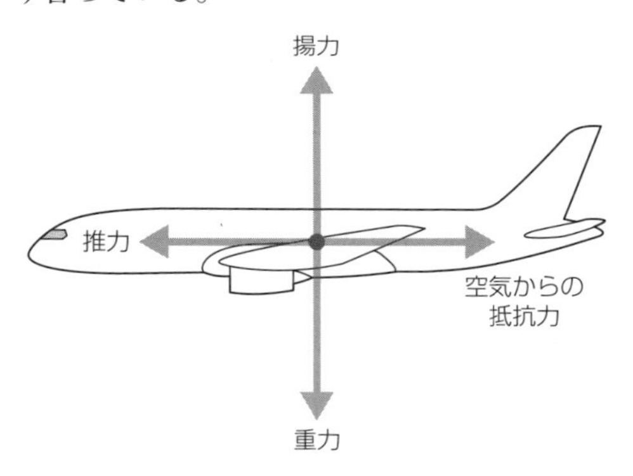

図　等速で飛んでいる飛行機に働く力

なお、水平方向と鉛直方向の運動はおたがいに独立で、それぞれの運動はおたがいの運動に影響しない。

4. 力の矢印はどう描くの?

力は、(1) 大きさ　(2) 向き　(3) 力が働く点 (作用点) の3つ、すなわち力の3要素で決まる。

そこで、力を図示するには、作用点から矢印を描きはじめ、その長さを力の大きさに比例させて描く。矢の向きが力の向きを示す。

力の矢印を描くときには、いま自分は何（どの物体）に働く力を描いているかに注目して「力が働いている」物体に作用点を描く。「何が何を押している、または引いている力」なのかをはっきりさせて描く。

面で接触しているときは、その面内のどこかに作用点がある。作用点の位置は力のつりあいの条件などを考慮して決める。面の中央とはかぎらない。他の力の働き具合により作用点の位置は変わる。

重力のように物体全体に働く力は、その平均位置を作用点とする。これを「重心」と呼ぶ。同様に、浮力の中心を「浮心」と呼ぶ。

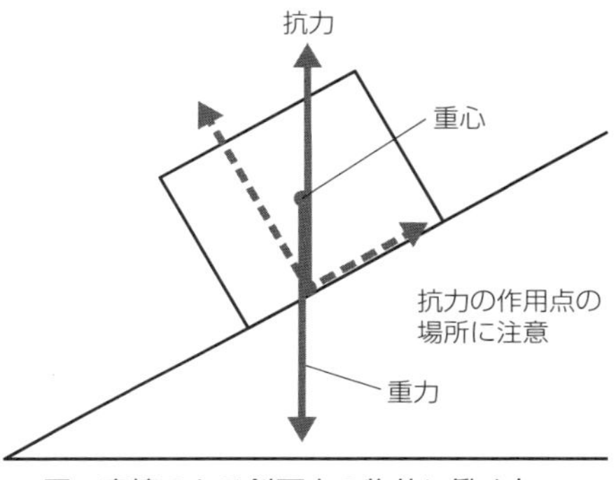

図　摩擦のある斜面上の物体に働く力

5. どんな力が働いているか?

ある物体に力が働いて物体の変形や運動状態の変化が生じているとき、その物体に力を加えて押すか引っぱるかしている別の物体がある。それらは、おたがいに力をおよぼし合っている。

物体Aが物体Bに力をおよぼすときは、必ず同時に物体Bも物体Aに力をおよぼしている。力は必ず一対になっている。

そこで、力を表すときには、「AがBを押す力」というように主語と目的語を明確にして表し、2物体の関係をはっきりさせて考えるとよいだろう。

また、物体と物体は、じかに触れ合って力をおよぼし合うのが普通だ。

物体と物体がくっついているとき、物体間におよぼし合い（相互作用）がある。近くにある物体（例えば机）を指で押してみよう。指が、その物体に押し返されずに押すことはできるだろうか？

どんなに軽く押しても、指はその物体から押される。必ず「物体Aが物体Bを押すとき、物体Bは物体Aを押し返す」のである。力は、物体Aと物体Bの間でおよぼし合い、それも同時に起こる。これらの力はいつも等しく、同一直線上逆向きに働くことを述べたのが、「ニュートンの運動の第3法則（作用反作用の法則）」だ。

物体が受ける力を考えるとき、その物体にくっついている（接触している）別の物体を探そう。

机や床の上にある物体には、机や床から垂直抗力が働いている。

床の上を運動する物体には、床から摩擦力が働いている。

ばねにつるされた物体には、ばねから弾性力（ばねが物体を引く力）が働いている。

糸につるされた物体には、糸から張力（糸などが物体を引く力）が働いている。

空気中を運動する物体には、空気から空気抵抗力が働いている。

液体や気体中の物体には、液体や気体から浮力が働いている。

6. 離れていても働く力とは?

離れていてもおたがいに力をおよぼし合う力がある。たとえば、次のような力だ。

1) 地球と地球上の物体との間の引き合う力(物体に働く重力)

2) 磁石の間に働く力(N極とN極、S極とS極はしりぞけ合い、N極とS極は引き合う)

3)電気の間に働く力(＋と＋、－と－はしりぞけ合い、＋と－は引き合う)

地球上に生きる私たちは、地球の引力からは逃れられない。跳び上がっても、必ず地面に戻る。物体を手から放すと必ず下に落ちる。これは、地球上の物体が地球の中心方向に引っぱられるからだ。このため地球の反対側の人も、地球から落ちることはない。この地球の引力を「重力」という。

地球上の物体に働く重力は、地球からの万有引力である（正確には地球の自転による遠心力をふくんでいる)。万有引力とは、質量をもった物体どうしがおたがいに引き合う力だ。2つの物体の質量に比例し、距離の二乗に反比例するもので、全ての物体間に働く。だから、人間どうしだって引き合っている。体重40 kgの人間が2人、1 m離れているときの万有引力は、およそ0.0000001N（ニュートン）だ。なお、月面上では、月の半径は地球より小さく質量はもっと小さいため、重力は地球上の約6分の1になる。

7. 力の見つけ方

(1)注目する（これから考える）物体は何か、はっきりさせる。つまり着目する物体を1つにしぼる。

(2)重力を示す矢印はその物体の中心から描く。ただし、質量を無視してよい物体については描く必要がない。

(3) 物体に直接に触れているものは何か。物体のまわりをぐるっとたどって探してみよう。見つかったら、物体上の触れている点を作用点にとって矢じるしを描く。

(4) つり合いの関係などに注意しながら各力の大きさを決めていく。

8. 力の単位ニュートンとは?

力の大きさの単位はニュートン (N) である。以前は、中学理科の教科書では、力の単位にグラム重 (g重) やキログラム重 (kg重) を用いていた。2002年度の中学理科の教科書からグラム重やキログラム重はすべてニュートンに切り替えられた。

地球上で、質量1 kgの物体の重量、つまり物体が受ける重力の大きさは、ほぼ9.8 Nだ。1 Nとは、約100 gの物体の重量だ。

正確には、物体の重量は、物体の質量 (kg) に9.8 N/kgを乗じた値になる。例えば、質量が100 g (= 0.1 kg) の物体の重量は、9.8 N/kg × 0.1 kg = 0.98 Nだ。

【ニュートンの運動の第2法則】

中身がぎっしりつまって質量が大きいボウリングのボールと、中が空で質量が小さいピンポン球を考えてみよう。ピンポン玉とボウリングのボールを押したとき、どちらが動きやすいだろうか? ピンポン玉とボウリングのボールが転がってきたとき、どちらが止めやすいだろうか?

この2つの球の性質が違う主な原因は、その質量だ。質量の大きいものほど、物体の速度は変化しにくくなる。物体がそのままの速度を保とうとする性質を慣性と呼ぶ。これは、慣性の大きさは物体の質量が大きいほど大きくなることを示している。逆にいえば、質量が大きいほど、物体の速度を同じだけ変化させるのには大きな力が必要だ。質量は、物体の運動状態の変えにくさ、つまり慣性の大小を表す量になる。

詳しく調べると、同じように物体を加速させるときは、物体の質量に比例して物体が受ける力を増やす必要がある。

同じ物体では物体に働く力の大きさと物体の加速度は比例している。これと、上の関係がどちらも成り立つようにするには、物体に働く力は物体の加速度にも、物体の質量にも比例している必要がある。これ

は、運動方程式として、

m	×	a	=	F
物体の質量		加速度		物体に働く力

という式にまとめられた。こうして、加速度を一定にする場合、力と質量が比例することも、質量が一定の場合、加速度と力が比例することも表せる。これをまとめた法則をニュートンの運動の第2法則という。

1N（ニュートン）という力は、質量1kgの物体を1 m/s^2で加速する力と決められることになる。これが1Nの正式な定義である。

B　作用・反作用

1. 相手を押すと自分はどうなる?

近くにある物体（例えば机）を指で押してみよう。指が、その物体に押し返されずに押すことはできるだろうか？　どんなに軽く押しても、指はその物体から押し返されている。必ず「押せば、押し返される」「引っぱれば、引っぱり返される」のだ。

このことを作用・反作用の法則という。

作用・反作用の法則は次のようにまとめられる。

(1) 物体と物体とはおたがいに力をおよぼし合う。相手から力を受けずに相手に一方的に力を加えることはできない。

(2) 作用と反作用は、逆向きでその大きさは常に等しい。

「押せば、押し返される」の「押す」と「押し返される」は同時に起こっている。

また、力の大きさは反対向きで同じ大きさである。

物体Aと物体Bで考えれば、AはBから力を受け、同時にBはAから力を受けるということだ。力は、いつも対（カップル）で働いている。

物体どうしの間に力が働くとき、いつでも作用・反作用の関係が成立する。

私たちが道を歩くとき、足は地面を後方に押すが、同時に地面から押し返されて前へ進む。自動車も、車輪が道路を後方に押すと、道路から同じ大きさの力で押し返される。この力で自動車は、前へ進む。

ケンカをして誰かの頭を手でぶったとすると、頭が手から受ける力と手が頭から受ける力は同じ大きさだ。ぶったほうも痛いはずだ。

ボクシングでは、手にグローブをはめているが、これは相手へのダメージをひどくしないためだけではない。相手に打撃を与えたときに、相手から受ける力から自分の手を守るためでもある。

風船の口をあけて手をはなすと、風船は空気をふき出しながら飛んでいく。風船は中の空気を噴射、その反動で進む。ロケットも全く同じだ。ロケットは、燃料と酸化剤を反応させて大量の燃焼ガスを高速で噴射して、その反動で進んでいく。燃焼ガスはロケットを進行方向へ押し、ロケットは燃焼ガスを後方に押している。ロケットの推進には空気は関係ないので空気中でも真空中でも飛ぶことができる。

拳銃（ピストル）で弾丸を発射したら、銃は反動で後ろ向きの力を受けるので、しっかりもって、その反動を体で受け止める必要がある。

作用・反作用の法則は、物体が静止していても動いていても成り立つ。

大型ダンプと小型乗用車が真正面からぶつかったときも成り立っている。ぶつかったとき、大型ダンプが小型乗用車から受ける力も、小型乗用車が大型ダンプから受ける力も同じ大きさだ。力が同じ大きさでも、その力で大型ダンプはあまり影響を受けずに、小型乗用車が大破するということになりやすい。

2. 作用・反作用とつり合いの違いは?

作用・反作用と力のつり合いは、「たがいに逆向きで大きさが等しい」というところだけに注意を奪われると、混乱しやすい。

大切なのは力が加わる対象の違いだ。

「作用と反作用」では、対で現れる力は「2つの対象物体」に作用し合う。「力のつり合い」では、「1つの着目物体」に2力が加わる。

3. 物と力の授業

(1) 1、2時間目、何をやるか

1、2時間目、つまり導入部は、その後の授業の道すじを決するポイントになるものである。

新任のときの中1「力」は、仮説実験授業の「ばねと力」を使ったものだった。

その後、物の「変形と力」を重視する立場になり、エキスパンダーのばねを伸ばしたり曲げたりしてから、引き伸ばした状態で「こうしているとき、ぼくの手はエキスパンダーのばねに力を加えているか」と発問することから授業をスタートさせた。

サークルで中1「物と力」をどう展開するかを話し合った。
「やはり、1時間目は力の本質的働き――力が働けば物が動き出すということをやりたいね。変形と力については、その次にやろうよ」
極地方式研究会の「力」のテキストと栗田さんの記録を見ながら話し合った。ほぼそれにもとづいての実践記録が、『理科教室』1986年1月号に掲載されている。宮城の栗田政利さんのものである。
「糸でおもり（鉄製）がつり下げられている。このおもりを動かすには、どうしたらいいかな」が1時間目のスタート課題であった。
手で押す、棒で押す、磁石を近づける……などと考えるだろう。静止していた物体が動き出したとき、その物体に力が働いたという。物体に力が働くと動き出す。こうして最初の力概念を与えよう。さらに、動き出す向きから力の向きをはっきりさせよう。
「これだけでは20分間もあればいい。あと30分間何をやろうか」
結局、糸でつり下げられたおもりに、左右から同じ距離のところから、1本の磁石と2本の磁石をおいて、おもりがどちらへ動き出すかをやることにした。2つの力が反対向きに働くときは、大きい力の方へ動き出す。同じ大きさの2つの力だったら静止したままということをおさえよう。
2時間目は、「物の変形と力」を扱うことにした。今までだったら、つるまきばねを用いて弾性を教え、あらゆる固体にばねと同様の性質（弾性）があるという流れをとっていた。
「1時間目とのつながりからいうと、極地方式研究会のテキストのように、物が動き出さないようにして、力を働かせたらどうなるかというのが自然だね」
弾性と塑性を教えるのなら、アルミニウム棒に力を加えるのがよいということに話は落ちついた。それから、身のまわりの物の弾性を調べさせてガラス棒を問題にしよう。
3時間目は、「重力」を扱い、4時間目は、弾性の関連でつるまきばねを扱うことにした。
その日は、導入部のイメージをはっきりさせることで、ほとんどの時間を使ってしまった。次までに、瀬田さんと増田さんで分担して、授業1時間分をB4 1枚のテキスト案にまとめてくることになった。次のサークルで、それらを検討していくのだ。

(2) 私の「力」の導入

ばねを用いて「弾性（ばねの性質）」を教える。身のまわりのものの弾性を確かめさせる。それから子どもたちが弾性がないかもしれないと考えるであろう鉄の棒やガラス棒を見せる。「鉄の棒やガラス棒に弾性があると思いますか」が課題となる。実験して弾性があることを確かめ、「すべての固体に弾性がある」と一般化する。「力と変形」の視点を獲得させたいのである。

というのが、「弾性」についてのかつての私の授業だった。

どうしたら、「すべての固体に弾性がある」という理論が、子どもたちに納得されるだろうか。

各種の物体をこれでもか、これでもかと調べる枚挙の方法はどうか。個別的事例の枚挙がいくら行われても、枚挙された個別的事例にのみ弾性があるといえるだけである。

かつての授業のように「ありそうもないものにある」ことを示したほうが子どもたちが弾性の理論を一般化しやすい。しかし、それだけで一般化してしまうのは、無意識的にだが誤った科学手続きを教えることにならないか。この場合は、結果として正しいからいいようなものの、「こんなものであったのだから、すべてのものにある」と一般化させるのは危ないのではないか。それでストンと胸におちる、つまり納得するだろうか。

そのとき、私は、身のまわりのものの弾性を調べさせるまでは、かつての授業と同様に流した。違うのは、「弾性限界」に強調点をおいたことだ。「弾性」は認めなくとも「塑性」や「破壊」は認めることによって「弾性があって弾性限界を超えたから塑性や破壊に至ったのだ」と考えてもらいたい。でも無理だろうな。

授業の終わりに宿題を与えた。「弾性がないと思われる物体（固体）をあげなさい」と。次の時間、全員にあげさせた。そのうえで、弾性が確かめられるものはその場で確かめた。鉄、ガラス、石が残った。ほかに金やダイヤモンドなども出た。

鉄の棒の両端をもって力を加えて曲げ、力を加えるのをやめると元に戻ることを見せた。さらに膝をつけてぐいっと曲げて、塑性を見せた。鉄板でも弾性を確かめた。

ガラス棒については討論をした。ここまでですでに一般化している子どもたちもいる。それはそれでいい。分子論からせまる意見と、音からせまる意見にはみんな驚いた。状態変化で少し教えた分子論で「ガラスも分子からできている。ガラス棒を引っぱれば、分子と分子が離れる。力を加えるのをやめると、分子間引力で元に戻る」と考えたのである。これは3クラスで1人しか出なかったが、他のクラスでも紹介した。

「破壊したものも、くっつければ元に戻るんですか」といった質問が出るが、これには私が答えておいた。

また、「音は、物体が振動するのが原因、物体をたたくと音が出るというのは、物体が振るえる、つまり変形していることです。たたくと音が出れば弾性があります」というのが音からせまった意見である。ひとしきり小学校の昔の授業について話がとびかう。

他にも、スタンドで水平なガラス棒の両端を固定して、真ん中に1個100gのおもりをつるしていく実験をした。変形が目立ってきたらおもりをとってみる。元に戻る。「弾性限界までやってみよう」と言って、おもりを増やしていく。おもり11個目に棒が折れた。

ガラス板については、レーザー光線を用いた“光てこ”で、少しの力でも（肉眼ではわからないが）変形していることを見せる実験をした。光てこを用いると、実験机のぶ厚い板も指で押すくらいで変形し、押すのをやめると元に戻ることを見ることができる。

ここまでやると、「すべての固体は弾性をもつ。つまり、すべての固体はばねである」と納得してくれた。

C　力と運動

物体は、外部から何の力も働かないか、働いても力がつり合っているときには、等速直線運動を続ける。物体に力を働かせると速度が変わる。

定性的には、ストローでマッチ棒を吹き矢のように吹いて飛ばす実験がある。ストロー1本とストロー2本をつないで長さを2倍にしたものを用意する。口元のほうにマッチ棒を入れて吹くとマッチ棒が飛び出すが、2本つないだほうが遠くまで飛ぶ。

ストローが長い方が息の力がマッチ棒を押し続けるからだ。ストローから飛び出した後は息の力が働かない。

水平な台（教室の端から端など）の上で台車を決まった大きさの力で引き続けるとどうなるだろうか。物体に力が働き続けると、物体は加速していくことを感じさせるために行う。廊下でやったこともある。

装置は次のようだ。

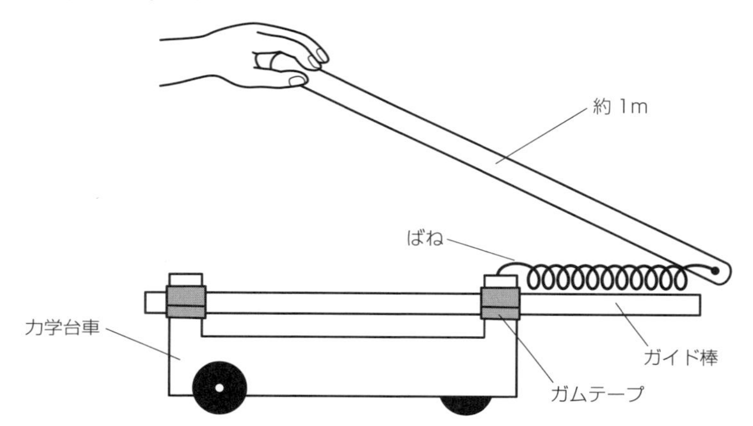

図　台車を一定の力で引っぱり続ける

力学台車にばねとばねの長さを示す棒を取り付け、１ｍほどの長さの棒で引っ張り続ける。ばねの伸びが一定になるように力を一定にすることはなかなか難しいので、練習しておく。

子どもは、この台車を見て自転車のことを思い浮かべるようだ。そのためか、次のような意見が出される。

ア.自転車をこぎ続けると、次第に速くなることから、台車を引っ張り続けている間に次第に速くなる。

イ.実際に自転車は、こいでいくと次第に速くなるが、途中から一定の速さになるので、間もなく一定の速さになる。

台車に一定の大きさの力を加え続けたときの台車の速さの変化を調べる。「物体に力を働き続けると物体は加速する」ことを確認する。

自由落下運動や斜面を下る運動も、物体に一定の力が働き続ける運動である。

10章 電流回路

授業でのねらい

・電流は、乾電池の＋極から回路を通って－極に向かって流れる。
・回路は電源、導線、負荷（仕事場）からなる。
・電流が流れる回路には、金属（導体）がつながっている。
・電源と導線だけのショート回路は危険である。電気器具は電気が流れる部分以外を絶縁体でおおってショート回路になりにくくしている。
・電圧は電流を流す働きである。
・アルカリ乾電池70個を直列につなぐと、100 V–60 Wの電球が点灯する。

A　回路の基本

1. 乾電池1個、エナメル線1本、豆電球1個で、明かりをつける

私は、中2の「電流回路」の導入を次のようにしていた。

1.5 Vの乾電池を1個ずつもってこさせ、一人ひとりにエナメル線1本と豆電球1個を配り『全員、乾電池とエナメル線を使って豆電球（ソケットなし）をつけなさい。』という課題を出す。

エナメル線の被覆をはがすことに気づかない場合が多い。裸の銅線とエナメル線の違いは見た目ではよくわからない。

いわゆる成績のいい子が悪戦苦闘したりする。エナメル線を乾電池の＋極と－極にわたし、その中ほどに豆電球の口金をつけて「つかないよ！」といっている子どもたちがいる。

被覆に気づくと、切り口は金属であるので、被覆をはがさなくてもエナメル線を垂直に当ててやって回路を完成する者もいる。

頃合いを見計らって、サンドペーパーでエナメル線の被覆をはがすことを指示する。すると被覆を全部はいでしまう者も出てくる。

乾電池の極の両端を指でおさえ、中ほどの被覆をはいだ部分に豆電球の口金をつけたりする。ショート回路のため、「熱い！」といっている。何人かは、エナメルを全部はいで同じことをやっている。

中学1年生は、小学3年生の「電気が通る物、通らない物」で、豆電球の内部を学習しているはずだが、理解の定着度はよくない。豆電球の中身を考えずに、ただエナメル線と豆電球を乾電池につなごうとする。回路というものを意識していないのだ。

2つ目のヒントとして「豆電球の中まで考えてエナメル線をつないでみなさい。」という言葉を与える。

電球に電流が流れると熱と光を出すフィラメントはタングステンという金属でできている。空気（酸素）があると高温になったフィラメントは酸素と結びついて酸化され、抵抗が大きくなって焼き切れてしまう。電球をガラスでおおって、中にアルゴンなどのフィラメントと反応しない気体を入れてある。

フィラメントは2本の金属線につながっている。この2本の金属線は1本は口金の「ねじ」の部分に、もう1本は口金の「へそ」の部分につながっている。そのとき、2本の金属線どうしがくっつかないように、ガラスなどの不導体で仕切ってある。また、口金のねじの部分と一番端のへその部分は、間が不導体で仕切ってある。

電球の口金のねじの部分とへその部分に電流が流れるようにすれば、2本の金属線を通ってフィラメントに電流が流れる。

豆電球がつくのは、「乾電池の＋極に豆電球のへそをつけ、エナメル線を乾電池の－極と豆電球のねじにつなぐ。」「乾電池の＋極に豆電球のねじをつけ、エナメル線を乾電池の－極と豆電球のへそにつなぐ。」「乾電池の－極に豆電球のへそをつけ、エナメル線を乾電池の＋極と豆電球のねじにつなぐ。」「乾電池の－極に豆電球のねじをつけ、エナメル線を乾電池の＋極と豆電球のへそにつなぐ。」の4通りある。

やり方は正しいのに、被覆が十分にはがせていない者など、あと一歩でもたついている者にはアドバイスを与え、最低1種類の方法で点灯させたい。

その上で、ソケットを支給し、ソケットの便利さを実感させたい。

長めの裸銅線を2本用意して、豆電球をつけてみせる。ちょっとでも2本の銅線どうしが接触すると、ショートしてしまうことを見せて、絶縁の意味をわからせる。

2. 電球の内部

中学1年生の子どもたちにとっては、豆電球はブラックボックスである。そこで次に、『豆電球の内部の想像図をかきなさい。』を出す。

その後、豆電球を分解してみよう。豆電球のガラス球の部分を割らずに、ペンチを使って、口金をはずすことができる。けがをしないように、手袋をはめて行う。

口金をペンチでおさえて、手でゆっくり回し、少しずつガラス球と口金を固定していたものを、こわして取り出す。ガラス球をこわさないように、ガラス球の部分と口金を、そっとはずしていく。ガラス球と口金の接着のために使われていた材料を取る。そうすると、フィラメントにつながっていた2本の導線が、1本は口金に、もう1本はハンダ付けしてある豆電球の底の部分に、つながっていることがわかる。

豆電球の内部の導体と絶縁体の部分を色分けさせる。

「電流は、1つながりの輪を流れる」こと、回路の3要素「電源、導線、負荷(仕事場)」の理解にせまるのである。

こうしてやっと回路図に入れるのである。

3. ショート回路

回路の途中に電球やモーターなどを入れず、+極と−極を直接つなぐことをショート回路という。つまり、回路の3要素のうち、仕事をする場所がなく、電源と導線だけになる。

仕事をする場所には抵抗があり、流れる電流は抑えられている。しかし、ショート回路には、抵抗がないため、非常に強い電流が流れる。

例えば、乾電池の+極と−極を導線で直接つないでもショート回路になり、強い電流が流れ続けるので乾電池や導線が熱くなる。直接手で持っていると火傷をしたり、乾電池が破裂することもある。

家庭のコンセントの電圧(100 V)は乾電池の電圧(1.5 V)の約66倍もあるから、さらに激しいことが起こる。火花が飛んだり、導線が融け出したり、被覆が燃え上がったりする。火事になったり、感電して命を失うことさえもある。

電気コードが金属(銅)に電流が流れにくい絶縁体のビニルなどで被覆されているのもショート回路にならないようにするためだ。もし金属がむき出しの電気コードだったら、間に金属がはさまるとショート回路になってしまう。

電気器具は、電流が流れる部分以外は絶縁体でおおってショート回路になりにくくしている。

B　電流・電圧を実感

1. 豆電球を40個直列につないで100 Vコンセントへ

豆電球を見せながら、『これは2.5 V用の豆電球です。2.5 Vまでの電圧に耐えられます。では、コンセントにつないで100 Vの電圧をかけたらどうなると思いますか？』と聞いてみる。なお、2.5 Vは定格電圧といい、指定された電圧以内で使用するということであり、ここまでならフィラメントが切れないで使えるということだ。一般的な豆電球の場合、使用できる電圧と電流が口金の部分に「2.5 V−0.3 A」などと刻印されているが、これは定格電圧と定格電流を表しており、2.5 Vの電圧をかけると0.3 Aの電流が流れることを示している。

上記の質問に対しては、「切れる」「爆発する」などの声が出る。

そこで2.5 V用の電球をソケットに入れて、プラグからの2本の導線につなぐ。安全のためにその電球をポリ袋で包む。プラグを100 Vのコンセントにつなぐと一瞬光って電球はすぐ切れてしまう。コンセントからプラグをはずし、ポリ袋から豆電球を取り出す。豆電球は金属のフィラメントが昇華して、内部のガラスにめっきしたようにくっつき、内部が黒く見えるようになる。ガラスが破裂している場合もある。

『2.5 V用だと100 Vには全然耐えられないんだね。では、この電球を40個直列につないで100 Vのコンセントにつなぐとどうなるだろうか？』

すでに「直列回路では、それぞれの抵抗の両端の電圧は、抵抗の大きさによって違っていて、その電圧の和は、回路全体の電圧の大きさ（電源の電圧）に、等しい。」を学んでいるので、理屈的には「電圧が40等分されて、1個の電球におよそ2.5 Vの電圧がかかる」と考える。

『本当に、100 Vにつないでも大丈夫ですか？』と念を押したうえで、豆電球とソケットを配り、40個をつながせる。

つなぎ終わったら、全員で回路をもたせ、両端をプラグからの2本の導線につなぐ。

最初からぱっとつくことは少ないが、1個をゆるめておいてもいい。プラグをコンセントに入れてもつかない。

『さあ、手元の回路をもう一度確認しよう！　豆電球はゆるんでいないか、導線どうしはしっかり結ばれているか、結んだところを軽く両側から引っぱって取れないかな？　取れてしまうようなところはもう一度しっかり結んでください』

今度は豆電球がつく。つかないようだとテスターで不良箇所がどこかをしぼっていく。

交流電圧計で、豆電球1個の間の電圧をはかると2.5 Vだ。2個の間、3個の間もどうなるか質問してはかってみる。

教員の手元に近いところの豆電球をソケットからゆるめると全部消える。またソケットにねじこむとつく。これをくり返す。直列回路では、どこか1箇所でも電流の流れ道が切れれば、全体に電流が流れなくなる。

仕上げに次の話をする。

“現在のクリスマスツリーは電子回路で点滅させているが、かつては、たくさんの豆電球を直列につないでいた。

豆電球の中に1つ特別な豆電球を入れた。それがバイメタル電球だ。ほかの豆電球はフィラメントの両端に2本の導入線が接続されているが、バイメタル電球には金属線が3本ある。真ん中の1本はフィラメントを支えるだけだ。その隣にあるのは鉄と黄銅のように2種類の金属を貼り合わせたバイメタルだ。電流を流さないときはフィラメントにくっついている。電流が流れるとフィラメントが発熱するとその熱がバイメタルを温める。すると、2種類の金属の膨張の割合が違うので、バイメタルは曲がってフィラメントから離れる。それで回路が切れる。冷えるとまたくっつく。これをくり返して点滅する。”

2.「電圧」を実感!

乾電池1.5 Vと家庭などの電源（コンセント）100 Vを使って電圧を実感的に理解させたい。

乾電池1個を豆電球（2.5 V用）、60 W電球につないでつくかどうかを確認する。その後、乾電池70個で豆電球、60 W電球はどうなるか？　乾電池70個でショート回路にするとどうなるか？　それぞれについて考えさせる。

アルカリ乾電池は内部抵抗が小さく、70個つなぐと約100Vになり、60W電球を点灯させることができ、家庭の電源同様になる。

(1) 子どものいたずら、アイデアには注意せよ!

これについて、「乾電池を70個直列につなぐと60W電球は明るくつくか」という小文を紹介しておこう。

実験後に余った薬品や、使い終えて片付けねばならない道具を使って、子どもは時々、先生の目を盗んでいたずらをするものだ。ところが、このいたずらに思いがけない新鮮なアイデアがふくまれていることがある。

私事であるが、「電流と電圧」の授業で、各自に単1型乾電池を1個ずつを用意させた。授業中の実験は豆電球に流れる電流を調べるだけのことであったから、子どもたちもあまり楽しむようには見えなかった。授業終了のベルが鳴ったので、休憩を告げ、準備室にもどった。しばらくすると実験室の方で、ワッー、スゲェーという歓声がするのでもどってみると、"悪ガキ"生徒が指揮して、40個に近い乾電池を全部直列にして床に並べ、その両端から引いた電線をショートさせたり、近接させたりして、火花をとばせているではないか。

その時、どう対応したかは想像におまかせするが、"こうしたことこそ授業でやるべきなのだ！"と気づいたのは、2、3日たった後であった。『学校でしかできないことが、自分たちでできる』ことが、授業を受ける楽しみなのではないかと気づいたのである。

それがヒントになって、『1 km先の豆電球を1.5 V乾電池で点灯できるか？』という問題を金属の電気抵抗、電力の移送と送電ロスなどを話題とするときに用意することにした。実験は、手元に置いた乾電池から電線を実験室の側面にそって2周させ、その先端に豆電球（1.5 V球）をつけ天井に固定してから、スイッチを入れる。結果を予想させ議論してから実験するから、小さな豆球に全部の生徒が注目し、その結果にそれぞれ満足し、関連する"送電にまつわる話題"をいろいろ出してくれるようになる。――どんな結果になるのかは、ぜひあなた御自身でたしかめて頂きたい。それが教材発掘のポイントなのだから。

以上は私が学部生のとき、千葉大学教育学部附属中学校に教育実習に行き、そこでアドバイスを受けたことがある関正憲さんの文章だ。その後、私は理科教員になり、理科授業の本を出すことになったときに、「教材掘り出しのポイント」を書いてもらった。すでに絶版になっているが、左巻健男編著『中学理科の授業　生徒のわかる教え方と教材・教具の開発法』（民衆社、1986年）という本だ。

私は、この文章を読んで、「乾電池40個でも火花を飛ばしたりできる、それなら70個なら100 V−60 Wの電球を明るくつけられるのではないか」と思った。しかし、それを実際にやったという話も聞かないし、理科教育系の雑誌でも見かけなかった。

(2) 乾電池70個をパイプに入れてつなぐ

床の上に並べるのは70個では難しいだろう。単1型だとかなり長くなる。そこで単4型を使うことにした。単4型乾電池は4個で100円程度で購入できる。

私は、「その単4型がすぽんと入るアクリルパイプがあれば簡単だなあ」と思った。単4型乾電池をもって東急ハンズに行って、ちょうどよい径のアクリルパイプを購入した。内径1 cm、長さ1 mのものを4本。

70個だと1 mのパイプ3本では不足だ。そこで1本には数cmのパイプをテープでつないだ。

3本のパイプに乾電池を入れていく。

乾電池を入れた3本のパイプを机上に並べて、乾電池が直列につながるようにする。

(3) さあ、どうなるか

60 W電球のソケットから導線を2本延ばしておく。ソケットからの導線にクリップ付き導線をつなぐ。

さあ、これで準備が整った。クリップ付き導線のクリップをそれぞれ乾電池の+極と−極に押しつける。

ついた！　かなり明るい。

テスターで電球の間の電圧をはかると、最初100 Vを少し超えた数値になったが、次第に99 V台、98 V台と落ちていった。

11章 電流の働き

授業でのねらい

- 物体に電流が流れると発熱する。
- 私たちの身のまわりには、電流による発熱を利用したいろいろな電気製品がある。
- 磁石や電磁石のまわりには、磁界（磁力が働く空間）がある。
- 電流のまわりには磁界ができる。
- 磁界の中で電流は力を受ける。
- コイル内部の磁界が変化すると、コイルに誘導電流が流れる。

A 電流と発熱

乾電池にエナメル線をつないで、発熱ぶりをみよう。

用意するのは、直径0.3～0.5 mm、長さ0.5～1 mのエナメル線と乾電池と100 ℃温度計。この実験では、間に負荷を入れないのでショート回路になる。

エナメル線の端はエナメルをはいでおく。

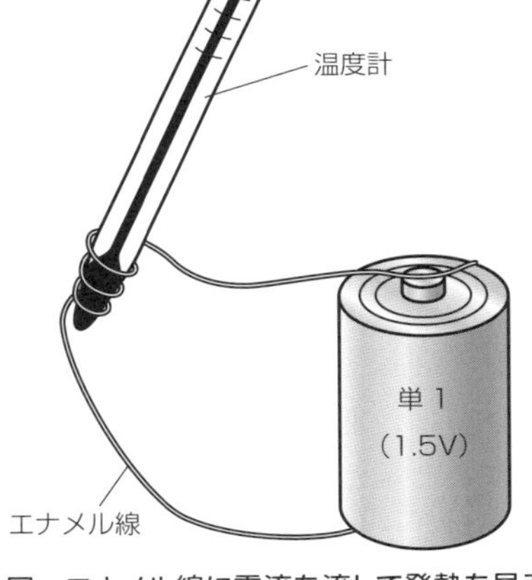

図 エナメル線に電流を流して発熱を見る

『エナメル線を温度計の球部にぐるぐる巻きにして乾電池につなぎます。発熱して温度が上がると思いますか。』

課題を出したら、軽く意見交換をして、班ごとに実験する。

子どもは「電流を流すと発熱するのは電熱線だ」という素朴概念をもっている。エナメル線で発熱するなら家庭の電気製品の銅線が発熱して危険だと思うことだろう。

実際は、顕著に温度が上がる。1分後には30℃以上上がったりする。まずは顕著に温度上昇がわかることを体験させたいのだ。次に演示でいいので、いろいろな物体に電流を流してどうなるかを見せたい。

用意するのはアルミニウムホイルを細く切ったもの、細い鉄線、シャープペンシルのしん（0.5～0.9 mm）。電流は0 Aから少しずつ上げていく。アルミニウムホイルや鉄線は焼き切れる。シャープペンシルのしんは、0.5 mmで1.5 A、0.9 mmで3.5 Aで一度止めて、しんに含まれているプラスチックを煙として外に出してしまうようにする。そうしないと、しんが破裂する場合がある。煙がほとんど出なくなったら電流を10 Aまで上げて、10 Aを保つようにする。しんは赤くなってから次第に白っぽく輝くようになる。

なぜ、電流を流すと温度が上がるのだろうか。「温度が高い」状態では、物質をつくっている原子や分子が激しく振動などの運動をしている。

また電流の正体は、電子（自由電子）の流れである。スイッチを入れ、電流を流しはじめると、いっせいに電子が動きはじめる。この電子が銅線やニクロム線など電流を流しているものの中の原子と衝突する。このとき、電子の衝突により原子の振動がだんだんと激しくなっていく。原子の振動が激しくなるとは、つまり、「温度が高い状態になる」ということだ。

形や大きさが違うどんなものに電流を流しても温度が上昇するのは、それらがすべて原子や分子からできていて、また、電流が流れるときは必ず電子が衝突しているからである。

味噌汁のような陽イオンと陰イオンがたくさんある溶液でも融解した塩化ナトリウムでも、電流を流すと発熱する。

物体に電流を流したとき出る熱を「ジュール熱」という。

発熱量は、電流と電圧の両方に比例して大きくなる。そこで電流による発熱量を決める量として「電流×電圧」を考える。この電流と電圧の積を電力という。電力の単位はワット（記号W）で、1アンペア（A）×1ボルト（V）が1Wである。

電圧V〔V〕、電流I〔A〕のとき、電力P〔W〕は、

$P = VA$ になる。

実際の発熱量は、電力だけではなく電流を流した時間t(s＝秒)にも比例する。

電力×時間を電力量という。

1 W×1s＝1 Wsだが、1 Wsは1ジュール〔J〕になる。

電力量をW〔J〕とすると、次のようになる。Rは抵抗を示す。

$$W = Pt = VIt = RI^2t = \frac{V^2}{R}t$$

この電力量がすべてジュール熱に変わる場合は、電力量W〔J〕は発熱量Q〔J〕に等しくなる。

私たちの身のまわりには、オーブントースター、電気ストーブ、電気アイロンなど、電流による発熱を利用した電気器具がたくさんある。白熱電球もフィラメントが発熱して発光している。

電流が流れると電気抵抗が0でないかぎり必ず発熱するので、電気エネルギーを簡単に熱エネルギーに変えることができる。

家庭の電気製品の場合、電気製品は電源に並列につないであり、電圧はほとんど電気製品にかかる。電気がする仕事はほとんど電気器具においてなされ、電気コードではほとんど仕事がされないので、ほんのわずか発熱するだけである。発熱量は「電流×電圧」に比例して、電気コードと電気器具には同じ大きさの電流が流れるが、電圧のほとんどは電気器具にかかり、電気コードにはわずかしかかからないからである。

B　磁界と電流

1. 友人たちと作成した「磁界と電流」の授業用テキスト

若いころに、この単元について滝川洋二さん、後藤富治さんなど友人たちと「授業用テキスト　磁界と電流」(理科授業研究会)を作成した。それをもとに、私の責任で大幅に簡略化したものを紹介しよう。

「磁界と電流」テキストのねらい

この単元の全体のねらいをつぎの2点にしぼった。

1) 磁界の初歩的概念がわかる

2) 磁界と電流の関係がわかる

そのために、全体の配列を大きく3部に分けて、次のようにした。

PART Ⅰ　磁界の初歩的認識

1　磁力の働く範囲を磁界という。

2　磁界の中では、磁石は一定の向きを向く。N極の向きを磁界の向きという。

3　電流のまわりには磁界ができる。

PART Ⅱ　磁界の中で電流が受ける力

1　磁界の中で電流が流れると、電流は力を受ける。

2　力の向きは電流と磁界の向きに対して、垂直である。これにはフレミングの左手の法則が使える。

3　モーターの仕組みがわかる。

PART Ⅲ　電磁誘導

1　回路のまわりの磁界を変化させれば、その回路に電流が流れる。

2　発電機の仕組みがわかる。

まずはじめに、永久磁石の磁界から導入して、磁界の広がりを子どもに定着させる。そして、鉄を磁界に置くと鉄が磁化されることを理解させる。次に、電流が流れると磁界ができることを鮮明に意識化させるために、電磁石の磁界について学んでから、電磁石から鉄心を抜き、残ったコイルに電流を流したとき、コイルのまわりに磁界ができることを確認してから、直線電流の磁界を学ぶという流れをとる。

したがって、この流れの中での「電磁石から鉄心を抜いたとき、残ったコイルに磁界はあると思いますか」という課題は、重要な役割を担っている。鉄心なしのコイルだけに電流が流れると、そのまわりに磁界ができるということが理解できれば、直線電流のまわりに磁界があることは、かなり容易に理解できるようになる。磁界の中に電子の流れがあると、一つひとつの電子が磁界から力を受ける。そのため、磁界の中で電流が流れている導線は力を受ける。磁界の中で電流が受ける力の大きさは、磁界と電流の向きが直角のとき、もっとも大きい。磁界の向き、電流の向き、力の向きの関係は「フレミングの左手の法則」としてまとめられる。

これまで学習した力は、2物体が同一直線上で押したり引いたりする関係であったが、磁界の中で電流が受ける力は違っている。子どもは、電流に対する磁石の磁界の向きにそっての吸引・反発の予想をもつが、「あれ、変だな」「おかしいな」という声が出るような課題を用意して、磁界の中で電流が受ける力の導入をはかりたい。

磁界の中で電流が受ける力を利用している代表的なものはモーターである。そのため、学習の結果としてモーターの仕組みがわからなければいけないだろう。身のまわりを見まわしたとき、学んだことが「役立っている」ということがわかることは、大切なことでもある。

子どもたち一人ひとりに簡単なモーターづくりをさせる。製作活動において注意しなくてはならないのは「頭」と「手」を緊密に絡ませることである。だから、たんに製作活動をさせればよいというものではない。製作活動は、子どもがすでに獲得した概念なり法則を、より深く理解できるようにするものでなければならない。こうした考えのもとに、モーターをつくらせる。

電磁誘導での学習のねらいは、「ある回路に対して、そのまわりの磁界を変化させさえすれば、その回路に誘導電流が流れる」ということの理解である。電流を取り出す原理を学習して、未知の発電機の仕組みについても、「コイルに対し磁界が変化している」はずであるという基本を、全員が理解できるようにすることをねらいとしている。

2.「磁界と電流」のテキスト内容

(1) 磁石のまわりの磁界（1時間目）

① つぎのような棒磁石に、クリップなどをつけたとき、もっともたくさんつけることができる場所はア～オのどこですか。

ア	イ	ウ	エ	オ

磁極と磁力

磁石の働きがもっとも強く現れる場所を磁極といいます。登山のときに使う方位磁針は南北をさしますね。同じように、どんな磁石もつるしておくと、南北を指して止まります。北（North）をさす極をN極、南（South）を指す極をS極とよびます。NとSは引き合い、NとN、SとSは反発しあいます。磁石による引力や斥力のことを磁力といいます。

② この磁石の磁力の働く範囲は何cmぐらいだと思いますか。図のように鉄片を水の上に浮かべて調べましょう。図は省略：水に発泡スチロールに置いた鉄片を浮かべる

◯自分の予想　／　◯結果とわかったこと

磁界

磁力の働く範囲には限りがあります。磁力の働く場所（空間）を磁界とよんでいます。「界」とは範囲とか場所の意味です。磁力は極の近くが強く、極から離れると弱くなるので、磁界の強さも極のまわりが強く、遠くでは弱くなります。

③ 方位磁針はN極とS極をもった磁石です。棒磁石のまわりに図のように方位磁針を置くと、方位磁針のN極はどちらを向きますか。予想はうすく鉛筆で書き、結果は別の色で書き込みなさい。まず1から4まで予想し、結果を確認してから残りを予想してください。

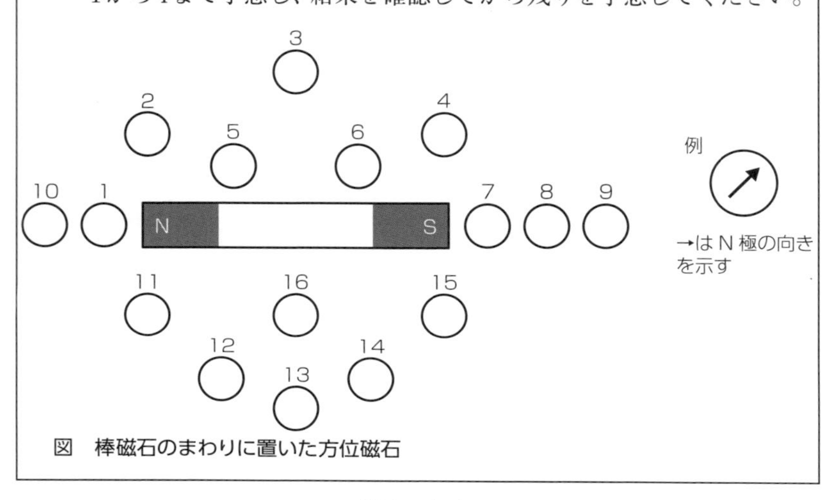

図　棒磁石のまわりに置いた方位磁石

磁界の向き

磁界の中に方位磁針を置くと、同じ場所ではいつも一定の向きを示します。このときの方位磁針のN極の向きを、その場所の磁界の向きとよびます。

磁界と磁力線

磁界の向きを線であらわすと、磁針を置いたとき、N極がどちらを向くか一目でわかります。図のように磁針のN極の先に印をつけ、印のところにS極の先がくるように磁針をずらします。これをくり返して、つぎに印をとおるように線をえがきます。こうして書いた線を磁力線といいます。

出発点を少しずらして同じように実験すると、それだけ数多く磁力線が書けます。

磁石のまわりに鉄粉を一様にまいて、トントンとたたくと、まるで磁力線を書いたように鉄粉が並びます。(図は省略)

(2) 電磁石から鉄心を抜いたときの磁界（2時間目）

電磁石

軟鉄の鉄心に導線を巻いたものを電磁石といいます。導線に電流を流したとき、電磁石は永久磁石と同じように鉄片を引きつけますが、電流を流さなければ、鉄片を引きつけません。また、電流を大きくしていくと、電磁石の力は強くなって、より強く引きつけます。電磁石のまわりの磁界は永久磁石の磁界と比べるとどうでしょうか。調べてみましょう。

（結果は図中に磁力線で書きこみなさい。）

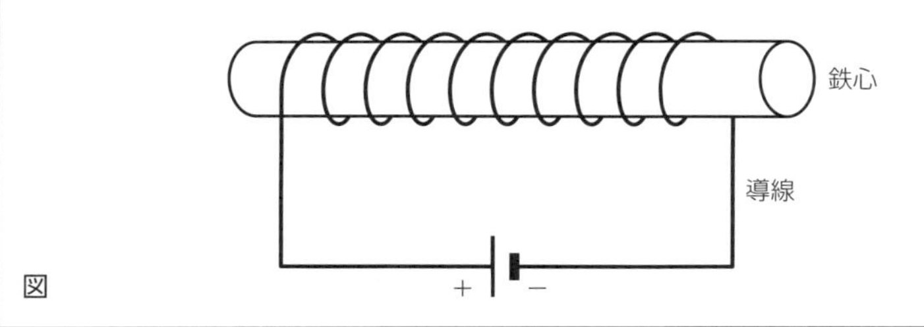

図

質問

電磁石の電流の流れる向きを逆にしたら、磁界の向きはどうなりますか。

○予想　／　○結果

課題　電流を流したまま電磁石から鉄心をぬくと、コイルのまわり（内側や外側）に磁界はあると思いますか。

○自分の考え　／　○結果とわかったこと　／　○ひとの意見を聞いて

【2時間目の解説】

○電磁石の説明と質問

- 「電磁石」の話をした後、次のことを実験で確認する。(1) 電流を流したときのみ電磁石になる。(2) 電流の値を大きくすると電磁石は強くなる。

(3) 電磁石のまわりの磁界は永久磁石と同じ。

• 白紙の上に電磁石を置く。そのまわりに鉄粉を一様にかけ、電流を流す。書画カメラで投影する。机を数回たたき、鉄粉が磁力線を描いたように並ぶことから、磁界のようすを確認する。また、方位磁針を置き、ずらしながら、極の指す向きをたどらせるようにすることなどによって、電磁石の磁界が永久磁石の磁界と同様であることを確認する。図に磁力線を書き込ませる。

○質問について

• 電流の向きを逆にすると、磁界の向きも逆になることを確認する。第3時限のコイルの話の下地となる。

○課題について

• 多くの子どもは、電流と磁界とに関係があることも予想していないため、磁界があるかないかが問題になる。

〔予想される子どもの考え〕

ア.磁界はある……鉄心が磁石になるには、コイルに磁界がなくてはいけない。

イ.磁界はない……コイルと鉄心の両方で電磁石になっているのだから、片方だけでは、磁界はない。回路になっているだけだから磁界はない。

○実験について

• 電磁石に電流を流したまま、コイルから鉄心を抜き、コイルだけにする。方位磁針で確かめる。
実験をみせながら、「この磁界は、鉄心を抜く前に比べたら強さはどうなりますか」と発問する。そのうえで、磁界の強さが弱くなることを確認する。

• 次に、導線でコイルをつくり、その中に方位磁針を置く。このとき、方位磁針が普段、指し示す方向（普通は南北であるが、まわりの磁界により変化する場合もある）と直角にコイルを置く。そして導線に電流を流す。このコイルに鉄心を入れて見せる。方位磁針が激しく振れて静止することから、鉄心が磁力を強める役目をもつことを確認する。

〔結果とわかったこと〕

• 次のことを書き落とさないようにさせる。(1) 電磁石から鉄心を抜いても、コイルのまわりには磁界はある。コイルに電流を流すことで、まわりに磁界ができるのである。(2) 鉄心はコイルのまわりの磁界を強くする役割をもっている。

(3) 直線電流のまわりの磁界（3時間目）

課題　直線の導線に電流を流します。導線のまわりに磁界ができますか？

○自分の考え
○結果とわかったこと

電流のまわりの磁界

直流電流は、導線のまわりにグルッとひとまわりの磁界をつくります。グルッとひとまわりだから、N極、S極という磁極はありません。したがって、磁極がないので磁石ではありません。

磁界は、電流に近いところほど強く、離れるほど弱くなります。

電流の向きと磁界の向きとは下図のような関係になっています。それは、電流の流れていくほうへ向かって見ると、磁界の向きは、時計の針が回る向きと同じです。また、右回しのねじをねじこむときに、右ねじの進む向きを電流の向きとすれば、右回しのねじの回る向きが、磁界の向きです。(図は省略)

質問1　例にならって、(1) と (2) の場合の電流のまわりの磁力線を書きなさい。

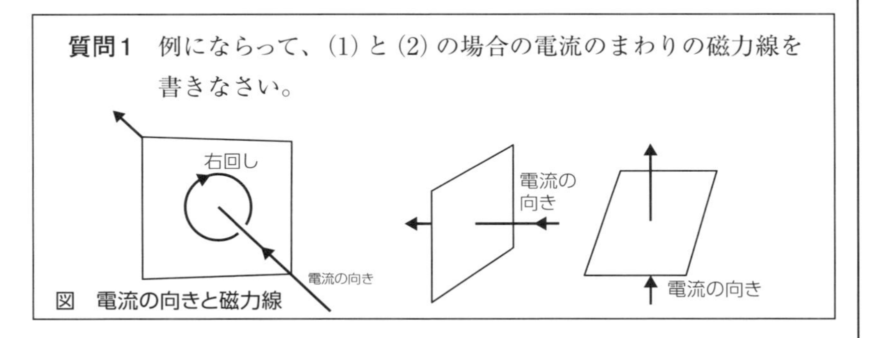

図　電流の向きと磁力線

質問2　方位磁針の上に導線を置きます。矢印の向きに電流を流すとN極はどちらのほうへ動きますか。(1) で書いた磁力線をもとに考えてみましょう。

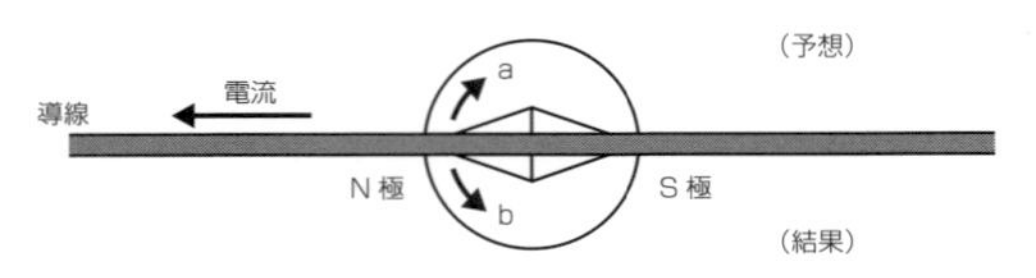

図　導線の電流の向きと方位磁針の動き

【3時間目の解説】

○課題について

- 前の時間では、コイルのまわりに磁界があることを確認している。この課題では、電流を直線にした場合を問題にしている。子どもの予想は、「コイルに磁界があったのだから、直線の電流にも磁界はあるはずだ」という意見と、「電流が回転すると磁界ができると思うので、コイルにしなければならない」「直線では磁極がどこにあるかわからない。あっても弱くてわからない」などである。

〔実験について〕

- 直線状の導線を流れる電流のまわりに、磁界が存在することを調べる。(生徒実験)
  乾電池につないだ導線を方位磁針の上に近づけると方位磁針の針が動くことを確かめる。
- 直線電流によりできる磁界は、同心円状であること、また電流の向きに対して、右まわりに磁界が向いていること、磁極が存在しないことを調べる。(教師実験)
- 実験後、「電流のまわりの磁界」のプリントを配り説明する。

○質問1、2について

- 質問1は、電流の向きがわかって、そのまわりの磁力線を書くことができるようにさせることがねらいである。また、質問2では、その磁力線をもとにして、方位磁針の向きを考えさせる。方位磁針の向きは磁力の向きに向くことを忘れている子どももいるので、思い出させる。
• 予想をたずねたら、生徒実験で確認する。

(4) 磁界の中で電流が受ける力（4時間目）

コイルのまわりの磁界

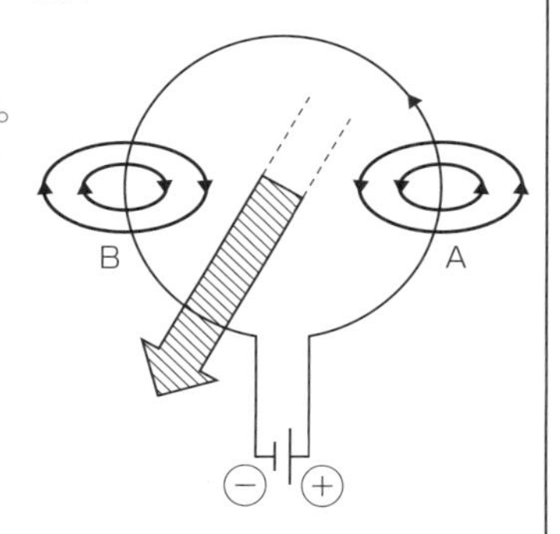

1巻きのコイルを考えてみると、A側とB側とでは電流の向きが逆になります。A側の電流がつくる磁界とB側の電流がつくる磁界がコイルの内側では、同じ方向を向いて強めあっています。右上図では、紙の裏側からこちら側に磁界の向きがあることがわかります。コイルの巻き数を多くしても同じことがいえます。巻き数を多くすればするほど磁界の強めあいがおこり、強い磁界になります。また、流す電流を大きくすれば、磁界の強さも強くなります。右上図のようにして、右中図のコイルの内側の磁界の向きを考えてみましょう。

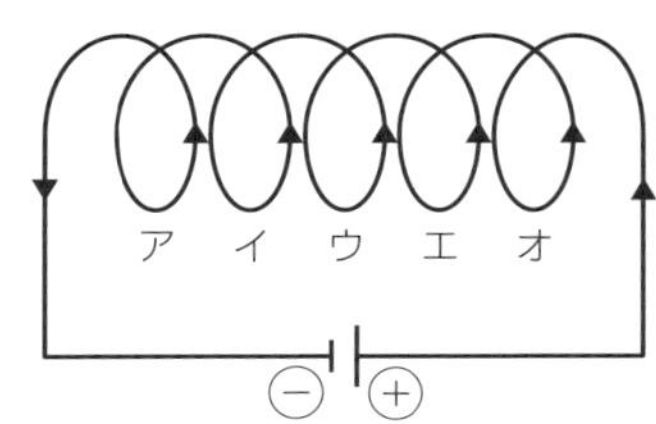

コイルの電流の向きからコイルの磁界の向きを簡単に知る方法として、「右手の親指以外を電流に合わせて、親指の向くほうがN極」というものがあります。(図は省略)

質問　右下図のように磁石を置くと、陰極線はどうなるでしょうか。

(予想)

ア．アの方向にまがる。
イ．イの方向にまがる。
ウ．ウの方向にまがる。
エ．エの方向にまがる。
オ．まがらない。
カ．その他。

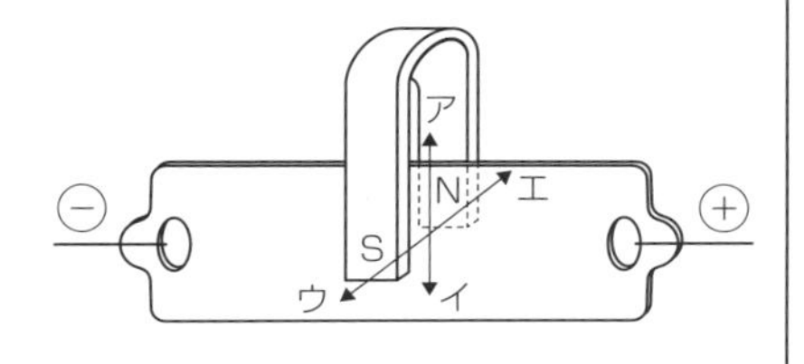

課題1　(1) 右図のように磁石を置きます。陰極線はどうなるでしょうか。

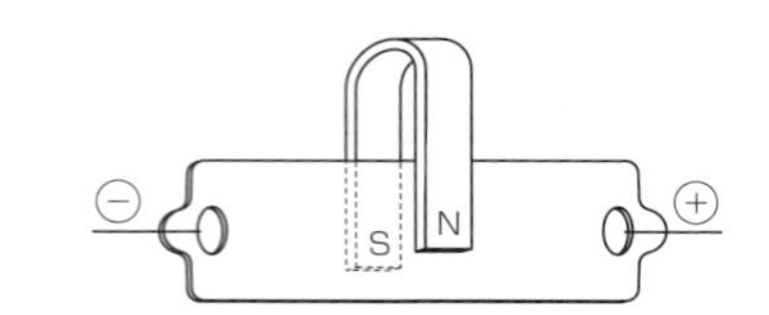

○自分の考え

○結果とわかったこと

課題2　(2) 右図のようにアルニコ磁石の間にエナメル線を置きます。このエナメル線は動くでしょうか。

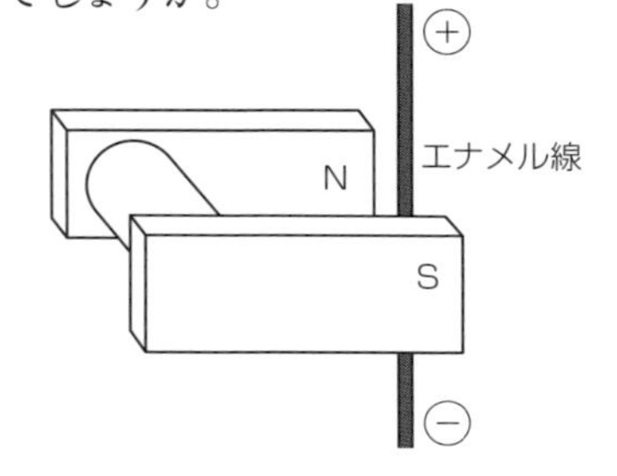

○自分の考え

○結果とわかったこと

電流・磁界・力の関係

実験でわかったように、電流は磁界から力を受けます。電流は、それが流れている導線も動かしてしまうほどの力を受けます。そして、磁界の向きと電流の向きがきまれば、いつでも同じ向きに力がはたらくのです。

おぼえ方として、つぎのようなおぼえ方があります。左手の親指、人差指、中指の3本の指を、おたがいに直角になるようにして、中指から、「でんじりょく」とおぼえます。親指は「親で力が強いから力(りょく)」。これをフレミングの左手の法則といいます。

〔練習問題〕 鋼線の動きはじめる向きを矢印で表しなさい。(図は省略)

【4時間目の解説】

◯コイルの話について

- 「前の時間の続きをやって、新しい内容にはいる」と言う。
- P.209の右上図をよく説明し、P.209の右中図にア～オのコイルの表側と裏側の磁界を描きこませ、それらの磁界を合わせることで、コイルの内側の磁界の向きを考えさせる。
- 右手を使ったコイルの磁界の向きを知る方法を教える。

◯質問について

- 陰極線は磁極に引きつけられないことを確認する。まず、電流の正体は電子の流れであり、陰極管の電子の流れの跡が見られないことを復習して質問に入る。
- 子どもには予想の根拠がないので、ア～カの予想分布を調べ、実験し、結果を書かせる。

◯課題１について

- U字磁石の磁界の向きを問答で確認しておく。質問と課題1の違いは、陰極線に対する磁界の向きが反対であることを確認する。
- 質問と課題1で、陰極線のまがる向きは、陰極線に対する磁界の向きに関係することを理解させる。

◯課題２について

- この問題では陰極線の代わりにエナメル線を用い、子どもから「エナメル線は重すぎるのでもちあがらない」という考えなどを出させたあと、実験を行う。

＜予想される子どもの考え＞

ア.銅線は重すぎるので動かない。イ.ひょっとしたら電子だけが飛び出すが、銅線は動かない。ウ.陰極線もまがったから銅線も動く。

◯実験について

- 質問では、陰極管の上から磁石を手前にS極にして近づけてP.209の右下図の位置で止める。陰極線がN、S極のどちらにも近づかないことから、磁石による反発、吸引でないことを明確にする。
- 課題１では、質問と磁石の関係を逆に近づける。その際、磁界の向きをかならず確認する。
- 課題２では、エナメル線を上部で固定してぶら下げて、回路を閉じて電流を流すと銅線が動くことを示す。さらに、磁石のN、Sの位置を逆にして動きを調べる。

○わかったことについて

- とくに、「磁界の向きに対して、どのように陰極線がまがったか」を書かせる。電流・磁界・力の関係について説明し、いくつか練習問題（略）をやらせる。

(5) モーターづくり（5時間目）

モーターをつくろう

図のように、U字磁石の間にエナメル線を置きます。このままの装置では、(a) のように力を受けて、途中まで上がっても (b) の位置までくると、押しもどそうとする力が働いてしまい、回ることができません。普通、モーターではこうしたことがおこらないように整流子をつけています。

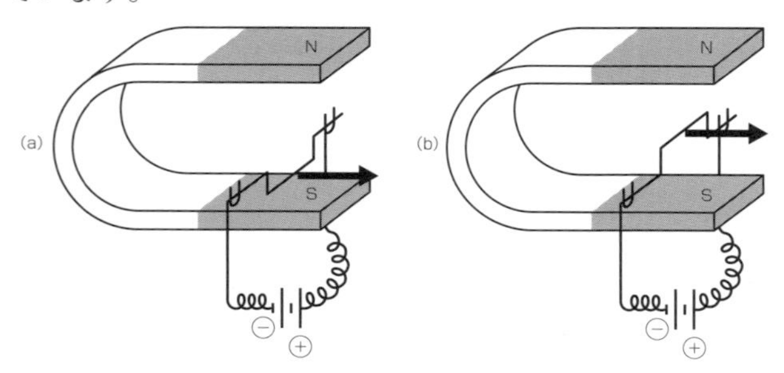

しかし、みんながモーターをつくろうとするときには、(b) のときに電流が流れないようにして、はずみでくるくる回るようにすればよいわけです。

〔モーターのつくり方〕

①2～3回エナメル線を巻く

②両端の線をねじって輪をとめる（真ん中で止めるのがコツ）

③②の両端を、一方はエナメルを全部はがし、他方はエナメルを下半分だけはがして、クリップにセットする

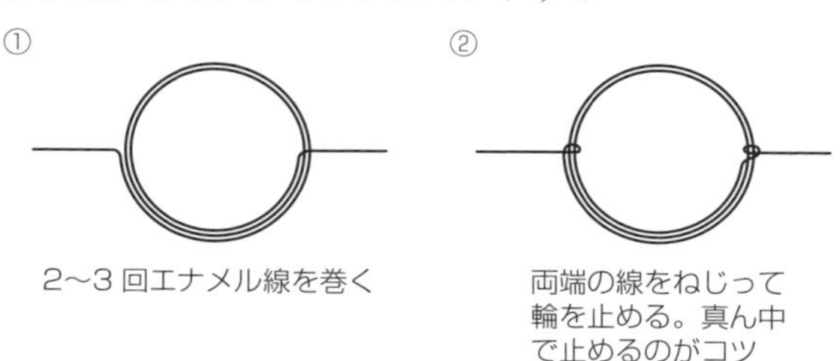

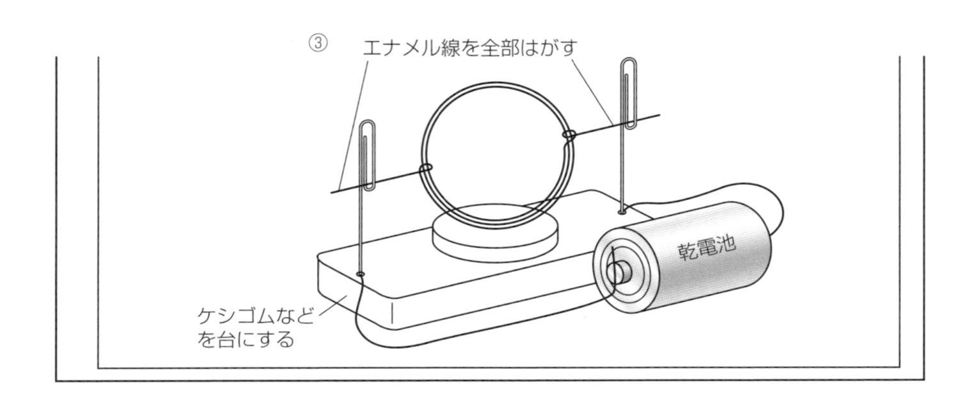

【5時間目の解説】

- 最初の問いかけは、モーターづくりの第一歩の質問である。前の時間の練習から、凹形のエナメルがどちらの向きに動き出すかは予想できるが、回転するかどうかまではむずかしい。子どもの意見を出させる中で、簡単には回らないことを意識させる。
- 整流子については、電流の向きを逆にすることで、コイルが受ける力が逆になるという程度に説明をとどめる。
- モーターづくりの実習は、全員一人ひとりにやらせたい。
- クリップの代わりに銅線をまげてスタンドにすると、磁石に引かれ使いやすい。消しゴムのかわりに発泡スチロールを大きめに切り、台にしてもよい。
- 両端のエナメル線を、円の中心と一直線になるように止めることがコツである。そしてその回転子を軸受けに置いたときに、板に垂直になるようにバランスを調節する。その状態で回転子の上下がきまる。

(6) 電磁誘導その1（6時間目）

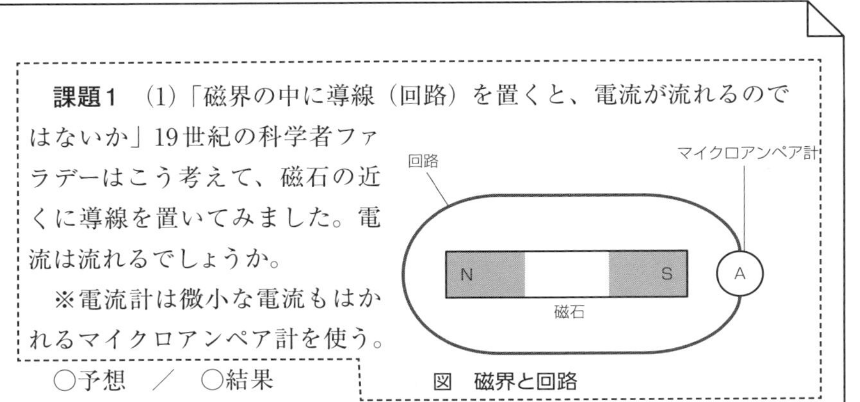

課題1　(1)「磁界の中に導線（回路）を置くと、電流が流れるのではないか」19世紀の科学者ファラデーはこう考えて、磁石の近くに導線を置いてみました。電流は流れるでしょうか。

※電流計は微小な電流もはかれるマイクロアンペア計を使う。

図　磁界と回路

○予想　／　○結果

課題2　(2) 電流は流れているようには見えませんでしたが、ファラデーはあきらめず、電流が流れることを発見しました（1831年）。君たちも、コイルと磁石と電流計（マイクロアンペア計）を使って、どんな場合に電流が流れるかを調べてみましょう。

〔実験〕

ア.どんな場合に電流が流れたかを、まとめてみましょう。

イ.電流の向きは、いつも同じでしょうか。違うとしたらどんな場合に違ってきますか。

ウ.流れないのは、どんな場合でしょうか。

エ.そのほか、気づいたことを書きなさい。

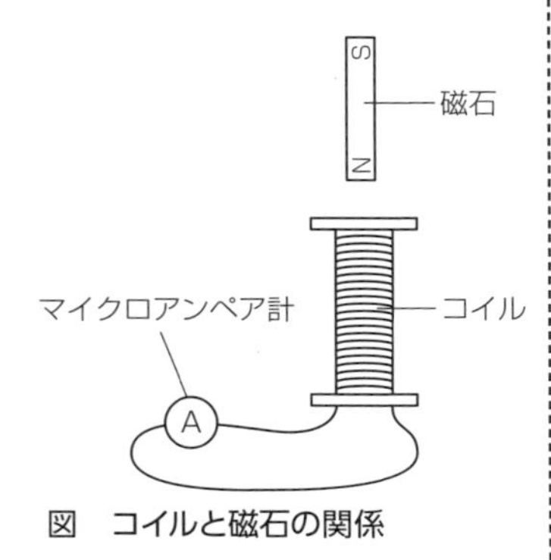

図　コイルと磁石の関係

課題3　(3) 磁石をコイルの近くで回転させた。このとき、電流は流れるでしょうか。

〔予想〕

ア.流れる。

イ.流れない。

ウ.見当がつかない。

○結果

【6時間目の解説】

○課題1について

- 課題を出した後に実験装置を見せる。

<予想される子どもの考え>

ア.電流が流れれば磁界をつくる。だから磁界があれば電流が流れる。磁界によって、導体中の電子が力を受けて動くので電流は流れる。

イ.電池などの電源がないから流れない。磁界があるだけで電流が流れるなら、地球の磁界によって、地球上の銅線に電流が自然と流れているはずだが、そんなことはない。

- この実験は、教師実験とする。

実験で回路を閉じても電流が流れないことを示すが、このとき、「コイルの巻き数が足りないから、また磁石が弱いから流れないのだ」という子どもがいたら、巻き数の多いコイルと強力な磁石（アルニコ磁石）でも流れないことを示しておく。

○課題2について

- 問題文を読んだ後、すぐ各班ごとにコイルと磁石マイクロアンペア計を配り、ア～エについてまとめさせる。
- 棒磁石の代わりに、ネオジム磁石を3～4個直列につなぎ、ガムテープで包む。それを用いれば、マイクロアンペア計でなく、普通の電流計やテスターでも針が動くのがわかる。

＜予想される子どものまとめ＞

①コイルの中に磁石を出し入れするとき、電流が流れる。

②磁石を入れたときと、抜いたときとで、電流の向きが逆になる。また、N極を入れたときとS極を入れたときで、電流の向きが逆になる。

③磁石を動かさないとき。磁石を入れっぱなしにしたとき。磁石が遠くにあるとき。

○課題3について

- 磁石がコイルの「外」にあることを、前の時間の「磁石の出し入れ」と同じように類推する子どもと、出し入れとは別だと考える子どもに分かれる。「磁石の出し入れ」と磁石の回転の場合の共通項として「磁界の変化」をおさえる。
- 時間の関係で、教師実験とする。
- 最後に、次のことをいい、プリントに記入させる。

「コイルの近くの磁界が変化すると、コイルに電流が流れる。このことを電磁誘導という。電磁誘導で、導線に流れる電流を誘導電流という。」

(7) 電磁誘導その2（7時間目）

課題1　(1) モーターを電池でまわさずに、手でまわします。手でまわすとモーターから電流を取り出せるでしょうか。

○予想／○結果

課題2　これは、手まわし発電機です（商品名ゼネコン）。ハンドルをまわすと、豆電球を光らせたり、モーターをまわしたりできます。

① 中に何が入っていると思いますか。

② ハンドルをまわしながら、スイッチを入れて豆電球をつけたとき、スイッチを切ったときの手ごたえはどうですか。

③ 手まわし発電機2個をつないでみましょう。

（図は省略）

いろいろな発電機

① 自転車の発電機の中には、何が入っていると思いますか。実際に分解したのを見てみましょう。

② 水力発電機（火力発電機）

水力発電機も原理は自転車の発電機と同じく（　　　　　）と（　　　　　）からできています。

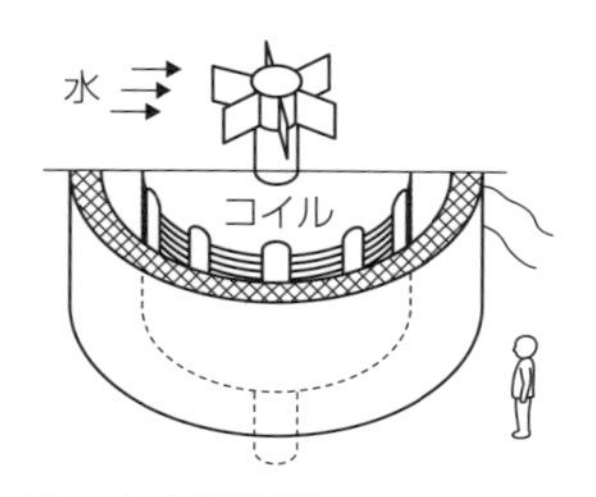

図　水力発電機

巨大な磁石（電磁石：電流は発電した一部を使用）の中で、巨大なコイルをタービン（水車）でまわして、電気を取り出しています。

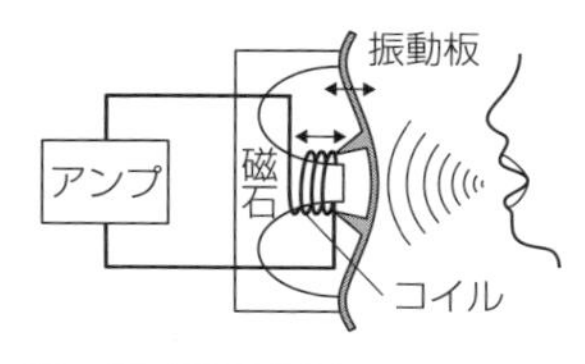

図　マイクロホン

マイクロホンも原理は上の発電機と同じく、コイルと磁石からできています。振動板に空気の粗密波があたると磁石をとりかこんでいるコイルが、いっしょに動きます。すると、振動に応じて電流が流れます。誘導電流を取り出すためには、仕事をしなければなりません。コイルにとって、磁界を変化させるには仕事が必要です。手まわし発電機でも、自転車の発電機でも、そして、水力発電機でも、磁石を動かしたり、コイルを動かしたりするための仕事が必要です。

【7時間目の解説】

○課題1について

- 模型用モーターを示し、電池をつないで回転することを示してから課題を出す。
- 〈自分の考え〉が書けないときは、「モーターの中に何が入っているか」といって、モーターの仕組み（コイルと磁石からなる）を思い出させる。
- 予想される子どもの考え

ア.モーターはコイルと磁石が入っていて、コイルがまわれば磁界が変化するのだから電流が流れる。

イ.モーターは電気でまわるものだから、手でまわしても電気は起きない。

- 実験はモーターの端子にマイクロアンペア計か講義用検流計を接続して針が振れることを見せる。

○課題2について

- ②で回路を閉じたとき、すなわち、電気を流すときはハンドルが重くなることを実感としてつかませる。
- ③は「発電機で電気を起こし、その電気でモーターをまわしている」というイメージをいだかせるのに有効である。班ごとにゼネコン2個を用意するとよいが、数が足りない場合は、ほかの班と合同で実験を行う。

12章 エネルギーとエネルギー資源

授業でのねらい

・てこをまわす働き（モーメント）は、力の大きさ×支点からの距離で表される。
・てこや滑車などの道具を使ったとき、力で得しても距離で損をする。
・人の平均仕事率は100 Wの電球程度である。
・モーターが内蔵されている手まわし発電機は、ハンドルを回転させることで発電できる。手軽にエネルギーの変換を実感できる。

A　仕事とエネルギー

1. 物をまわす働き（モーメント）とてこ

てこを使うと、小さな力を大きくしたり、大きな力を小さくしたりすることができる。私たちの身のまわりには、てこの働きを使ったものがたくさんある。

てこでは手で力を加える点が力点、支える点が支点、力が出る点を作用点という。釘抜きでBを支点にして、Aの点を押し下げるときと、端のCの点を押し下げるときでは、回転の中心から作用点までの距離が大きいほうがずっと小さな力で釘を引き抜くことができる。釘抜きのようにてこの原理を使ったものは、生活の中で、はさみ、栓抜き、穴あけパンチなどたくさんある。釘抜きは、作用点、支点、力点の順に並んでいる。

普通に力比べをしたら勝てない相手でも、てこの原理を使えば簡単に勝つことができる。例えば、野球のバットで、自分は太いほうをもち、相手に細いほうをもたせて、握ってもらう。このときともに両手で握る。相手がどちら向きにまわすかを聞いて、自分は反対向きにまわすと伝えてから、一緒に声をかけてまわす。こうやって勝負すると、相手がどんなに力を込めてバットをまわそうとしても、絶対に相手は勝つことができない。

これは、てこの原理とどう関係しているだろうか。

例えば支点からの距離が1：2になっている「てこ」を考えてみよう。短いほうに持ち上げたい物をのせて長いほうを押し下げる。このとき接触点が作用点になっている。すると、押し下げる力は物の重力（重量）の半分ですむ。

まわす働き（回転の効果）は、力点に加える力と回転の中心から作用点までの距離（腕の長さ）の積に比例する。加える力×回転の中心から作用点までの距離をモーメントあるいはトルクという。

先のバットまわしでは、バットの回転を、てこと見なすことができる。

単純にするために、大きい円の半径は小さい円の半径の3倍としておこう。すると、円の半径をバットの中心を支点にした「てこ」と見なすことができて、太いほうが1の力を出すと3の力が相手にかかることになる。回転軸から遠いところに手をかけて力を込めるほうが回転の効果、つまりモーメントが大きい。

力点に加えた力が、支点を中心として作用点を回転させるように働くてこがある。バット回しは、そんなてこと同じだ。ドアノブ、蛇口、ねじ回し（ドライバー）、自転車や自動車のハンドルはそのてこの原理を利用している。

2. 人の仕事率

道具を使っても、人が直接物体に対して仕事をするとき、仕事の大きさは変化しない。ではなぜ、道具を用いるのだろうか。

これには、仕事の能率（仕事率）が関係してくる。人が時間をかけてやっとできる仕事も、道具や機械を用いることで、疲れずに早く作業することができる。いくら仕事ができたといっても、何万年もかかったらできないも同じことだ。道具を使うことの意味は、必要な仕事の大きさは変わらなくても、仕事の能率を上げることにあるのだ。

仕事の能率を比べるためには、1秒間でどのくらいの仕事ができるか（仕事率）を使う。仕事率は、仕事の大きさを仕事をするのにかかった時間（秒）で割れば求めることができる。

仕事率＝仕事の量÷かかった時間

仕事率の単位はワット（W）だ。毎秒1ジュール（J）の仕事率は1J毎秒＝1Wである。Wは、家電製品にも用いられている。蛍光灯やテレビには何Wかが表示してある。1J毎秒＝1Wなので、1Wは、1秒間に1ニュートン（N）で1m（＝1J）動かす仕事の量になる。100Wなら、1秒間に100N、つまり約10kgの物を1m引き上げる仕事になる。100Wの電球を1秒間つけることと仕事の量が同じだ。

仕事は熱に変わるので、1秒間に発生する熱量も仕事率で表される。

人間は1日に8400 kJ（約2000キロカロリー）の食べ物を摂取し、その分の熱を出している。このエネルギーは私たちが毎日食べる食物から供給されている。1日は86400秒だから、大ざっぱにいって、私たち人間が発生する熱は毎秒約100 J程度になる。つまり、人間が1人いると100 Wの電球が点灯しているのとだいたい同じ割合で熱を発生しているということだ。狭い部屋に人がひしめいていると“熱気”を感じるようになるが、一人ひとりが100 Wの電球のように熱を出していると考えたら当然のことだろう。

階段を上るときの人の仕事率も求めてみよう。自分の体重(服もふくめる)、1階から2階までの高さ、駆け上るのに要した時間がわかれば、仕事率を求めることができる。はかってみると、だいたい400～500 Wくらいなのがわかるだろう。

人が直接物体に対して仕事をしても、道具（機械）を使って仕事をしても、仕事の大きさ自体には変わりがないが、エレベーターは、一度にたくさんの人を短時間に高い場所まで持ち上げることができる。このようにエレベーターやクレーンなどの機械は、大きい力を出したり、力の方向を変えたりすること以外に、短時間に仕事をたくさんすることができるのである。

3. 手まわし発電機で遊ぶ

手まわし発電機は、手でまわすと直流電流が発生する。それだけしかできない機械ではあるが、手軽なのでいろいろ楽しい遊びができ、電気の学習のためにもなる。

豆電球や発光ダイオード、模型用のモーター、ラジオなどを、手まわし発電機を使って働かせるだけでも遊べる。豆電球をつけるのなら、1個、2個つけるだけでなく、たくさんつけてみよう。たくさんの豆電球をもっと明るくつけるにはどうしたらいいか。100 V用の電球をつけてみよう。

水の電気分解をやってみて、その大変さからエネルギーの量を感じることもできる。手まわし発電機をまわしながら火力発電所の仕事のことや電圧や電流のことを考えることもできるし、発電機とモーターの電流の向きや回転の向きを調べるなどもできる。

① 手まわし発電機に何もつながないときと、豆電球などの何か負荷をかけたときを比べて、まわしたときの手応えの違いを感じてみよう。

② 2つの手まわし発電機をつないで、片方だけまわし方を変え 、もう1つがどうなるかをみよう。

③ 2つの手まわし発電機をつないで、たがいに逆にまわしたときと同じ向きになるようにまわしたときの手応えの違いを感じてみよう。

④ 手まわし発電機を3つつないで、2人ででたらめに勝手にまわし、残りの手まわし発電機の動き方がどうなるかをやってみよう。

⑤ 手まわし発電機で、1ファラッドのコンデンサーに加えて豆電球を回路に入れて充電する。回転を止めるとコンデンサーの放電の電流で豆電球が再度点灯する。放電のときの点灯時間で、充電された電気の量がだいたいわかる。

B　家庭の電気の旅

1. 発電所の発電機は、いわば巨大自転車発電機!

私たちは、スイッチを入れるだけで明かりがついたり、テレビの映像を見られたり、掃除機がごみを吸い取ってくれたりするなど、電気が手軽に何かをしてくれる世の中に生きている。この電気文明の土台は、1831年にイギリスの科学者ファラデーが、発電の原理（電磁誘導）を発見したことにある。

電気は、まず発電所でつくられる。発電方式としては、火力発電所、原子力発電所、水力発電所がメインだが、ほかに地熱・風力・太陽光発電所などがある。

発電所の発電機の仕組みは、自転車のランプをつけるための発電機と基本的に同じだ。自転車の発電機は、中心に円筒形の永久磁石があり、そのまわりに銅線を巻いたコイルがある。自転車のタイヤに接触させたトックリ状の発電機上部の回転軸がまわると、内部の円筒形の磁石がまわる。すると、コイルに電

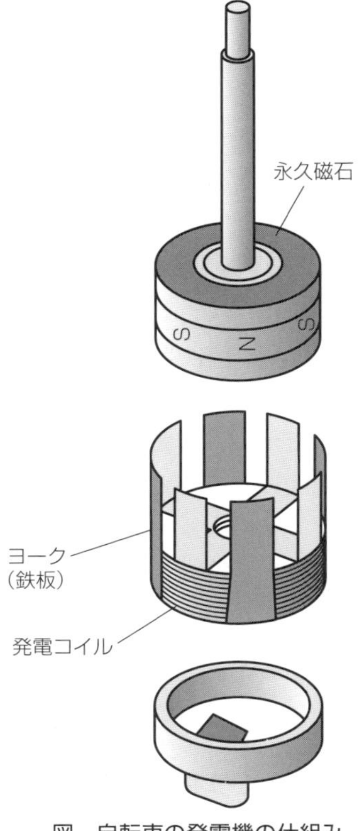

図　自転車の発電機の仕組み

流が流れる。
発電所の発電機では、永久磁石の代わりに電磁石を回転させて、まわりのコイルから電流を取り出している。
ファラデーが発見した電磁誘導とは、閉じたコイルに磁石を出し入れすると、コイルに電流が流れるという現象だ。このとき流れた電流を、誘導電流という。磁石の出し入れの代わりに、磁石を回転させても同じだ。自転車の発電機の回転軸は、乗っている人がペダルをこいで回転させた車輪からの力を伝えてまわしている。発電所の発電機の回転軸は、水、水蒸気などの勢いでまわしている。
火力発電や原子力発電は、まずボイラーでつくった高温・高圧の水蒸気で蒸気タービンをまわし、その蒸気タービンの回転を発電機の電磁石のシャフト（回転軸）に伝える。蒸気タービンの入り口では、水蒸気の温度はおよそ600 ℃程度になっている。
火力発電所には、蒸気タービンと燃料を燃やしてできた高温・高圧のガスをそのままタービンに送ってまわすガスタービンとを組み合わせて、効率を高める方式もある。
水力発電では、水力タービン（水車）の羽根車に水を当てて回転させ、発電機の電磁石をまわしている。

2. 電気の旅と送電ロス

発電所でつくられる電気の電圧は、火力発電でおよそ1万5千V、水力では1万8千V以下である。それを、15万4千〜50万Vという超高電圧にして、発電所から送り出している。乾電池は1個1.5 V、家庭の電気は100 Vや200 Vだから、非常に高い電圧だということがわかるだろう。なぜこのような高電圧にするかというと、送電ロスをなくすためである。発電所は、大都市など電気の大量消費地から遠く離れた場所にあることが多いので、電気は何十km〜何百kmと旅をしなければならない。その旅の間に、熱のかたちで送電ロスが出る。電圧をできるだけ高くして送電すれば、送電ロスを減らして送り先まで届けることができるのだ。それでも、発電した電力の約5 %が送電ロスで失われている。

3. いくつもの変電所で電圧を下げて家庭に

発電所では、最大50万Vに電圧を上げて送電している。このため、発電所には電圧を上げるための変電所がある。
なお、電圧を変える原理も電磁誘導が基本だ。変電所で電圧を変えることを変電という。
発電所から送られた超高電圧の電気は、変電所で少しずつ電圧を下げられていく。基幹変電所や二次変電所で6万6000 Vまで下げられ、配電用変電所に送られて、電圧は6600 Vに下げられる。
さらに電柱に設置されている柱上変圧器で100 Vや200 Vに下げられて家庭に届けられる。以前、家庭用の電圧といえば、100 Vと決まっていたが、最近は、火力の強いヒーターやエアコンなどを使うために200 Vの電気を引き込んでいる家庭がほとんどだ。
こうして、発電所から家庭まで電気が運ばれるのだ。

4. 電圧を変えることのできるのが交流の強み ——電流戦争におけるエジソンの敗北

最大50万Vに電圧を上げて、発電所から送電したものが家庭では100 Vや200 Vになっている。
電流には、交流と直流がある。交流は、電圧を変えることが容易にできるので、発電所は交流の電流をつくっている。自転車の発電機も交流電流をつくっている。
家庭のコンセントから取る100 Vの電源は、交流電源だ。乾電池やACアダプターから取ることができる電源は、直流電源だ。
いま、発電所がつくる電流は交流になっているが、1880年代後期、電力事業がはじまろうとするとき、交流発電所にするか直流発電所にするかで激しい確執があった。これを電流戦争とよぶ。このときの主役の一人が、かの発明王トーマス・エジソン(1847～1931年)だった。
エジソンは直流発電所を推していた。交流側は、エアブレーキを発明し、それをてこに鉄道事業に進出していたジョージ・ウェスティングハウス(1846～1914年)の陣営。
エジソン陣営は、白熱電球、送電線、ソケット、スイッチ、安全ヒューズ、メーター類など送配電に必要な部品を開発し、1882年にロンドンとニューヨークで、中央発電所から数千戸の電灯に電流を供給しはじめていた。しかし、電圧を簡単に上げられない直流では、広い範囲に電気を送るためには、送電ロスの点で交流に引けを取ったのだ。交流では、変圧器で高電圧に上げて送電し、また実用的で安全な電圧まで変圧器で下げて使用すればよいので、送電の範囲が広くなる。

そういうわけでウェスティングハウス陣営が成功をおさめると、エジソン陣営は、躍起になって交流を非難した。研究所に新聞記者や見物人を集め、野良犬や野良猫に高圧交流をかけて焼き殺す実験をくり返し、交流電圧の危険性を訴えた。このため近所の犬猫の数が10分の1に減ったという 。ニューヨーク州の刑務所当局が、絞首刑に代えて死刑に高圧交流を使う電気椅子を採用すると決定したことは、エジソン陣営にとって絶好の宣伝材料となった。

しかし、ウェスティングハウス陣営は、こうした攻撃にくじけず、1893年シカゴの万国博覧会で25万個の電灯をともす計画を落札し、これがすばらしい成功をおさめた。こうして、発電と送電の主役は、直流から交流に交代していったのある。

植物──花と実（種子）

授業でのねらい

・花は植物が子孫を残すための生殖器官である。
・花には、雌しべ、雄しべの両方、あるいはどちらかが必ずある。雌しべの柱頭に花粉がついて受粉する。受粉後、子房内で受精が行われ、子房が実になり、胚珠は種子になる。
・花の後には実ができる。実の中には種子がある。
・実には花のなごりがある。
・イモなど植物の体の一部から育てる作物にも花が咲き、実（種子）ができる。人類は作物を種子から品種改良してきた。
・食糧として食べているイネは、野生の植物がもっていない性質をもつものに品種改良されてきた。

A　花と種子

1.「植物にとって花とは何か?」の授業

花が咲いて、種子ができてふえる植物を種子植物という。私たちの周囲の草や木は、ほとんどが種子植物だ。

植物の花は生殖器官といって、子孫を残すためのものである。花の後には実ができる。実の中には種子が入っている。種子から発芽して子孫が残るのである。とはいえ、「植物なら花が咲く」とはいえない。シダやコケの仲間には花が咲かない。これらは胞子でふえたりする。シダやコケ以外の植物にはかならず花が咲く。そして実（種子）ができる。

具体的に、「アブラナ、タンポポ、サクラ、チューリップ、カキ、イネ、クリ、コナラ（ドングリの木）、マツ、スギ、ジャガイモ、タケ」という、子どもたちが知っていそうな植物名をあげて、『次の植物は、花を咲かせるでしょうか』と聞いてみる。

アブラナ、タンポポ、サクラ、チューリップなどの花は見たことがあるだろう。しかし、カキ以降はどうだろうか。実（果実）は知っているが、花を見慣れているわけではない植物だ。カキは、秋になると実をつける。イネからは米ができ、クリはクリの実をつけ、コナラもドングリをつける。これらのことから、カキ・イネ・クリ・コナラ（ドングリの木）は花を咲かせる植物だと推測できるかもしれない。

マツやスギは、花だけでなく実すらもよくわからないだろう。マツボックリやスギ花粉症といった身近な事柄から、花が咲くだろうことを子どもたちは推測するかもしれない。

『マツやスギは、どうでしょう。マツにできるマツカサは一昨年の雌花の集まりが変化しもので、中には種子ができています。スギ花粉症というのを聞いたことがありますか。花粉を出すのですから、スギも花を咲かせることがわかりますね。普段ほとんど目にすることはありませんが、ジャガイモやタケなどにも花は咲きます。』

実や種子を見ていても、それらが花からできたことについては、想像できないという子どもたちもいる実態を知っておかなければならない。花が咲くという種子植物の重要な特質を、科学的概念として明確にしていくことが授業の作戦として必要なのである。

花には、アブラナ、サクラのように、がくや花びらがあるもの、コムギのようにがくや花びらがないものがある。また、マツやスギのように子房がないものもある。

しかし、どの花にも雌しべと雄しべの両方、または、そのどちらかが必ずある。

雌しべは、ふつう1つの花に1本で、その根もとは子房になっている。

例として、1つの花に花びら、がく、雄しべ、雌しべがそろっているアブラナの花の仕組みを見てみよう。このように花びら、がく、雄しべ、雌しべがそろっている花を、完全花といい、そのうちどれか1つでも欠けている花を不完全花という。

アブラナの花は、がく、花びらが4枚ずつあって十字形に並んでいる。

雄しべは6本あって、そのうちの4本は長くなっている。雌しべは1本で、その根もとのふくらんだ部分が子房である。

子房が、やがて実になる。このとき子房に包まれている胚珠が種子になる。こうして、子孫を残すわけである。

チューリップだってジャガイモだって、もちろん種子植物である。

タンポポやサクラなどを素材にして、種子植物の花のつくり方や、花から種子になることを教える。
タンポポの花は、たくさんの花の集まりだ。雌しべや雄しべや花びらのついた小さい花を抜き取ることができる。1つの頭花に約200の花がある。花1つから1つの果実ができる。果実には綿毛がついていて、風に乗って遠くまで飛んでいく。
ここまでは教科書をこなすだけで何とか授業がやれる。学んだことをわからせることもできるだろう。
しかし、それでは扱った植物についてだけの、個別的な理解のレベルにとどまってしまう。その先に本当の理解への道があるのだ。
『チューリップの花が咲いたあと、種子はできるかな？』と発問してみる。
子どもたちはあせってしまう。花は見ているが、種子には目がいっていないからだ。「球根でふやすから球根が種子だ」といいだしたりする。チューリップの実に興味をもって、見る人はほとんどないだろう。多くの場合、花が咲き終わると、実になる部分は切ってしまうからだ。
タンポポやサクラで、花の雌しべのもとのふくらんだ部分(子房)が果実に、子房の中の胚珠が種子になるとすでに学んでいても、花と種子がうまく結びつけられていないのである。つまり、普遍的な理解になっていないのだ。
種子の入った果実を準備しておく。それを見せれば一発で理解してもらえる……といきたいところだが、まだまだ授業を別の内容へと進めることはしない。
『ジャガイモに花が咲くって知ってる？』と聞いてみる。かなりの子どもたちがジャガイモの花を見ている。
ジャガイモはナス科の植物で、ナスやトマトの花に似た花が咲くことを説明する。
そこで発問する。
『ジャガイモに実や種子はあると思いますか？』
今度は、「“種イモ”が種子だ」といい出す。
ジャガイモの実の実物を見せるとともに、ジャガイモの花と実について話をする。
イモや球根でのふやし方は、さし木や根の一部でのふやし方と同じで、体の一部でふやすやり方である。このやり方でふやすと、前と同じコピー植物ができるのだが、何回も何回もコピーを続けると字が不鮮明になり読めなくなるように、何回も続けていると、できる植物が弱くなっていく。

それに対し、花から実をつくってふやすのは、動物でいえば雄と雌から子どもをつくってふやすやり方にあたる。体の一部でふやすやり方と比べて、もとの植物と全く同じコピー植物ではなく、新しい個体になるから丈夫さが違う。親とはいくらか性質も違ってくる。
「生物は子孫を残す」という観点から、花が咲くという現象をとらえておくことが大切である。すべての生物は子孫を残す。これは無生物にはない、生物だけに特有な働きである。もしも、子孫を残さない生物がいたとしても、人間が介在して品種改良したものは別として、それは滅びてしまっているはずである。種子植物は、花を咲かせ、種子をつくり、散布して、子孫を残す。実（種子）は必ず花からできると捉えさせることが大切である。

つまり、これらの授業を通してはっきりさせたいのは、「植物にとって花とは何か」ということである。花は生殖器官で種子をつくるものということを、どんな種子植物についてもそうなんだ、というレベルで理解させたいのである。

そのために、チューリップやジャガイモ、さらにマツやスギなど花らしからぬ花や、子どもたちが「花なんて咲かないよ。種子なんてできないよ」と思っている植物を教材として取り上げていく。

雌しべの柱頭に雄しべの先にある「やく」（花粉が入った袋）から出た花粉がつかなければ、実はできない。雌しべの柱頭に花粉がつくことを受粉という。柱頭についた花粉からは，子房の中に花粉管がのびていって受粉が行われる。すると、子房が実になり、胚珠は種子になっていく。

2. チューリップの花と実と球根

チューリップの球根は正確には鱗茎といい、タマネギのように、短縮茎に葉（鱗葉）が重なり合い層状になっているものだ。

チューリップの花は知っていても、その実や種子を見たことがある人は少ないようだ。それは、実になる前に花を切ることが多いからだ。切らなければ、やがて、花の雌しべの下部の子房が実になり、その実の中に種子ができる。しかし、その場合でもまるまると太った種子はほとんど見あたらず、薄くて実っていない種子がほとんどだ。つまり、人にとってよい花を咲かせる球根だけがくり返し選ばれてきた結果、よい種子ができにくくなったようだ。

実になる前になぜ花を切るのかというと、栄養分を実の成長にまわさずに球根に集中させるためだ。球根からだとチューリップは短期間で育つ。

自分の体の一部から育った生物をクローンという。球根は地下茎の一種で、体の一部だから、球根から育つチューリップもまたクローンだ。クローンは遺伝子が同じなので、次の年も同じ花が咲く。

違うタイプの花が咲くチューリップがほしければ、ほかの株と交配させて種子をつくり、育てる必要がある。ただし、種子から育てると花が咲くまでに何年もかかる。実際、チューリップは長い時間をかけて交配させてつくった種子から育てることで、品種改良されてきた。日ごろ、私たちが見ているのは、その品種改良されたチューリップのクローンたちなのだ。

3. 目立たない花にも目を向ける

『君たちが食べているご飯はイネの実であるコメ。ではイネの花を見たことがありますか？』

『芝生のシバ。シバは花が咲きますか？』と質問する。

田畑が多い地方でも、イネの花を見ている子どもは少ない。

イネの花は7月頃に咲くが、花びらは痕跡程度で、2枚の「えい」に包まれている。花は、6本の雄しべと1本の雌しべからなっている。雌しべの先の柱頭は2つに分かれ、花粉を受け取りやすいように羽毛状になって表面積が大きくなっている。

このような柱頭の形は、風で飛んできた花粉をキャッチする風媒花の特徴の1つである。風媒花は、虫たちをよぶための美しい花びらも、よい香りももたない。風まかせだから必要ないのだ。

花粉を包んでいる「やく」は、イネ科では、長い糸状の花糸の先についてたれ下がり、風を受けやすくなっており、花粉を飛ばしやすくしている。

イネが植えてある田んぼが近くになくても、芝生なら身近だろう。芝生のシバもいろいろ種類はあるが、イネ科の仲間だ。大学生でも、「シバにも花が咲きますか？」と聞いてみると、みんな悩む。シバは身近でもじっくり見たことがないし、「花が咲くかどうか」という問題意識をもったことがないのだろう。

もちろん、シバも花を咲かせる。シバ、ススキやムギなどイネ科の仲間はすべて風媒花だ。目立つ花ではなく、雄しべの花粉が風で飛びやすく、雌しべの柱頭が花粉を受け止めやすいということが、風媒花にとっては大切なのである。

スギも風媒花だ。雌しべに花粉を受ける特別なつくりがないのでイネなどよりもっと受粉しにくい。だから、スギは、おびただしい数の花粉を空中に散布する。スギ林1 haあたり、5兆個から10兆個の花粉が出るという計算もある。春先、私をはじめ多くの人がこの花粉に悩まされるわけだ。

4. 目立つ花と昆虫のいい関係

私たちが「これは花だ」と認識する「花らしい花」は、花粉を昆虫などに運んでもらう花、つまり虫媒花だ。チューリップ、ヒマワリ、アサガオ、ウメ、サクラなど、よく目立つ花は全て虫媒花だ。花に昆虫を招き、うまく受粉させるための巧妙な仕組みをたくさんもっている。

まず、花びらやがく。目立つ色の花びらやがくは、私たち人間に「きれいな花」ととらえてほしいのではなく、花粉を運んでくれる動物に向けてのアピールなのだ。目立つ色の花びらやがくで、昆虫を引きつける。芳香を発するものもある。くさった臭いをだす花もあるが、それは、ハエを引きよせるためである。人間には真っ白に見える花びらも、紫外線を見ることができる昆虫には模様がほどこされているように見える。そして、その模様の先には、昆虫へのお駄賃としての蜜が用意されている。

花粉には粘液や突起物があり、昆虫の体につきやすくなっている。花を訪れた昆虫は、蜜をもらう代わりに花粉を体につけて運ぶことになる。「虫媒」は、花粉が風まかせに飛び散る方法「風媒」よりも確実に受粉できる方法だ。

さらに花の形も管状、つり鐘状などといろいろで、花を訪れる昆虫の体の形とうまく合っている。

植物にとって、確実に受粉・受精をすることは、自分の仲間をふやすために、とても大切なことだ。どんなに美しく見える花も、人間を楽しませるために咲いているわけではない。花は種子をつくるためのもの、つまり仲間をふやすための器官（生殖器官、繁殖器官）なのだ。

一般的な花を咲かせる植物は、花粉の運び手である昆虫との関係を密接に深めながら、共に進化してきた。昆虫の体に合わせて花びらの形や色を変えたり、雄しべと雌しべの位置を微妙に調整したりしてきた。そうして、特定の昆虫とパートナーシップを築き、より確実に同じ種類の花どうしで花粉をやりとりするようになった植物もある。多様な花があるのは、「虫媒」という昆虫と植物の花とのいい関係の結果だといえるだろう。

B　実に見る花のなごり

1. 実には花のなごり（痕跡）あり

雌しべの柱頭に雄しべの先にある「やく」から出た花粉がつかなければ、実はできない。

花の雌しべの子房が成長して果実となると、花びらや雄しべ、雌しべの柱頭はとれてしまうことが多いが、雌しべや雄しべの痕跡、なごりが残ることがある。がくは実に残ることが多い。

実を見ることで、そこに花のなごり（痕跡）を見つけることができる。

たとえば、カキの実は、子房がふくらんだものである。へたは、がくが残ったものである。

私たちが実で食べている部分は、子房がもとになっているところばかりではない。リンゴで食べているのは、がくと花托が変わったものである。花托は花床ともいい花のつけ根の部分で、子房は実のしんの部分になっている。リンゴの中心のへこんだところを見ると、がくが残っている。また、よく見ると雄しべのなごりがある。リンゴにカキのような「がく」が残った「へた」がないのは、がくがふくらんで食べる部分になってしまっているからである。

(1) サヤエンドウの実にある花のなごり

年中入手できる野菜にサヤエンドウ（キヌサヤエンドウ）がある。まだ完全に熟していない若い実を食べる。サヤには豆が入っている。

子どもたちにサヤエンドウの実を1人に1つ配り、『これはサヤエンドウの実です。すでに学んだように、実は花のあとにできます。この実をスケッチし、ここは花の部分が残ったものではないかという箇所を見つけてみよう』と指示する。

サヤエンドウの実をよく見てみよう。実は子房がもとになっている。実の先のとんがりは、雌しべの柱頭のなごりである。実の先に何かひげみたいなものがないだろうか？　それが、雄しべのなごりである。実の根もとの葉っぱみたいなものは、がくが残ったものである。

(2) イチゴの場合

イチゴの花と「実」の関係を紹介するのもおもしろい。

『イチゴの実のつぶつぶは何だろうか？』と質問してみよう。

イチゴの花は、花托というところに雌しべがたくさん並んでいる。雄しべは花托を取り巻いて並んでいる。花托は、がくの上にあって、花びら、雌しべや雄しべの土台になっている部分で、クッションの役目をしている。ほかの花の花托は小さいのに、イチゴの花托は盛り上がっていて大きいのである。

雌しべの子房がふくらんで実になり、その実をのせている花托が大きくなって食べる部分になる。私たちがイチゴの実と思っていたのは花托だったのである。

では実はどの部分なのかというと、イチゴの「実」についているつぶつぶ一個一個が実なのである。果肉のない実なので「痩せた果実」という意味で「痩果」という。よく見ると粒1つ（実）の先には雌しべの痕跡が残っている。

イチゴの実一個の中には一個の種子がある。だからイチゴのつぶつぶを実といっても種子といってもいい。

イチゴの実（種子）は発芽能力をもっているので、実を発芽させて育てることができる。濡らしたガーゼにイチゴの粒をのせておくと発芽する。根が少し伸びてきたら、消毒した砂に植えかえる。成長してきたら適当な土にまた移植する。やがて花が咲き、実ができる。たいてい、元のイチゴより酸っぱい実ができるようだ。

(3)　リンゴの実にある花のなごり

リンゴの花と実の関係も興味深い。リンゴの花は、花托が子房をしっかり包み込んでいる。

リンゴの実の、枝がついていないほうの先には小さなくぼみがある。その真ん中の突起が雌しべ、くぼみの周囲が雄しべの痕跡である。リンゴで食べている部分は、子房が大きくなったものではなく、子房のもっと下、花の根元の花托の部分が大きくなったものである。しんとよばれる硬い部分は子房が変化したもので、中にはちゃんと種子が入っている。

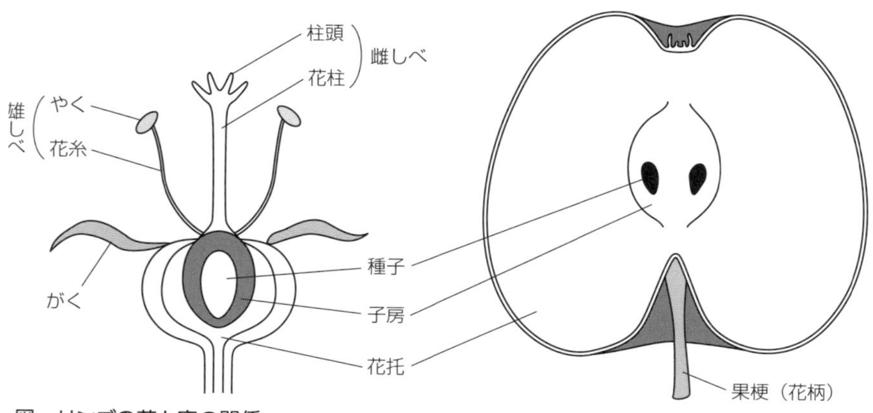

図　リンゴの花と実の関係

(4) トウモロコシの実にある花のなごり

世界の三大穀物といえば小麦、米、トウモロコシだ。皮をむく前のトウモロコシをよく見てみよう。毛のようなもの（ヒゲ）がたくさんついている。皮をむいてみると、ヒゲは1粒1粒の種子につながっている。このヒゲは何だろうか。

畑に植えてあるトウモロコシのてっぺんの穂は、たくさんの雄花の集まりだ。雄花は、高いところからたくさんの花粉をふりまく。風に舞った花粉をキャッチするのが雌花で、それぞれからヒゲが生えている。つまり、ヒゲの1本1本が雌しべなのである。ヒゲの先はさわるとベトベトしていて、細かい毛がたくさん生えた柱頭になっている。ヒゲの先にうまく花粉がつけば、花粉から花粉管が伸びていって受精が行われて、実をつくることができる。

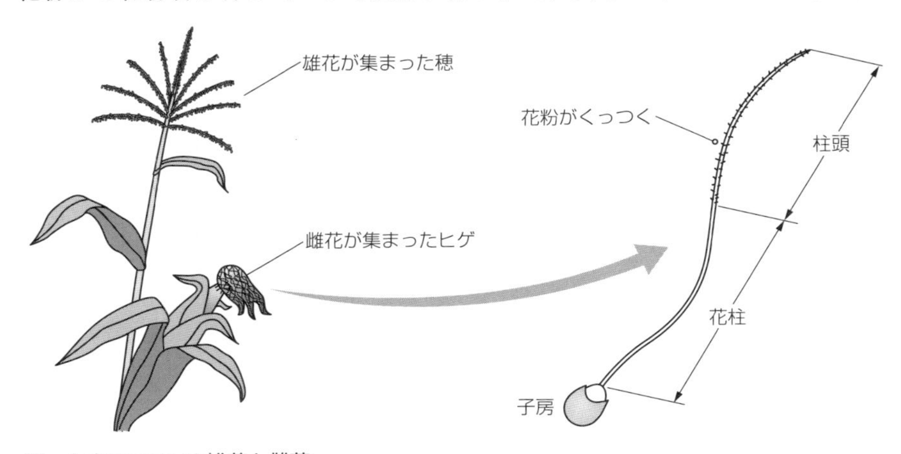

図　トウモロコシの雄花と雌花

トウモロコシの実についていたヒゲは、雌しべのなごりだったのだ。雌しべは、子房—花柱—柱頭の3つの部分からできているが、子房はつぶつぶの実になり、花柱が残っていることになる。

家庭菜園でトウモロコシを育てると、ちょっと歯抜けになる場合がある。歯抜けの部分は柱頭にうまく花粉がつかなかった個所だ。

C　栽培植物——チューリップ、ジャガイモとイネ

1. チューリップの実、種子はどこにあるの?

春うららかなころ、花壇に咲き乱れる赤や白や黄色のチューリップ。大人

から子どもまでとても親しまれている花だ。

チューリップは、中近東が原産で、16世紀頃からヨーロッパで栽培されていた。中でもオランダは世界一のチューリップ王国で、何と3500種があるそうだ。

では、チューリップの実や種子はどこにできるのだろうか。

球根が種子だと思っている子どもがいるかもしれない。花が咲いた後に実ができる。実の中には種子ができる。球根は実でも種子でもない。チューリップの球根は正確には鱗茎といい、タマネギのように、短縮茎に葉（鱗葉）が重なり合い層状になっているものだ。

チューリップの花は知っていても、その実や種子を見たことがある人は少ないようだ。それは、実になる前に花を切ることが多いからだ。切らなければ、やがて、花の雌しべの下部の子房が実になる。実の中には種子が入っている。しかし、まるまると太った種子はほとんど見あたらない。薄くて実っていない種子がほとんどだ。つまり、種子はできるが、人にとって観賞によい花を咲かせる球根だけがくり返しくり返し選ばれてきた結果、種子ができにくくなったのだろう。

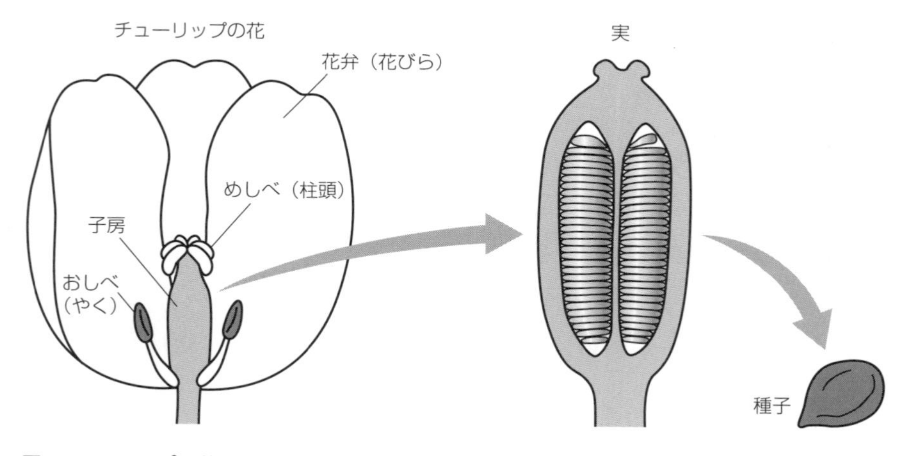

図　チューリップの花と実(種子)

実になる前に、なぜ花を切るのかというと、栄養分を実にまわさずに球根に集中させるためだ。球根からだとチューリップは短期間で育つ。

自分の体の一部から育った生物をクローンという。球根は地下茎の一種で、体の一部だから、球根から育つチューリップもまたクローンだ。遺伝子が同じなので、次の年も同じ花が咲く。
違うタイプの花がいいなら、ほかの株と交配させて種子をつくり、育てる必要がある。ただし、種子から育てると花が咲くまでに何年もかかる。実際、そうやってチューリップは長い時間をかけて品種改良されてきた。そのクローンを日ごろ、私たちは見ているのだ。

2. ジャガイモの花と実(種子)の話

「花と種子」の授業で、私がどのようにジャガイモの花と実(種子)を位置づけているかを示した。ここでは、そのための背景的な知識を紹介しよう。

(1) ジャガイモの花

ジャガイモは、白や紫色をした美しい花を咲かせる。
石川啄木(1886～1912年)は、彼の歌集『一握の砂』で、故郷の岩手県での追憶の歌を主に収録した「煙」の二にて、
馬鈴薯のうす紫の花に降る　雨を思へり　都の雨に
と、ジャガイモ(馬鈴薯)の花について歌っている。
同じく『一握の砂』の巻頭の「我を愛する歌」では、
「はたらけどはたらけど猶わが生活楽にならざりぢっと手を見る」という苦しい都会生活を歌っている。このことから、しとしと降る雨を見ながら、故郷のジャガイモ畑に咲いているジャガイモの花をぬらす雨を連想した望郷の歌といえる。啄木にとって生まれ育った渋民村あたりの畑に咲いていたジャガイモの花は印象深く、忘れえぬものだったのだろう。
ジャガイモの花は、夏に咲き、1ヵ所に数個の花をつける。白または淡い紫色で、花の中には雄しべと雌しべがある。トマトの花によく似ている。なぜなら、ジャガイモはナス科の植物で、ナスと同じ仲間なのだ。

(2) ジャガイモのイモは実ではない

私は、ときどき、小中学校で理科を教えている先生方にお話をする機会がある。そんなときに、「ジャガイモの実(果実)を見たことがありますか?」と聞いてみると、見たことがある人がだいたい1割程度だ。ジャガイモ畑が多い地域ではずっと多くなる。
「えっ!　イモがジャガイモの実ではないの?」と驚かれる人もいるかもしれない。ジャガイモのイモは、栄養分をため込んだ塊茎(地下茎)なのだ。実ではない。実は、花が咲いた後に雌しべの下部の子房が変化したもので、その中には種子が入っている。

(3) ジャガイモの実は簡単には見られない

ある年、ある地方で「ジャガイモにトマトの実が？」という見出しの記事が新聞に出たことがある。ジャガイモを栽培している農家の人たちが、「ジャガイモにトマトがなった」と驚いたのだ。なったのはトマトの実ではなく、ジャガイモの実だった。毎年毎年、ジャガイモを栽培している人たちでさえ、ジャガイモに実がなる、ということは驚くことだったのだ。

ジャガイモの故郷をたどっていくと、南米のチリの山の中にたどりつく。アンデス山地だ。そのあたりには今もジャガイモの野生種が生えている。民族植物学者の山本紀夫さんは『ジャガイモの来た道―文明・飢饉・戦争』（岩波新書、2008年）で、はじめて野生種を見たときのようすを述べている。場所は、ペルーとボリビアの国境近くにある、標高3800 mのティティカカ湖畔。紫色の花も葉の形も全体も、ジャガイモに似ているが、あまりにも小さく、根元から掘ってみると、小指の先ほどのイモをつけている。乾季には地上部は枯れてしまって発見は困難だが、雨季になると花が目印になり、比較的容易に見つけることができる。中央アンデスのあちこちに見られるが、野生種のイモには毒があって食べられない。

アンデスの人々は、こうした野生種に手をかけて作物に仕上げていったのだ。イモがより大きく、よりおいしくなるように、そして毒が少ない個体を選んでいったのだろう。その過程で、花が咲いても実ができないもの、花もあまり咲かないものが残ったのかもしれない。それでも中にはよく開花して実もなる品種も残っている。

16世紀には、スペインが南アメリカを侵略した。そのときに、ジャガイモはスペインにもたらされた。その後、長い間かかって、ジャガイモが非常によい作物だということがわかってきた。そして、世界のあちこちで種子でなくイモで栽培されるようになった。

それでもときたま、花が咲いた後に、実をつけることがある。それはまるでミニトマトのような形の実だ。1個の実には約100個の種子ができる。品種によっても実のつきやすさは違うようだ。「男爵」や「メークイン」は実がつきにくく、「キタアカリ」がつきやすいようだ。「男爵」や「メークイン」でも、春から初夏までの気温が高い年は開花量や花粉量が多くなり、受粉しやすくなって実がつくことがある。

(4) ジャガイモの品種改良は結実させ種子を採って行う

北海道立総合研究機構・北見農業試験場・作物育種グループ（馬鈴しょ）

サイトの「ばれいしょの新品種が育成されるまで」は、ジャガイモの新品種をつくりだすには、父親品種の花粉を母親品種の雌しべに受粉させ、実を結ばせること（交配）からはじめるのが出発点であることを示している。

実から種子を採り、その種子から苗を育て、イモを採る。さらにイモから苗を育てイモを採る。その中で育てやすさ、収量、おいしさ、病気への抵抗性などの観点から、よいものを選びぬいていく。交配から優良品種認定までに10年以上かかる。

私は、かつて種苗会社が「シードポテト」というジャガイモの種子を売り出したとき、すぐに購入した。その育て方を見ると、種イモから育てるのと比べると圧倒的にたいへんそうだったので、「花と種子」の授業ではその種子を見せるのにとどまった。

3. 野生のイネ科植物からイネへの品種改良

小学校理科で扱う植物教材には栽培植物（作物）が多い。作物は人間が野生種から品種改良を続けてきたものだ。その代表としてイネを見ておこう。

(1) 作物としてのイネの性質

コメは、日本や多くのアジア諸国の主食で、イネ目イネ科イネ属の植物の実（果実）だ。世界の人口の半分近くが主食としている重要な食品だ。

作物としてのイネは、数千年前に野生のイネが栽培化されてできたと考えられている。野生イネの中から「倒れにくい」、「実が落ちにくい」など栽培しやすいものが選ばれたのだろう。水田で栽培されるイネは、日本には縄文時代末から弥生時代にかけて入ってきた。

作物としてのイネは、野生のイネ科植物と比べて1粒の実がとても大きく、デンプンがたくさん詰まっている。実はいっせいに、すなわち同じ時期に熟す。しかも熟しても地面に落ちないで、稲穂にとどまっている。

(2) 野生のイネから栽培イネへ

主食のコメはイネの実と種子の皮をむいて食べられるようにしたものだ。

野生のイネと栽培イネの間には、人類の長い時間をかけた「品種改良」の歴史がある。

野生のイネは花が開いて自分の花粉が雌しべにつく同家受粉では受精せず、ほかのイネの花粉が雌しべにつくと受精する他家受粉の性質をもっている。常にほかの花の花粉がついて雑種になるようになっている。そのほうが、いろいろな性質の実ができ、環境の変異や病害虫のためにいっせいに死に絶えてしまうことがなく、どれかが生き残れるという点で、野生のイネにとっては大切なことなのだ。

しかし、長い栽培の歴史の中で、品種改良された栽培イネにはこの性質は失われてしまった。花が咲くとすぐに自分の花粉が雌しべにつく自家受粉をして受精し、実ができるようになったのだ。そのために栽培品種のイネは、全部同じ性質をもったものになっている。そのほうが品質がそろったイネが栽培しやすくなったが、環境の変化への対応などはそのぶん弱くなったといえる。

野生種は実が小さく、熟すとぱらぱらと落ちてしまう。また、いっせいに熟さず、熟すのに時間的なばらつきがある。植物にとって実は子孫を維持するためのものだから、広い範囲にばらまくとともに、環境の変化にあっても大丈夫なようにばらばらに熟すのが当然だ。

しかし、作物としては、1粒の実に栄養がたっぷり入っているほうがいい。また実が落ちにくく、しかも一度に熟すほうが収穫しやすい。そこで、収穫した実の一部を翌年にまくために残すときに、大きい粒のもの、落ちにくく、一度に熟すものを選んでいった。このような果実選びを何百年、何千年の間くり返すうちに、今のような品種になったのだ。

人類は、イネを品種改良して栽培・収穫しやすいイネにつくり変えてきた。その結果、作物としてのイネは、自然の中で、すなわち野生で育つには不都合な性質をもってしまっている面がある。そのため田畑で人間が管理しながら栽培しなければならない。

このように、作物を栽培する農業の発展は、移動しながら食べ物を得る採集・狩猟の生活から、同じ場所に住み続ける生活（定住生活）へと人々の暮らしを変化させたといえよう。

14章 植物の暮し――光合成と生活型

授業でのねらい

・植物の葉に日光が当たるとデンプンなどがつくられる。この働きを光合成という。
・植物は光合成によって成長などに必要な栄養分を水と二酸化炭素からつくっている。
・光合成のためには葉が日光に当たる必要がある。光が当たりやすくするために葉を高い場所にひろげている植物があるが、条件によっては地面近くに葉をひろげている植物もある。茎や葉の生え方で、いろいろな生活型がある。

A　植物の生活にとっての光合成

1. 植物は光合成で栄養分をつくる生物

動物は、えさ（ほかの生物）を捕らえ、食べることによって生きるために必要な栄養分を得ている。

では、植物ではどうなのだろうか。

課題　動物はえさを食べることで成長したり、生きるための栄養分を得たりしています。その栄養分はタンパク質・脂肪・炭水化物などです。

では、植物はどのようにして栄養分を得ていると思いますか。次のうち、もっとも近いのはどれだと思いますか。

ア　全部葉で光合成することで得ている
イ　光合成で得る栄養分は半分程度で残り半分程度は根から吸収
ウ　光合成で得る栄養分より根から吸収する栄養分のほうがずっと多い

たんなる養分にすると、根から吸収する無機養分もふくまれるので、あくまでも「成長したり生きたりするためのエネルギー源としての栄養分（有機物）」と限定する。

教科書には、「植物は緑色をした葉に日光を受け、養分をつくって成長する」などと記述してある。これをはじめから説明してしまうよりは、現にいま、子どもたちの頭の中にある考えを出させてから、科学が明らかにしたことを説明したほうがいいと思うのだ。

この課題に、子どもたちのほとんどが、はじめ「土の中から根で養分を吸収している」と考える。しかし、「光合成」の言葉がささやかれると、「光合成をして栄養分を自分でつくっている」こともプラスされる。土の中からと光合成の両方だというのだ。

ほとんどの栄養分を光合成でつくっているという者は少ない。両方だという子どもたちも、土の中からと光合成でつくる量は半々くらいだと思っていて、まさかほとんど全部といっていいほど光合成で栄養分をつくっているなんて、思いもよらないのである。

光合成を認識していく過程は、科学史から見てもそう簡単なものではなかった。何行かの説明文があったからわかるというものではない。とはいえ、光合成は植物の生活の基本となる事項なのだ。うまい作戦をたてなければならない。

そこで、課題について議論してから、真船和夫さんが『理科教室』1963年1月号に書いて以来、多くの人が授業に活用している「ファン・ヘルモントのヤナギの木の実験」を、一節一節、いっていることを確認しながら読む。

『次の課題の後で、答えの話を読むよ』といって課題を出す。

『鉢植えのヤナギの木(2.27 kg)に水だけを与えて育てました。この木は5年後に76.74 kgに育ちました。

ではこのとき、鉢の中の土は、どの程度減っていたでしょうか。

ア.0.06 kg未満　　イ.0.6 kg　　ウ.6 kg　　エ.60 kg以上』

予想分布を調べ、自分の考えを発表させてから、数字などを板書しながら、次の文章をゆっくり読む。

◎ファン・ヘルモントのヤナギの木の実験

私たちは、食べ物を食べないと腹が減ってきます。腹が減ると、運動することも、考えることもいやになってしまいます。それどころか、長い間、食べ物を食べないと、体がやせてきて、しまいには死んでしまいます。

食べ物は、私たちの体をつくったり、運動したり、考えたりするもとになるものを与えてくれるのです。その食べ物を、動物はみんな外から、ほかの動物や植物を食べ物として体の内へ取り入れています。

では、植物はどうしているのでしょうか。

今から2000年ほど前のギリシャの哲学者アリストテレス（前384～322年）は「植物は逆立ちをした動物である。」といいました。つまり「植物は根から栄養分を取り入れて生きている。だから、植物の口は根である。植物は、生きていくためや体をつくって大きくなっていくために必要な物質をみんな土の中から得ている」というわけです。この考えは長い間人々に信じられてきました。

アリストテレスの時代から約2000年後にベルギーにファン・ヘルモント（1579～1644年）という医師がいました。彼はいろいろな学問に通じたたいへん金持ちの学者でした。

1648年、日本では江戸時代がはじまった頃のことですが、ファン・ヘルモントは、「本当に植物がすべての栄養分を土の中から吸収しているのなら、植物が成長した分だけ土の重さは減っているはずだ」と考えました。そして彼は5年の歳月をかけてヤナギの木の成長を観察することにしたのです。ヤナギに与えられたのは水だけでしたが、観察開始時に2.27 kgだったヤナギが、5年後には76.74 kgになっていました。ヤナギは5年間で70 kg以上体重をふやしたことになります。

植物の体の8～9割は水です。けれど1～2割は水以外の物質です。したがって単純に計算してみると、ヤナギの体には7～14 kgも、水以外の物質が増えたことになります。

それでは土の重さも7～14 kg減っていたのでしょうか。いいえ、土のほうは約0.06 kg（60 g）しか減っていませんでした。この結果からアリストテレスの考えは間違っていることがわかりました。

ヘルモントは「水だけしか与えなかったのだから、ヤナギの重さが増えたのは根から吸収した水のせいである」と結論付けました。

現在、私たちは、このヘルモントの結論が誤りであることを知っています。

けれど彼の実験は、植物が動物とは違う生き方をしていることを示す貴重な実験だったといえるでしょう。

ヘルモントの時代には、空気が窒素や酸素、アルゴン、二酸化炭素などといった気体が混じり合っているもであることはわかっていませんでした。空気は1種類のもので、一様なものだと考えられていたのです。

植物が大気中の二酸化炭素を吸収して成長していることが明らかになったのは、ヘルモントの時代から150年ほど後の1804年のことでした。さらに、植物が吸収した二酸化炭素と水がデンプンなどに変わることが明らかになったのは、1862年のことだったのです。

アリストテレスの考え→ファン・ヘルモントのヤナギの木の実験の結果→土の重さは、わずかに約60 g減っただけなのに、ヤナギの木は74 kg増えた→5年間与えたのは水だけなので、ヘルモントは植物の体全部が水からできていると考えた→現在の考え、という順で発展してきたのである。

はじめアリストテレスの考えを説明すると、「土の中から根で吸収」派は、「そうだ、そうだ」という顔で聞いている。それがヘルモントによってくつがえされ、さらにヘルモントの考えの不十分なところが正されていく。子どもたちは、ヘルモントが実験事実から「植物の体は水だけからできている」という考えはおかしいと思っても、空気中の二酸化炭素を吸収していることを知らないので批判できない。すーっと流して読んでしまわないのは、ときにはアリストテレスの立場に立たせ、ときにはヘルモントの立場に立たせ……というように科学の歴史を追体験させたいというねらいもある。

植物は光合成で栄養分をつくっている。そのとき、光がとても重要なものであることをとらえさせるために、次の課題を出す。

課題　いろいろな草が生えている草原に、光が当たらないようにおおいをしました。2週間たっておおいをとったら、草はどうなっていると思いますか。

ここは、後で、次のようにより具体的にした。

課題　夏草の生いしげるころ、草のしげっている場所に光が入らないようにアルミホイルを張ったダンボール箱を置いてみました。空気の出入りはできるようにして、3週間程度ほうっておくと、光を遮断された草は、どうなるでしょうか。

ア　ほぼすべての草が枯れてしまう

イ　枯れることはないが、成長しない
ウ　少しは成長する

「光が当たらないと枯れるだろうけれど、1週間や2週間では枯れないよ」というのが多数派である。もやしのようにヒョロヒョロになってしまうが、それでも生きているというのだ。光が当たらないくらいでは簡単には死なないと思っているのだ。それでは、「光合成」の意味がわかったとはいえない。葉に光を受けて光合成をして栄養分をつくらないかぎり、植物に待っているのは、“死”なのである。

実際の観察・実験では、植物を大きなベニヤ板や大きなたらいなどでおおう。地下茎や根に栄養分をためこんでいる植物はしぶとい。

緑色植物は、光のエネルギーを利用して栄養分をつくっている。詳しくいうと、主に葉の葉緑体という粒、つまり葉緑素という緑色の色素をふくむ粒で、二酸化炭素と水を材料に炭水化物（糖・デンプン）を合成している。このとき酸素もできる。このような植物の働きを光合成という。植物はデンプンだけでなく、タンパク質などもつくっている。デンプンは水と二酸化炭素だけでできるが、タンパク質をつくるには、水と二酸化炭素以外に窒素分などがどうしても必要である。植物は、土の中から窒素化合物を吸収している。窒素化合物は、水に溶けた状態で根からとり入れられる。必要量はわずかなのだが、植物が体をつくり成長していくのにどうしても必要なものである。

光合成は、植物が光のエネルギーを使って、水と二酸化炭素から、有機物と酸素をつくる反応だ。光のエネルギーを、有機物という物質のなかに封じ込めているともいえる。

光が当たらないと光合成はできない。そして貯えてある栄養分を使ってしまえば、植物も枯れてしまうのだ。

こうして「光合成」の意味をしっかり理解させてから、教科書でもとりあげている葉のつき方の観察などを行う。

2. 光合成から見た植物の体

光合成を軸として、具体的な植物の暮しを見ていこう。

植物の体を栄養分をつくる器官と、栄養分を使う器官に分けてみよう。もちろん栄養分をつくる器官は葉で、家計では「収入」に当たる。根・茎はすべて「支出」に当たる。

つまり、植物の体は、「栄養分をつくる葉」と「栄養分を使う根・茎・花など」の部分に分けることができる。緑の茎や実などでも光合成が行われているが、その量は少なく、光合成のほとんどは葉で行われている。

根は、土の中から水や水に溶けた養分（窒素、リン、カリウム分などの無機物）を吸収するとともに、茎を支える役割を果たしている。

では、茎は葉でつくった栄養分を使うだけの器官だろうか。いや、茎がなければ葉を高い場所につけることができない。葉は、ほかの植物などに日陰にならない高い場所にひろげて、できるだけ多くの光を受けるつくりになっていなくてはならない。茎には、葉を高いところにつける役目がある。茎は植物が光をとるという点で重要な器官である。

それなら背の低い、つまり茎の短い植物も繁栄しているのはなぜだろうか。

たとえばオオバコを考えてみよう。オオバコは、茎を短くすることで「支出」を減らしている。ただし、茎が短いということは背の高い植物と一緒には暮らせないということだ。陰になって光が受けられないからだ。オオバコは、やや踏みつけがあって背の高い植物が暮らせない場所に暮らしている。ただし、オオバコのように踏みつけに強い植物でないと、このような場所で生きてはいけない。

3. 植物の世界がわかるとは？

(1) 解剖主義、言葉主義、観察至上主義の葉の学習

「葉には、丸型の葉、ハート型の葉、細長い葉、ギザギザの切れ込みのある葉など、さまざまな形をしたものがある。しかし、それぞれがバラバラに見える葉も、いくつかのルールによって、種類分けをすることができる。

葉の表面に走っているスジは、葉脈という。葉は、サクラやタンポポのように葉脈が網の目のように走る網状脈の葉と、イネやササのように葉脈は平行に走る平行脈の葉に、種類分けすることができる。なお、イチョウの葉脈は二叉状脈という。葉の周囲にギザギザの切れ込みのある葉は鋸歯（きょし）状の葉という。」

葉の学習というと、つい、こうした葉の形態の違いを教えたくならないだろうか。これに植物分類上の意味があるとしても、私は、子どもたちがこの文章を読んでも植物の生活との関連が見えてこないと思うのだ。

小中学校における植物学習では、葉をとってきて葉の形態を見たり、花をとってきて花びらを数えたり、ルーペで細部を観察すれば、植物にとっての

葉や花の意味がわかるというわけではない。

小中学校の生物教育では、生物の形態を調べて、その各部位に名前をつけて、それで学習だとする「解剖主義的」な授業に、何の疑問も抱かないようなことがあるのではないか。

「生き物は動物と植物に分けられる。動物にはライオン、牛、馬、犬……が、植物にはサクラ、チューリップ、イネ……がある。動物は植物を食べる……」というような、言葉と言葉の関連づけに終わってしまっているのではないか。

さらに、光合成の反応については教えるが、なぜ植物が光合成をしているのか、光合成は植物の暮らしの中でどのような意味をもつのかを教えない授業では、とにかく光合成という言葉と反応を記憶しておくだけに終わってしまう。

こういった授業のあり方の前提には、「観察すれば生物がわかる」とする観察至上主義、直接経験主義も存在していることだろう。

とくに中学校では、動物とは何か、植物とは何かを、たんなる事例をあげて確認し単語をおぼえるような言葉主義の教育ではなく、子どもたちが自覚的に科学の言葉を使ってゆたかに語れるようになる教育をしたい。

(2) 葉の学習では何が大切か?

必要なのは、植物の“世界”が見えるための基本的事実、概念や法則をどうとらえるかということである。

まず、生物と無生物の違いを考えよう。すべての生物は、無生物と違って食べるということ、子孫を残すということに着目しよう。

「食べる」ことを中心にして教育内容を展開すると、動物は、えさ（ほかの生物）を見つけ、捕らえ、食べて生きている。そういった事実から、動物はそのための巧妙な仕組みをもっている生物である、ということが浮かび上がる。これに対して、植物は日光を受けて、自分の体の中で、自分で食物をつくって生きる生物である。葉も根も茎も、そのような植物の生き方を支える武器である、ということだ。

このようなとらえ方をふまえると、植物と動物の違い、そこから明らかになる植物の生活と生きていくための戦略、植物の重要な特徴である光合成、こういった内容を軸とした学習を組むことになる。そのとき、それぞれの植物が独自の生活をしていて多様であることを忘れると、「生物のいない生物学習」になる危険性がある。身の回りの植物と無縁の「理科の試験にだけ役立つ知識」になってはならない。

植物は一般的な特質をもつとともに、さまざまな戦略で環境へ適応している。そこに植物の多様性、特殊性がある。例えば、背の高さでいえばブタクサのような背の高い草やオオバコのような背の低い草はどんな生活をしているのか。ヤブガラシなどつる植物はどんな生活をしているのか、などについて考えることが重要である。

環境との関わりの中でこそ、植物の「生活型」の学習が威力を発揮する。

(3) 植物の口は2つ、その間をつなぐパイプあり

結局、植物は自分で栄養分をつくっているのだが、その原料の取り入れ口は、葉と根の2つがある。動物でいう口が、植物には2つあるといってもよいだろう。

根は土の中から、水と水にとけた無機養分（肥料分）を吸収している。だから、土の中にあったほうがいいに決まっている。では、葉はどうだろうか？

葉では気孔から二酸化炭素をとり入れるが、それだけだったら葉はどこにあってもかまわない。しかし、葉には、日光のエネルギーで栄養分をつくるという大事な働きがある。日光が当たるためには、ほかのものの陰におおわれないようにすることが大切だ。だから、ほかのものの陰にならないよう、体を高くしなければならない。

根は水を得るために下のほうに、葉は太陽光を受けるために高いところにある、ということで、その間をつなぐパイプがどうしても必要になる。

このパイプには、2種類あって、根から吸いあげた水を葉などに運ぶパイプ（道管）、それに葉でつくった栄養分を体全体に運ぶパイプ（師管）である。

道管を通って葉にいった水の一部は、葉の気孔から蒸散する。この蒸散作用は、根から水分を吸収する働きを高め、また体温の調節の役目もしている。

茎には、葉を高いところにつける役目、水や栄養分の通り道になる役目がある。

人に踏まれるような場所には、背の高い植物がないから、背が低くても十分日光をあびることができる。茎が短いほうが生きるためのエネルギーは節約できるから、そんな場所には、茎が短いオオバコのような植物が生えている。ただし、オオバコのように踏みつけに強い植物でないと、このような場所で生きてはいけない。

B　植物の生活型

1. 植物の生活型のいろいろ

どの植物も緑色の葉をひろげて光合成をすることは同じだが、体の形はいろいろだ。

茎や葉の生え方に着目して植物を区別する生活型という見方がある。

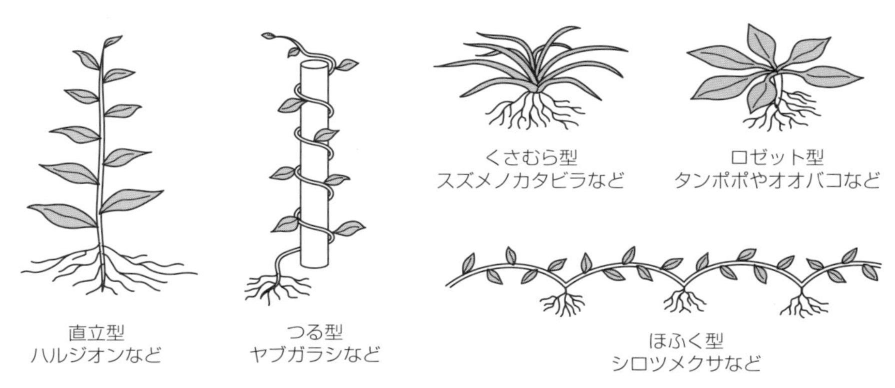

図　植物のいろいろな生活型

2. ロゼット型の代表――タンポポとオオバコ

(1) タンポポの体と生活

「タンポポの茎はどこにあるの？」と聞かれると、「花や実を支えている長いのが茎でしょ」と答えてしまわないだろうか。それは花茎といって、花をつける茎だ。花茎は、葉の付け根にある芽（腋芽）が伸びてできる特殊な茎なのである。

植物の体は、大きく3つ、根・茎・葉に分けられる。根と茎はひとつながりになっていて、地面が境目になる。葉は茎にくっつく。

タンポポを掘り出して、葉を1枚1枚はずしてみたとき、葉のついていた白っぽいところが茎なのだ。地面から下の太くて長い部分は根だ。タンポポの花茎ではない本当の茎は、根と葉の間にあってとても短いのである。

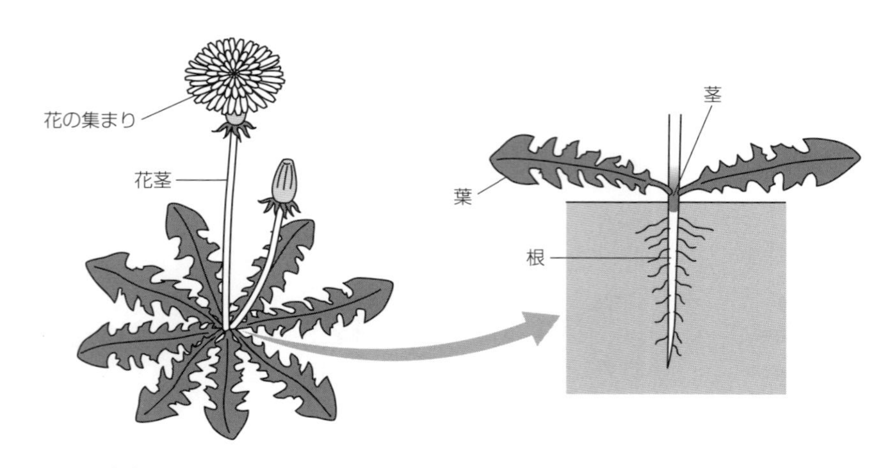

図　タンポポの体

タンポポの葉を真上から見ると、まるでクモの巣のように平らで、放射状にひろがっている。このような葉の広がりをバラの花に見たてて「ロゼット葉」という。また、このような葉のつき方をした植物を「ロゼット型植物」という。

このような葉の付き方には、「光をさえぎる物がない場所では、より多くの光を受けることができる」という長所がある。また、冬は多くの草は枯れ地面付近には光がよく当たる。

しかし、ロゼット型は、地面近くに葉をひろげているために、春になってほかの植物が芽生えてきて取り囲まれると光が取れなくなる。すると、少しでも光を取ろうとして、葉を立てたりする。それでも、背の高い植物が多くなると、ついには枯れてしまう。

ロゼット型は、極端に短い茎のため少々踏みつけや刈りとりがされても平気だ。直立型の場合、踏みつけられたりすることで茎は折れてしまい枯れてしまう。

このように光取り競争に弱いロゼット型植物は、茎が短いという特徴を生かして背の高い植物の暮らせない環境で生活している。

(2) オオバコの体と生活

オオバコもロゼット型の植物だ。背の高さはせいぜい15 cmで、茎はとて

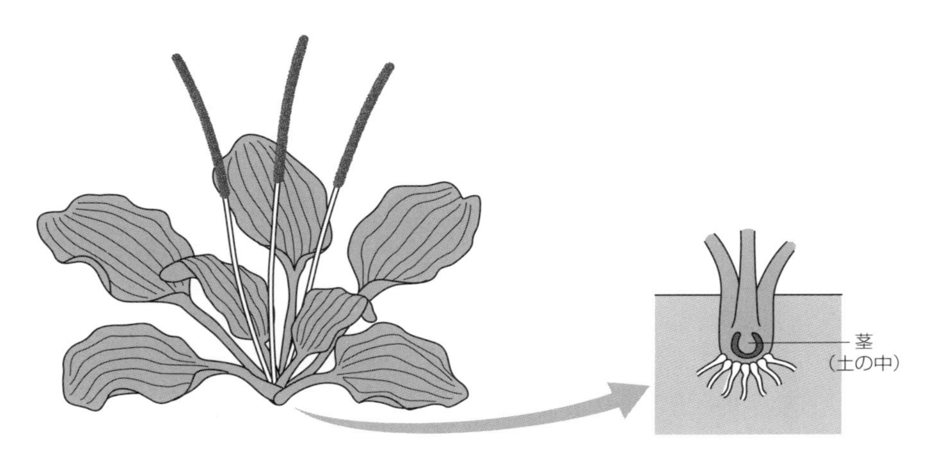

図　オオバコの体

も短い。

オオバコが暮らすグランドや公園、道ばたには、オオバコを日陰にする植物は生えていない。少し大きくなった植物は、人間によって踏みつけられたり、草刈りや草抜きをされたりして枯れてしまう。オオバコは、踏みつけられても、草刈りや草抜きをされても、そう簡単には枯れない。

オオバコの穂をからませて、引っぱり合う「すもう」遊びをしたことはないだろうか。

オオバコの種子は、穂についている3㎜ほどの小さな実の中にできる。実はふたつきのコップのような容れ物になっていて、ふたがとれると種子がこぼれ落ちる。種子は水につかるとまわりがネバネバするようになる。ネバネバした種子は靴の底にくっつき、人が歩く場所に運ばれていく。そういう人の踏みつけがあるような場所こそが、オオバコが暮らせる場所なのだ。

3. つる植物は“ずる植物”

つる植物のヤブガラシやクズは、樹木につるを巻き付かせながら葉をひろげていく。

ヤブガラシは、春の終わりに芽を出すと、高い樹木につるを巻き付かせながら葉をひろげていく。自分の体を支えるためのしっかりした茎をつくらずにすむので、直立型の植物よりも早く上へ伸びることができる。だから「光取り競争」に強い。つる植物は、ちょっとずるい植物かもしれない。
ただし、自分の葉を光の当たる場所にひろげるまで、長いつるを伸ばし続けなければならないので、長いつるをつくるための栄養分が必要だ。この栄養分は、前年、根に貯えた栄養分を使う。
クズは多年草なので、冬、葉を落としても地面に根が残っている。地下の根には養分を貯えていて（塊根)、翌年そこから新しい茎や葉を出し、さらにつる状の茎を伸ばしていくことができる。
日本では万葉の昔から、冬になるとこのクズの根塊を掘り出して砕き、水に何度もさらして「クズ粉」をつくっていた。現在でも「クズ粉」はつくられているが、手間がかかるので高価だ。普通売られている「くずもち」には、本物のクズ粉でなくジャガイモのデンプンが用いられている。

15章 生物―動物

授業でのねらい

・生物には「細胞でできている」「外部からとった栄養分や自分でつくった栄養分で代謝を行う」「繁殖する・子孫を残す」といった特徴がある。
・動物は、生きるために外部から食べ物をとったり、ほかの動物に食べられないようにしている。頭骨の形や仕組みには動物の生活が反映している。
・百獣の王といわれるライオンは、決して楽な暮らしをしていない。
・胎児は口から食べ物を食べないので消化・吸収の働きはしない。しかし、体内の不要物である尿素などは排出する必要がある。

A　生物とは?

教科書でははっきり扱っていないが、私は、生物の授業をはじめるときに、「生物とはどんなものか」をまず扱っている。

課題　次のものから「生物」を選べ。
ライオン、ヘビ、スギ、太陽、クラゲ、サンゴ、トンボ、ロボット、フナ、クジラ

課題を出したあとで、『生物ってどんなものだ？』と聞いてみる。「生きている物」という答えはすぐ出る。『そう、生きているものが生物だね。では、人は生物か？』。
みんな「生物」と答える。
『人が生物ってどうしてそう考えたの？』。
この発問は、ちょっと苦しいかもしれない 。『人が生物だと思ったわけを聞いて、生きているからって答えても、生物は生きているものなんだから説明にならないでしょ。ただ、言い換えただけだよね。生物でないものと比べて、生物だけがもっている特徴みたいなことを探しださなくては……』。
すると、「呼吸しているから」というのが出てくる。ほかに、「生物は栄養

をとる」「生物は成長する」「生物は子孫を残す（なかまをふやす）」などということが、生物の特徴として出てくれば、課題をどう考えていけばいいかの手がかりが子どもたちのものになる。

そもそも、生物学的な「生きている」ということの定義は難しい。

「細胞でできている」「外部からとった栄養分や自分でつくった栄養分で代謝を行う。呼吸や消化など、生体内で行われる化学反応は、まさに代謝といえる」「繁殖する・子孫を残す」「遺伝物質をもち、子に伝える」といったところが特徴だろう。

『“太陽は生きている”とよくいわないかな。ほかにも“火山は生きている”などともいうよね。太陽は生物といっていいかな？』

ここで、はっきりさせたいのは、「活動している」ものだからといって生物とはいえないことだ。太陽や火山の場合は、生物のように「生きている」のではなく、「活動している」だけだ。呼吸をしていない、細胞からできていない、栄養をとって細胞をふやして成長していない……。それに対し、動物、植物は、みな生物の特徴をそなえている。それでも、スギなどの植物が呼吸しているということに対する子どもたちの理解はあいまいだ。サンゴにいたっては、装飾品に加工されたものやサンゴ礁は知っていても、サンゴ虫の実体は知らない。

次に、生物の中から動物を選ばせる。動物＝ほ乳類と思っていて、ヘビやトンボなどは動物ではないという子どもたちも少なからずいる。

動物が「動く物」であるのは、えさ（ほかの生物）をとって栄養分を得ているからだ。動かなくてすむ動物もいる。例えば、サンゴは、イソギンチャクやクラゲと同じ腔腸動物で、一定の場所にいても、海水の流れにのってやってくるプランクトンを口から腔腸にとり入れて消化し、カスはまた口から出している。

動物は、えさを捕らえ、食べることによって生きるために必要な栄養分を得ている。

B　動物の世界

1. 頭骨標本で動物の生活をイメージ

動物の生活では、生きるために食物をとること（捕食）と、自分の種を維持すること（種族維持）がポイントである。

まず動物と植物の違いを扱う。動物と植物の決定的な違いは、栄養分のとり方である。植物は、光を葉で受けて水と二酸化炭素などから栄養分（有機物）をつくっている。それに対し、動物は栄養分を自分でつくらないで、「えさ」として取る。

動物は背骨があるかないかで、大きく2つに分けられる。このとき忘れてはならないのは「背骨の生物的意味」である。なぜ、背骨の有無で分けるのだろうか？

脊椎動物は、背骨を中心とする骨と筋肉、発達した脳神経が一体となってすぐれた運動能力をもっているのだ。そのへんを無脊椎動物と対比させて理解させなければならない。

教材として、いろいろな動物の写真や骨格図、運動能力のデータが必要だ。そのうえで、ゾウ、サル、コウモリ、クジラ、カエル、シマウマ、イモリの図を示して、その中から「へそ」があるものを選ばせる。「へそ」があるということは、卵ではなく赤ちゃんで生まれる（胎生）ということから、ほ乳類についてまとめていく。

ほ乳類は、脊椎動物のなかで最も進化したグループである。ほ乳類では、歯が食性に応じて分化している。

私は、ウシ、イヌ、ネコの頭骨を子どもたちの前に出す。

「それ、本物？」

どうやってつくったかを説明する。材料の入手だが、ウシは食肉センターで入手、イヌやネコは生徒に「交通事故にあって死んだもので頭に損傷がないもの」を見つけたら教えてくれといっておいた。用務員さんに頼んでドラム缶を2つに切ってもらって、下半分を大きな鍋として使用した。これでウシでも水煮ができる。ウシの場合、数時間煮る。大まかにとれる肉を取り除く。脳の中も針金でできるだけ出してしまう。使い古しの歯ブラシやピンセットで細かいところの肉を取り除いて、酸素系漂白剤を入れて煮る。乾燥させて、できあがり。完全に肉を取り除くにはカツオブシムシに食べさせたりするといいらしいが、やったことはない。

骨の中ではとくに歯に注目させる。肉食か草食かはすぐわかる。イヌやネコの臼歯は、かみ切り用の形をしているし、ウシの臼歯は、すりつぶし用の形をしている。

ウシの上あごには門歯がない。上あごで草をおさえ、下あごの門歯で背の低い草も切とって食べる。あごを動かしてみる。ウシでは、上あごと下あごが左右に動く。イヌやネコでは、上下にしか動かない。
もちろん、目のつき方も違う。
頭骨の中に、その動物の暮らしが描かれるのである。

2. ライオンとシマウマ、どちらの生き方がいい?

動物の授業で、私の好きな課題がある。それは次のような問いかけからはじめる。
『君たちが、もし今度生まれてくるとして、ライオンのような肉食獣とシマウマのような草食獣のどちらかになるとしたら、どちらがいい?』
単純に、「ライオンのほうが食べる側だからいい」なんていう考えの甘さを打ち破るための課題である。肉食獣も草食獣も、野生動物はギリギリのところで厳しい生活をしているということを理解させる。
実際に聞いてみると、やはり肉食獣が多数派だ。そこでライオンとシマウマの生活を説明する。

アフリカのサバンナには、ライオンやシマウマなどが生活している。
ライオンは、ネコ科のなかでトラと並ぶ大きな動物だ。普通、成長するとオスで体長約2.7m、体重200kg前後になる。メスはこれより少し小さい。
ライオンは、すぐれた力や運動能力をもっている。体重300kg近い大きなシマウマでも、ライオンにしとめられてしまう。
ライオンの走る速さは、時速60kmほど、80kmという学者もいる。ただし、この速さでライオンが走れるのはおよそ200mだけなので、短距離ランナーだ。また、ライオンは2m以上ジャンプすることができる。
さて、ライオンとシマウマでは、一度に産む子どもの数は、どちらが多いだろうか。
テレビなどで、シマウマの親子やライオンの親子の映像を見たことがあるかもしれない。シマウマの子は1頭で、ライオンには何頭もの子がいる。実際、シマウマはたいてい1頭の子を産み、ライオンは1〜6頭(主に2、3頭)産む。
サバンナの食物連鎖の頂点にいるにもかかわらず、ライオンのほうが出産数が多いのはどうしてだろうか。ライオンは力の強い動物だが、それは成長した大人のライオンの場合だ。子どものうちは、無力な動物で、逆にハイエナなどほかの肉食獣に食べられたりする。また、経験未熟な若者のライオンには、すぐれた疾走力やジャンプ力をもっているシマウマやレイヨウなどの草食動物は、なかなか手におえない。成長した大人のライオンにだって、これらの草食動物をしとめるのは簡単でない。何もつかまえられず、飢え死にしてしまうライオンも多い。

さまざまな失敗をくり返しながら、狩りのやり方を学んで、成長した大人のライオンでも、ときには、1週間近くもえさにありつけないこともある。百獣の王ライオンは、いつも死と隣り合わせで生きているのだ。

それに比べ、シマウマは、産まれてすぐに立ち上がって親の後をついていける。草食動物は肉食動物より妊娠期間が長く、敵から襲われても逃げることができるような状態になるまで、メスの体内でしっかりと成長してから誕生する。

ライオンなどの肉食獣に食べられるのは、体が弱った個体だ。その結果、シマウマの集団は元気なものが多く、適正な数にもなる。しかもシマウマのえさは、逃げていかない草なので、いつも腹を減らし、なかなかえさにありつけずに若いうちに死んでしまうことが多いライオンよりも、子どもの生存率が高いのだ。

私たちが、動物園でライオンを見ていると、寝ていることが多いものだ。自然界ではどうなのだろうか。

自然界でも、ライオンは1日20時間も寝てすごすことがある。獲物をとるときには、非常な集中力が必要だ。体と心を爆発的に使う。その上、獲物を見つけるまで歩きまわる。夕ぐれから、次の日の昼まで歩いても何も食べられないことがある。だから、こうしたエネルギーを考えれば、それ以外のときは休んでいるのは当然なのだ。

ライオンは、個体としては強い動物だ。しかし、種全体としてはそんなに強くなく、現在、非常に数が少なくなってきている。

もし成長した大人のライオンになれたとしても、老齢化し体が弱ってくれば、エサをとれなくなり餓死するか、ハイエナなどに食べられてしまう。このような話をすると、肉食獣派もライオンのギリギリの生活に生きる厳しさを感じるようだ。

C　胎児はウンチやオシッコをするか

ウンチやオシッコをしない動物はいない。それは動物がものを食べて生きているからだ。動物は、植物のように自分で栄養分をつくることができない。そこでほかの生きものを食べて消化する。次に、消化したものの中にふくまれる栄養分を腸から吸収し、体の隅々まで運んでいる。しかし、食べた物のすべてが消化されるわけではない。どうしても消化しきれないカス（不消化部分）が残ってしまう。また、腸内にはたくさんの細菌が暮らしている。そこで、ウンチは、食物の不消化部分、消化液、消化管上皮が剥がれたもの、腸内細菌の死骸などをふくんでいる。だいたい、水分が全体の60 %だ。残りの40 %で、食べ物の不消化部分以外では、消化管上皮が剥がれたもの（腸壁細胞の死骸）15～20 %、腸内細菌の死骸10～15 %である。色は、通常、胆汁色素のビリルビンによって黄褐色をしている。

ウンチの量および回数は食物の種類や分量、消化吸収状態によって違ってくるが、だいたい1日100～200 gで、1日1回が普通だ。一般に、動物性食品を多くとると植物性食品の多食時に比べて量・回数とも少なくなる。

では、オシッコはなぜ出るのだろうか。水を飲むとすぐにオシッコがしたくなることがあるが、飲んだ水がそのままオシッコとして出てくるわけではない。実はオシッコには、体中の細胞が出したごみや毒になるもの（老廃物）がたくさんふくまれている。私たちは、細胞が出した老廃物を血液によって運び出し、水分と一緒にオシッコとして体の外に捨てている。

では、『私たちが、まだお母さんのおなかの中にいたころ、オシッコやウンチをしていたか？』と発問してみよう。

胎児は、必要な栄養分はヘソの緒を通して、お母さんの体から送りこんでもらっているので、口から何も取り入れていない。腸内細菌もいない。私たちのようなウンチはしない。それでも、妊娠4ヵ月ころから飲み込んだ羊水や、皮膚の剥がれた細胞、胎脂（胎児を包んでいるクリーム状の脂）を腸でろ過した老廃物が腸内に少しずつたまっていく。羊水中に抜け落ちはがれ落ちたものを羊水と一緒に飲んでいる。そのような固形成分と、消化液を出す練習をしている肝臓などからの消化液の残りが混合したものが、消化管内にたまっているのだ。赤ちゃんが生まれて最初にする胎便とは、それが排泄されたものである。

オシッコのほうはどうだろうか。

私たちの体をつくっている細胞は、生きているかぎり栄養分をとりこみ、それらを分解しながら生命活動のエネルギーをとり出している。その分解の過程で不要な老廃物が生じる。老廃物の主なものは、アンモニアと二酸化炭素である。二酸化炭素は血液と一緒に肺に運ばれ、体外へ吐き出される。
一方、アンモニアは毒性の強い物質なので、まず肝臓で尿素という物質につくり変えられてから腎臓へ運ばれ、腎臓でろ過されて「ぼうこう」にたまり、体外へ排出される。これがオシッコである。
胎児は、お母さんのおなかの中に宿って数か月後に肝臓や腎臓ができあがると、おなかの中の羊水にオシッコをするようになる。このオシッコは、体が大きくなるにつれて量を増していく。ただし、オシッコは、そのまま羊水の中にたまっているわけではない。胎児は羊水とともに自分のオシッコを口から飲み込む。オシッコを飲むと、そのオシッコは胃を通って小腸までいき、さらに大腸へと運ばれる。そして大腸の膜を通して血管内へと入っていく。このようにして、胎児の血管内に入ったオシッコは、ヘソの緒を通ってお母さんの血管内へ移動していき、お母さんのほうで処理して排出している。

16章 天気の変化

授業でのねらい

- 私たちのまわりの空気には水蒸気がふくまれていて、水滴に変化すると雲や霧になる。
- 空気が上昇すると雲ができ、下降すると雲が消える。
- 雲から雨や雪が降ってくる。
- 日本の上空には偏西風が吹いているので、その影響で天気が西から東に変わることが多い。

本章は「天気の変化」についての基礎知識であるが、私は次ような内容で授業をしてきた。

A　天気のキホンのキ

1. 天気とは空の表情のこと

空に浮かぶ雲は、天気ととても深い関係がある。

雲や空のようすを見ると、今の天気がよくわかるし、これから天気がどうなっていくかがだいたいわかる。

空をながめていると、空のようすがいつも変わっていることに気づくことだろう。美しい青い空に、白い雲がわいてぽっかり浮かんだり、朝のうちは晴れていたのに、昼すぎには空一面が黒い雲におおわれて雨が降りだしたり、降り続けていた雨がやんで、雲がうすくなり、雲のすき間から太陽の光が地面を照らしたりする。

それは、まるで人間の顔の表情のようである。雲は空の表情であるといってもよいだろう。

雲の量や雨、雪などをともなう空の表情のことを天気という。天気は、気温、湿度、風、雲の量、どこまで見えるかの透明度、雨、雪、雷などの要素を１つに合わせてまとめた大気の状態のことである。

2. 雲の正体は水

雲は、小さな小さな水や氷のつぶの集まりだ。

氷のつぶが白く見えるのは、無色透明の氷をけずって小さな氷のつぶにすると白く見えることが経験としてあると思う。

水を入れてわかした“やかん”の口から出る湯気は白い。これは小さな水滴が白く見えているのだ。水滴は液体の水だが、無色透明な液体でも小さなつぶになると、光がそのつぶのためにあちこちに散らばる散乱ということが起こって白く見える。

水は水分子という雲や湯気よりもずっと小さなつぶで、人間の目にはまるっきり見えないほどの粒子からできている。雲つぶは雲の種類や雲のできる所などによっても違うが、だいたい直径0.001～0.01 mmで、0.01 mm程度の大きさのものが多い。

水分子1個の直径は約0.3 nmなので、雲つぶと水分子の体積比を計算すると、約100兆個になる。雲つぶ1個には約100兆個くらいの水の分子が集まっているのだ。

水を入れてわかしたやかんの口から出る湯気を“水蒸気”という人がいるが、大きな間違いだ。湯気はその白いつぶが見える。見えているのは、ばらばらな水の分子ではない。

そのやかんをよく見ると、口と湯気の間に何も見えない部分がある。その見えない部分に無色透明の水蒸気がある。また湯気のつぶとつぶの間にも水蒸気がある。湯気は水蒸気が冷えた水滴、つまり液体の水のしずくとなったものの集まりである。水滴や氷のつぶになると、莫大な数の水分子が集まっているので目に見えるようになるのだ。

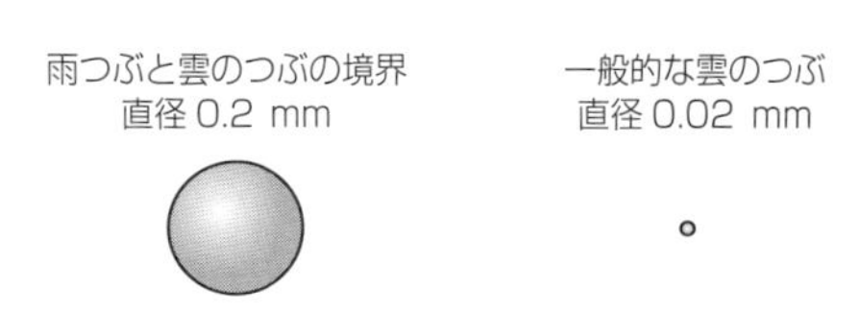

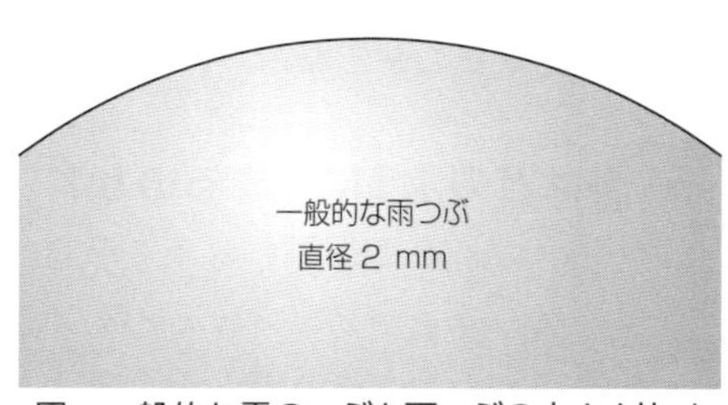

図　一般的な雲のつぶと雨つぶの大きさ比べ

3. 雲のもとは空気中の水蒸気

空気の中には水の分子がふくまれている。これを水蒸気という。水蒸気では水の分子が1個1個ばらばらになっている。ばらばらになった水の分子はとても小さいので、それは絶対に見ることができない。

雲は、そのつぶが目に見えるので、水蒸気ではなく、水滴（液体の水）や氷のつぶでできている。空の非常に高いところにできる雲は氷のつぶからできている。

水蒸気が雲のつぶ（水滴や氷のつぶ）になり、さらに雨や雪になる。

一般的な雨つぶの大きさは直径2㎜だ。

水蒸気がもとになって雲のつぶができ、それが雨つぶになったり、逆に雲のつぶが消えたりするなどして、いろいろな天気になる。その基本は水の状態変化である。

洗たく物が乾くのは、水が沸騰して気体になったからではない。雨の日にできた水たまりが自然に消えるのも水が沸騰したからではない。液体の表面から気体（水蒸気）になっていった、つまり蒸発が起こったのである。

4. 晴れとくもりは雲の量で決める

空気中の水蒸気は、一般に天気のよい日（快晴や晴れ）には少なく、雨やくもりの日には多くなる。

空気中の水蒸気の量が多い少ないということや、水蒸気が液体の水や固体の氷になったり、水や氷が水蒸気になったりすることは、私たちの生活と密接な関係がある。梅雨時が湿っぽいのも、日本の夏が外国に比べてとくに蒸し暑いのも、雨や雪が降ったりするのもこのためである。

天気で、晴れの日とくもりの日は、雲の量（雲量）が大きく違う。雲量とは、空全体の雲におおわれた部分の見かけ上の割合で、0から10までの11段階で表す。たとえば、雲量0は「雲がないか、あってもごく少量の状態」、雲量5は「空の半分くらい雲がある状態」、雲量10は「完全に雲でおおわれているか、雲のすき間があってもごくわずかな状態」を示す。その雲量によって、快晴、晴れ、くもりが決められる。

雨などが降っていないとき、快晴は雲量1以下、晴れは雲量2から8、くもりは雲量9以上となる。

5. 雲はどのようにできるのか?

空気中にふくまれている水蒸気は、もし水の分子が見えたとしたら、バラバラの水の分子がビュンビュン飛びまわっていることだろう。

ある空気のかたまりで、冷えると水蒸気の一部は水蒸気でいられなくなり、バラバラの水分子がくっつきあって集まり、液体の水滴に変わる。

つまり、空気中の水蒸気が空で冷えて、小さな水滴になったものが雲である。空の高いところでは、雲は氷のつぶでできている。

水蒸気が冷えて水滴ができるときには、空気中の塵などが芯（しん）になっている。その芯は掃除をするときに出る塵とは違って、もっと細かく、湿気を吸いやすいものだ。海の波しぶきが風に流されている間に水が蒸発してできた塩の結晶や、燃料を燃やしたときの煙の成分などである。

地面付近にある空気のかたまりを考えてみよう。

空気には水蒸気がふくまれている。太陽の熱で地面が暖められると、地面に接する空気も暖められ、膨張する。まわりから冷たい空気が流れ込み、その膨張した空気を押し上げる。流れ込んだ空気も、また暖められて膨張する。このようなことをくり返して、空気が上昇する。

大気圧は上に行くほど低いので、上昇した空気のかたまりは膨張する。膨張すると温度が下がる（断熱膨張による温度低下）。このように上昇して温度が下がっていくと、ついには空気のかたまりの中の水蒸気は、もうそれ以上水蒸気のままでいられない飽和の状態になる。

空気1 m^3のかたまりが最大限ふくまれることができる水蒸気量が飽和水蒸気量（g/cm^3）だ。飽和水蒸気量は空気の温度が高いほど大きい。つまり、温度が高いほどたくさんの水蒸気をふくむことができる。

さらに空気のかたまりが上昇すると、空気の温度が下がっていく。温度が下がると飽和水蒸気量も小さくなる。飽和水蒸気量を超えた水蒸気は空気中の塵を芯にして水滴になる。つまり雲が生じる。

空気の上昇で温度が下がる割合は、雲ができるまでは100 m上がるごとに1 ℃くらい、雲ができはじめてからは100 mにつき0.5 ℃くらいである。雲ができはじめてから温度の下がり方が少なくなるのは、水蒸気が水滴になるとまわりに熱を放出するからである。液体の水に熱エネルギーを加えると水蒸気になるが、逆に水蒸気が液体の水になると、まわりに熱エネルギーを出してまわりを暖めるのである。

さらに空気が上昇して温度が下がると、水蒸気が昇華して空気中の塵を芯として氷の結晶（氷晶）になる。

雲とは、水滴や氷の結晶が空気中に浮かんでいる状態のものをいう。水滴や氷のつぶからできているならば地球の重力で落ちてしまうはずだが、非常に小さく軽いので、弱い上昇気流で下に落ちずに宙に浮いている。

上に向かう空気の流れを上昇気流という。上昇気流があるところに雲ができる。

空の上の空気のかたまりが下に向かう流れ（下降気流）のときは下にいくほど気圧が高くなり圧縮され、温度が上がっていく。上空で雲ができても下降気流のある所では雲が消えてしまうので天気がよい。

【実験・観察・ものづくり】雲をつくる実験

空のペットボトルの内部を少しぬらし、線香の煙を入れる。ゴム栓に自転車やボール用の空気入れの先を差し込んでおく。ペットボトルにこのゴム栓をして空気を入れていくと、ペットボトル内の圧力が高まっていく。しまいには、ゴム栓が吹き飛んではずれる。その瞬間、内部は真っ白になる。水蒸気が凝結して水滴がたくさんできたのだ。

高かった圧力が普通の圧力に戻るので内部の空気は急に膨張する。断熱膨張で温度が下がり、内部の水蒸気が凝結して雲になったのだ。

6. 低気圧では上昇気流、高気圧では下降気流

大気には重さ（重量）がある。そのため、地球上のすべてのものには大気の重量による圧力がかかっている。この圧力のことを気圧（大気圧）という。気圧は、地表からの高さや、空気の動きにより変化する。

【実験】ペットボトルや缶を大気圧でつぶして、大気圧を実感！

ペットボトルに熱いお湯を底から数cm入れて少し待ってから固くフタを閉める。水道水で全体を冷やしてみよう。すると突然、“バキ”っと大きな音を立ててつぶれるだろう。

清涼飲料水のアルミ缶、一斗缶、大きな丈夫なドラム缶も、水を入れて、熱して、水蒸気で空気を追い出してから冷やすとつぶれる。

ペットボトルや缶の内部が、活発に動く水の分子（水蒸気）でいっぱいになり、もともとあった空気が追い出される。ふたをして冷やすと中の水蒸気が水に戻る。すると、中の圧力は小さくなり、外からの大気圧でつぶされてしまうのである。

私たちが大気圧でつぶれないのは、体の内側からの圧力と大気圧がつりあっているからである。

袋入りのスナック菓子は、地表近くでつくられて封をされる。この袋を気圧が小さい山の上にもっていくと、袋がふくらむ。逆に、山の上で空のペットボトルに栓をして下山すると、ボトルがへこむ。

気圧の変化は、天気が変化することの主な原因の１つである。

海面と同じ高さの所では、気圧の大きさは1気圧である。気象観測では、気圧の単位としてhPa（ヘクトパスカル）を使っている。「1気圧は約1013 hPa」である。

• 高気圧

まわりよりも気圧の高い所を高気圧という。天気図では、高気圧の中心に「高」と記入されている。

北半球では地球の自転の影響で、風は時計まわりに高気圧の中心から空気が吹き出す。高気圧の所は下降気流ができ、雲が消えるので天気がよい。

• 低気圧

まわりよりも気圧の低い所を低気圧という。天気図では、低気圧の中心に「低」と記入されている。

北半球では地球の自転の影響で、風は時計と逆まわりに低気圧の中心に向かって空気が吹き込む。

低気圧の所では、まわりから空気が流れ込み、上昇気流ができ、雲が発生するので天気が悪くなる。

上昇気流は、太陽の熱で地面が暖められたときのほかに、台風や低気圧のとき、山にぶつかったときにできる。

そのほか、冷たい空気のかたまりがあるところへあたたかい空気のかたまりがかけ上がるとき（温暖前線）、暖かい空気のかたまりがあるところへ冷たい空気のかたまりがもぐり込むとき（寒冷前線）などに生じる。

(1) 空気が山をかけ上がる

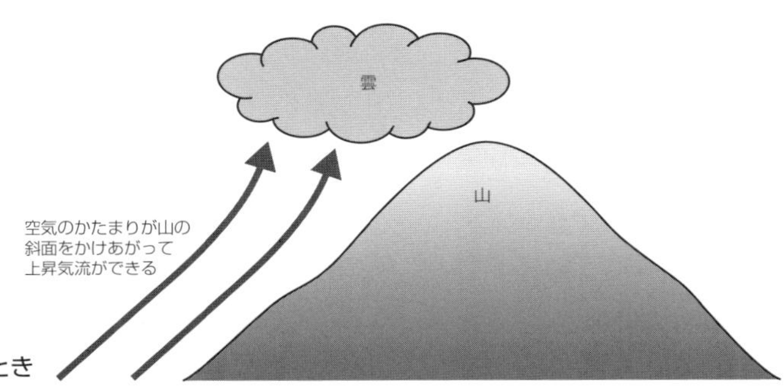

図　空気が山をかけ上がるとき

(2) 冷たい空気（寒気）と暖かい空気（暖気）の押し合い

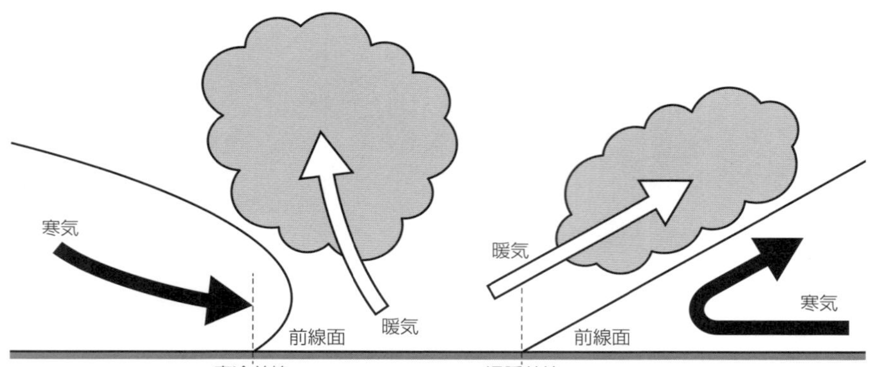

図　冷たい空気（寒気）と暖かい空気（暖気）の押し合い

• 雲のつぶから雨つぶへ

直径0.02 ㎜の雲のつぶが雨つぶになるときは、直径は約10～100倍くらいになる。雲のつぶと雨つぶの境界のときの雨つぶ、つまり最小の雨つぶは直径が10倍くらいである。10倍はたいしたことはなさそうだが、体積では、10 × 10 × 10 = 1000倍になる。つまり、雲のつぶが1000個集まって霧雨の雨つぶ1個になる。一般的な雨つぶは直径が2 ㎜くらいなので直径で100倍だから、体積は100 × 100 × 100倍で100万倍である。つまり、一般的な雲のつぶ100万個が集まると雨つぶ1個になるというわけだ。

その雨つぶの大きさもさまざまである。最大は直径6 ㎜くらいだが、あまり大きくなると落ちる途中でいくつかに分かれてしまう。激しい夕立のときの雨つぶが直径4～6 ㎜である。

雲のつぶには水滴のもの、氷のつぶのものがあるが、水滴は−30 ℃とか−40 ℃の低温でも液体の状態のままでいることがある。これを過冷却の水という。つまり、雲のつぶには、0 ℃以上の水滴、0 ℃以下の過冷却の水滴、氷のつぶ（氷晶）の3つがある。

空を見ていれば雲ができたからといって雨になるわけではない。

雲は地面に近いところから、0 ℃以上の水滴、次に過冷却の水滴、一番上に氷晶の雲ができやすい。

積乱雲のように鉛直方向に発達する雲では、高いところは氷晶、その下に過冷却の水滴のところができ、その境目に氷晶と過冷却の水滴が入り混じる。そのとき、水滴から蒸発した水蒸気が氷晶にくっついて氷晶が大きくなっていく。

大きくなった氷晶は、上昇気流で支えられなくなると落ちてくる。落ちる途中で、0℃より高い空気の中に入ると、とけて雨になる。これはもとが氷晶なので「冷たい雨」という。主に日本やそれより北の地域で降る雨である。

雲と地面の間が0℃より低ければとけずに雪になる。

あられとひょうは、積乱雲の中でできた大きな氷のつぶのことだ。大きさが直径5㎜以上の氷のつぶをひょうという。ひょうとあられは同時に降ることがあるが、そのときは気象庁は大きいほうのひょうと発表する。ひょうは、積乱雲の中を氷のつぶが落ちてくると、激しい上昇気流でまたもち上げられ、また落ち……ということをくり返す中で、氷のつぶがくっつきあって集まり、氷のかたまりに成長したものである。

もう1つ、0℃以上の水滴からできた雲の中で、水滴どうしが衝突して大きな水滴となり、落ちてくる途中でまわりの小さな水滴と衝突をくり返し、成長しながら落下してできた「暖かい雨」もある。主に熱帯地方で降る雨である。

なお、雨つぶの形をイラストなどで「涙型」に描くことが多いが、実際は大きな雨つぶほど、落下するときの空気の抵抗でつぶれた形をしている。

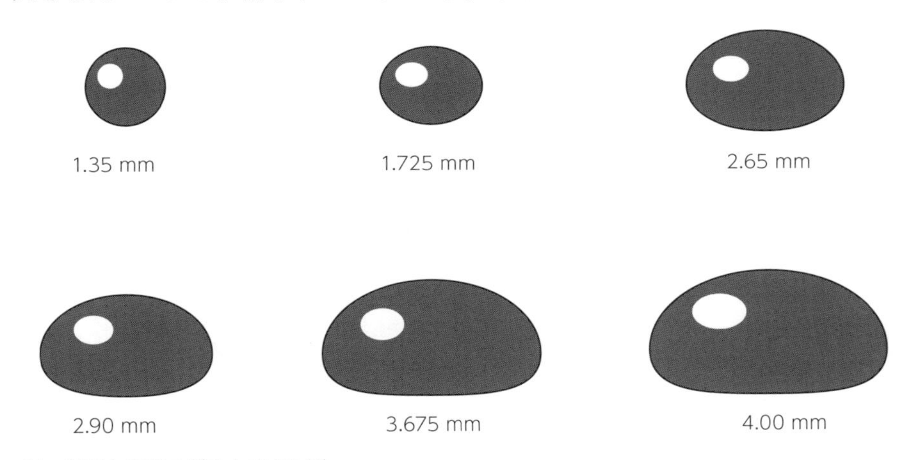

図　落下中の雨つぶの大きさと形

B　天気の授業で子どもたちに話したい偏西風の話

1. 大気の大循環

地球には、その表面や上空を、季節に関係なくいつも吹いている風が3つある。1つは、赤道付近（低緯度地域）を吹く貿易風である。もう1つは、極近く（高緯度地域）を吹く極風である。残りの1つが、その間の中緯度地域を吹く偏西風だ。このうち偏西風はその名の通り、西よりの風で、ほかの2つは東よりの風だ。

これら3つの風は世界全体を吹く大きな風なので、天気にも大きな影響を与えている。

日本付近は偏西風の吹く地域に当たる。だから、天気予報で、「天気は西から下り坂です。」とか、「天気は西から回復するでしょう。」などといわれたりする。高気圧、低気圧の動く速さは、1日およそ1000 kmだ。例えば、東京の明日の天気を知りたいときは、1000 km離れた西にある今日の福岡の天気を調べればいい。

連続的に天気図を見れば、高気圧、低気圧の形は変化するけれど、それらが西から東へ動いていることがわかる。

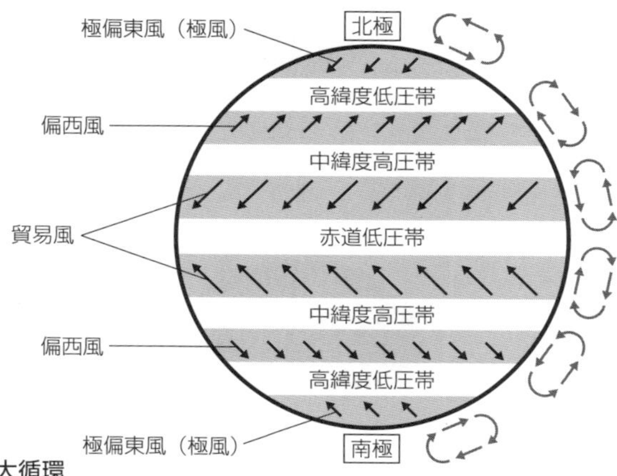

図　地球の大気の大循環

2. 飛行機で偏西風を実感

偏西風は、冬に強くなり、夏には弱まる。対流圏の上層8～16㎞付近を吹いているが、高度とともに一様に風速が増し、対流圏と成層圏の境あたりでは最速の西風となる。この風をジェット気流という。ジェット気流は、風速毎秒100 mを超えることがある。

飛行機に乗ると、偏西風を実感できる。飛行機にとって空気の抵抗は大敵だから、できるだけ空気が薄い層を飛ぶ。それでも偏西風に乗っかって進む場合と逆らって進む場合で大きく違う。たとえば、成田から太平洋を横断し、ニューヨークまで向かうとき、かかる時間はおよそ12時間15分だ。

一方、今度は同じ経路で、ニューヨークから成田に戻るときは、偏西風が向かい風になるのでおよそ14時間かかってしまい、往きと帰りでは1時間45分も違うのだ。ただし、飛行機が飛ぶコースは日によって違うし、偏西風も日によって強さや流れる場所が変わる。それでも、少なからず飛行機には偏西風の影響がある。国内線の羽田～福岡間に乗ってみても、やはり東に向かう飛行機は早く着く。

3. 観天望気の「夕焼けの翌日の天気は晴れ」の根拠

自然現象などから天気を予想したり、そのもととなる条件と結論を述べた伝承を観天望気という。例えば、「夕焼けの翌日の天気は晴れ」という言い伝えがある。夕方、西の空が晴れて夕焼けの起こるようなときは、その場所は、翌日は晴れになる可能性が高いというのだ。

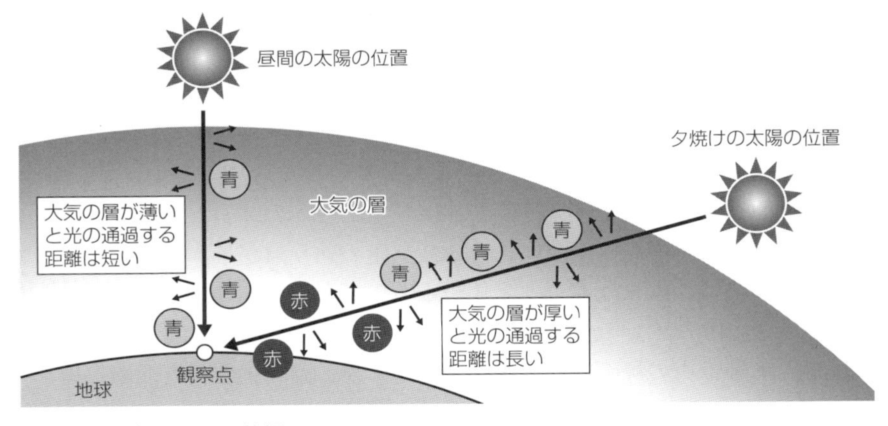

図　夕焼けが赤く見える仕組み

ここで、夕焼けの起こるわけを考えてみよう。昼間は、空が青いのに、夕方に赤くなる。これは、太陽の光が通ってくる大気の層の厚さとその大気中に浮かんでいる塵の量に関係がある。私たちに届く太陽の光は、昼間は約500 kmの大気の層を通り抜けてくる。ところが、夕方の太陽の光は、昼間の数倍の大気の層を通り抜けてくる。そのとき、太陽の光のうち青に近い色の光は、空気の分子や大気中に浮かぶ塵によって、あちこちに散乱されてしまうので、散乱されにくい赤や赤に近い色の光が強調され、空を赤く染めることになる。これが夕焼けだ。

夕焼けが観測されたときには、西側にある太陽の光が、塵をたくさんふくんだ厚い大気の層の中を通り抜けてきて観測者のところに届くということだ。ということは、観測者の西側の上空は雲がなくて晴れているということになる。観測者のいる場所の翌日の天気は、西から東へ移り変わるので、「夕焼けの翌日の天気は晴れ」ということになる。「夕焼けの翌日の天気は晴れ」が当たったかどうかを実際に調べた結果は、冬はあまり的中しないが、4月から11月までは、平均70 %程の割合で当たるとのことだ。

しかし、夏・冬は、大陸や海洋に勢力の強い高気圧が居座るため、この方法での的中率は下がる。

4. 秋の空と女心―秋の天気が変わりやすいのはなぜ?

秋には、1週間も晴れの日が続くということはなかなかない。1日か2日よく晴れたと思ったら、雨が降り、また晴れるということのくり返しだ。夏ならときどき雷雨があるほかは晴れ続きとか、冬なら来る日も来る日も乾燥した晴天の太平洋側と雪が降る日本海側といったように同じ天気が続くが、なぜ秋の天気は変わりやすいのだろうか。

それは低気圧の通り道が季節によって南北に上下するからだ。夏、日本列島は太平洋高気圧におおわれていることが多いので低気圧がやってこない。低気圧はシベリアやオホーツク海を進む。

秋になると太平洋高気圧が弱まり、低気圧の通り道が日本列島まで下りてくる。そのため、低気圧が通ると雨になり、移動性高気圧がやってくると晴れという変わりやすい天気になる。寒暖の変化も同じ周期でやってくる。低気圧がくる前は南の風が吹いて気温が上がるが、通り過ぎると北風に変わって寒くなる。木枯らしが吹いてもう冬かと思っても、必ずまたぽかぽかと暖かい日が現れて、寒暖をくり返しながら冬に向かっていく。

天気が変わりやすいのは春も同じだ。これも低気圧と高気圧が交互に通るためだ。低気圧は3日か4日ごとに通ることが多く、1回日曜日が雨になると、翌週も日曜日が雨といったことが起こる可能性が高くなる。

5. ジェット気流を利用した風船爆弾

第二次世界大戦中のこと、敗色が濃くなった日本軍が採用したアイデアが風船爆弾だった。アメリカ本土を攻撃するため、気球（風船）に爆弾をつり下げ、ジェット気流（偏西風の流れ）に乗せて数日かけて飛ばす兵器である。当時の日本軍がアメリカ国内の攪乱をねらってアメリカ本土攻撃をするための秘密兵器だったのだ。

1944（昭和19）年秋から45（昭和20）年春に約9000個が放たれた。

晩秋から冬、太平洋の上空8000 mから1万2000 mの亜成層圏には、最大秒速70 mの偏西風が吹いている。いわゆるジェット気流だ。

風船爆弾は50時間前後でアメリカに着く。精密な電気装置で爆弾と焼夷弾を投下したのち、和紙とコンニャクのりでつくった直径10 mの気球部は自動的に燃焼する仕掛けだった。

約9000個放流された風船爆弾は、300個前後が米国到達した。

アメリカ側の被害は僅少だったが、山火事を起したほか、送電線を故障させ原子爆弾製造を3日間遅らせたことがあとでわかった。

オレゴン州には風船爆弾による6人の死亡者が出てその記念碑が建っている。

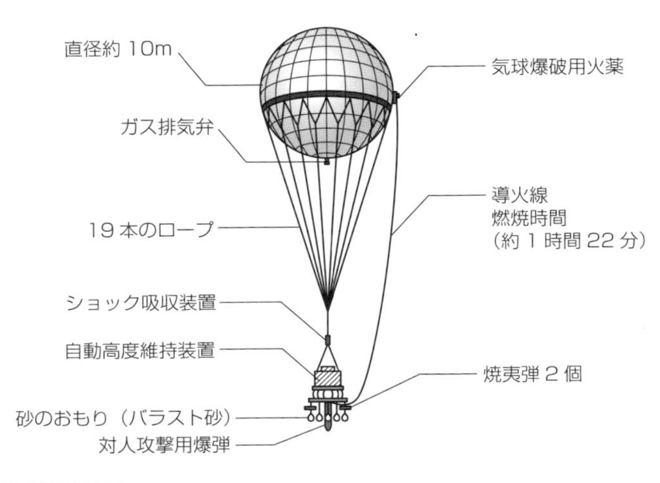

図　風船爆弾の仕組み

17章 地球と宇宙

授業でのねらい

- 私たちが暮らす地球は、誕生から現在まで46億年という雄大な時間を経ている。そこでの大きなできごとは、生命の誕生と進化である。
- 地域の地形・地質には、過去の大地の変化が刻まれている。
- 私たちが暮らす地球上の山々は、地球を1億分の1に縮小してみれば凸凹がなくなってしまう。それだけ私たちや地球上の山々と比べて地球はとても大きい。
- 地球に身近な星である月や太陽、太陽系の惑星を空間的に見るだけでも、宇宙はとても大きい。

A 地球の歴史と地域の地形・地質

1. 地球の歴史・カレンダーづくり

46億年という地球の歴史の時間的なスケールをなんとか実感させたいと、子どもたちと長さ45 mの年表づくりをする。これでも100万年が1 cmにしかならない。地球の歴史上で結節点となるようなできごとを年表上に書き加えていく。こうして子どもたちは、地球創生から生命の誕生までの長い長い時間に想いをはせることができるだろう。

大まかに宇宙の歴史を見るのに、『コスモス』などの著者や宇宙探査計画で知られるアメリカのカール・セーガン博士（1934～1996年）が考案したコズミック・カレンダー（宇宙年表）がある。

私たちのすむ宇宙は、今から137億年（±2億年）前に誕生した。起点を宇宙が誕生した137億年前に置いて、その歴史を1日に縮めて見る。起点から現在までを365日に当てはめると、1日は約3753万年に当たる。

コズミック・カレンダーではなく、地球創生を起点にしたほうが、子どもたちにとってはよりイメージがわくことだろう。

まず、B4の紙1枚にテーマ名「地球の歴史カレンダー」、および1月～12月の枠を印刷したものを配布する。1月の枠に、「1日太陽系や地球が誕生する（46億年前）」と記入させる。

次に、このカレンダーの1日は、何年に当たるかを電卓で計算させる。1日は約1260万年に当たる。

中学3年生なら『君たちは生まれてからこれまで15年間生きてきましたね。15年はこのカレンダーではどのくらいの時間になるか？』『もし100歳まで生きたとしたら、それはこのカレンダーではどのくらいの時間になるか？』と聞いて計算させるのもよい。

ぜひ記入させたいのは、次の内容である。

2月17日………………生命の誕生（40億年前）
3月29日………………最古の化石（35億年前）
11月26日………………植物の陸上進出（4億5000万年前）
12月12日………………恐竜の登場（2億5000万年前）
12月26日………………恐竜の絶滅（6500万年前）
12月31日10時40分 ………………人類の登場（700万年前）
12月31日23時37分………………ホモ・サピエンスの登場（20万年前）

「生命の誕生」から「植物の陸上進出」までは、生物は陸地には存在せず海の中に暮らし、海の中で進化した。現在の地球上にいる生物はすべて細胞内に核をもつ真核生物である。その真核生物は約21億年前に登場した。

「7月18日………………真核生物の登場（21億年前）」

そこから約10億年以上の時が流れて多細胞生物が現れた。ソウ類のなかまと考えられている。多細胞生物は今から約10億年間のことである。つまり、生物は、約30億年の間、単細胞生物として過ごしてきたということである。

突如、生物は急速な多様化をはじめ、体長が数cmから1ｍくらいある生物群が登場した。エディアカラ動物群である。

「11月14日………………エディアカラ動物群（6億年前）」。

「11月18日………………古生代・カンブリア紀、カンブリア大爆発（5億4200万年前）」というできごとが起こって、海の中で多様な生物が生活するようになった。

植物が陸上に進出すると、ついで節足動物が、さらに脊椎動物の両生類も陸上に上がり、地球は海にも陸にも生物が生活するようになった。

700万年前の人類は、アフリカでチンパンジーとの共通の祖先から分かれた初期猿人である。森林で直立二足歩行を開始した。

「12月31日16時23分………………安定した直立歩行する人類（アウストラロピテクス）の出現（400万年前）」。

さらに、私たちホモ・サピエンスが年末ぎりぎりに、アフリカで誕生したと考えられている。

こうした長大な時間の流れを相対的にして縮めてみても、どれだけ実感として認識されるかは難しいものがある。

そこで、さらに、このカレンダーを用いて、恐竜時代と人類時代の長さを比べさせたりする。元同僚で、現在国立天文台の縣秀彦（あがたひでひこ）さんから学んだ。

『このカレンダーで恐竜は15日間も生存していますが、もし仮に近い将来絶滅したら、初期人類から、ホモサピエンスからはどの程度の時間生存したことになるか？』

『地球の歴史から見れば私たちホモ・サピエンスは、ちっぽけな、あまりにも新参者に過ぎないが、力を合わせ、文明を開化させ、地球上の自然界、物質界や人類の進化だけではなく、とても巨大な存在である宇宙の不思議までも探究し、一つひとつの事実と論理を組み立てて謎に迫っている』という素晴らしさを感じさせたい。

2. 地域の地形・地質に目を向けた授業

若いときに、友人の大滝崇久さんの実践を聞いた。

埼玉県を流れる荒川の近くの小学校で、大滝さんは子どもたちに学校周辺の地図を配った。国土地理院発行の「1：50000地形図」あるいは「1：25000地形図」を自分のまちや校区などの規模で使い分けて用いた。

『台地と低地を色分けしよう』

緑色の蛍光ペンと青色の色鉛筆がよい。ポイントは田んぼ。大まかにいって、田んぼは低地、低地は田んぼなのだ。川を青色、田んぼと市街地を緑色にぬる。

荒川ぞいに低地がひろがっている。

『この低地はどのようにしてできたのだろうか？』

低地が荒川ぞいにあることに注目する子どもたちは、その低地は荒川が台地をけずった結果できたのだと考える。田んぼは、一方、台地が落ちこんでできたとする意見も出る。この2つの説にしぼられてきたところで、それぞれの説の場合にみられる地層の違いを考えさせたうえで、県の土木課などへ行って手に入れたボーリングの柱状図を与える。

子どもたちにとって、柱状図をつなげて地層の面の広がりをイメージすることはなかなか難しいことだ。子どもたちは、教師の援助を待って「低地は台地がけずられてできた」ことを導き出す。

さらに、「むかしの荒川がけずってきた土や砂がたまって低地の地層ができた」「海の中で地層はできた」「海は今の東京湾まで退いた」というように台地と低地について学習を深めていった。

子どもたちは、自分が立っている地面の下にドラマをみる。想像に絶する長い年月のなかで、わずかずつ進行してきたドラマを。

だからこそ、『地域がどのようにしてできたかを絵に描いてみよう』と呼びかけると、子どもたちはいきいきと歴史絵物語を描いていくのだ。

私は、この実践に刺激を受けた。「小学生でもこれだけのことができる！中学校ではこうした自分の足元、地面の下のドラマチックな歴史に目を向けさせることは当たり前のように必要だし、熱意さえあれば可能であろう」とは、大滝さんの実践を聞きながら私が抱いた考えであった。

最初に勤務した大宮市立春里中学校は、大宮台地にある。柱状図をつなげ、露頭の地層と対応させ、種々の化石から時代と環境を推定し……といった授業が鮮やかにイメージされたのである。

そこで、日本において明治時代初期から中期にかけて作成された簡易地図である迅速測図、学校建築時のボーリング資料を入手して授業を行った。関東地方の場合は、独立行政法人農業環境技術研究所（農環研）が「迅速測図」を利用できる「歴史的農業環境閲覧システム」を構築している。「Google Earth」でも利用可能で、現在の地図と重ね合わせて表示することで、当時との土地利用の変化を確認できる。

その次に勤務した東京大学教育学部附属中・高等学校は、新宿副都心の間近にあり、まわりは住宅地や商業地になっていて、高層ビルが建ち並んでいたりするが、迅速測図がつくられた時代には低地には田んぼがひろがっていた。同僚の山岡寛人さんは、迅速測図に田んぼ、畑・人家があるところを色分けさせる授業を行っていた。そこから見えてくるものをイメージして実際に歩く授業である。

平地でも、地形に高低差がある。人はその高低差がある中で高い場所に住居を構えていた。わずか数十cmの高低差で田んぼと人家などが分かれるのである。

3. 山は高くなり、平野は沈んでいく

人がすむ場所は平野に集中している。したがって、地域の歴史の授業をするとき、平野がどのようにしてできたかの基本を知っておきたい。

私たちが見ている山や平野ができたのは、地球の歴史でいうとつい最近、新生代第四紀（約260万年前）からのことである。第四紀という時代に日本列島はほぼ今の姿に形づくられた。

関東平野では、第四紀より古い時代（古生代・中生代・新生代第三紀）の地層の上に、最大2000 mを越す新しい地層（第四紀層）がたまっている。川が山から土砂を平野や内湾に運んできたとしても、それがただたまるだけでは平野はつくられない。日本の平野は、山からの土砂を受け止めながら、沈降し続けてきたところなのである。新しい地層を堆積しながら、どんどん沈降を続けてきたのである。

濃尾平野でも、大阪平野でも2000 mを越す沈降が第四紀に入ってから続いている。

第四紀になってから、場所によっては隆起が起こり、場所によっては、沈降が起こった。隆起した場所は、どんどん高くなっていったが、一方では雨風や河川によってどんどんけずりとられていった。

けずりとられる量より隆起量が上まわれば、その場所は山になっていく。

沈降した場所は盆地地形となる。沈降とともにまわりの隆起している山地からもたらされた土砂の堆積によって平野ができる。このような隆起・沈降する現象を地殻変動という。この期間、日本でもっとも隆起量が大きかったのは飛騨山脈で1500 m以上だ。一方、もっとも沈降量が大きかったのは関東平野で1000 m以上である。

では隆起、沈降の速さはどうだろうか。変動した量を約260万年で割れば平均の速さがわかる。最大の隆起を示す飛騨山脈、沈降を示す関東平野でも、1000年あたりおよそ0.61～0.4 m、1年あたり0.6～0.4 mmである。

1年間あたりの上昇量は、関東山地が0.5 mm、四国山地は1～2 mm、赤石山脈では1年間に4 mmになるという報告がある。1年に1 mmでも、260万年では2600 mになる。まさに、「塵もつもれば山となる」とは、このことである。

B　地球・月・太陽・太陽系

1. 地球はとても大きい―地球の形と大きさ

直径13 cmの円が印刷してある紙(「13 cm」も付記)を配る。

『私たちの住んでいる地球の形や大きさについてどんなイメージをもっていますか？　コンパスで半径6.5 cmの円を描くと、地球を約1億分の1に縮めた地球の断面になります。

世界一高い山や世界一深い海は、この円に描くとどのくらいになるでしょうか。予想して書き込みなさい』

世界一高い山はエベレスト山で約8800 m、世界一深い海は、マリアナ海溝で、深いところは約1万1000m(11km)ということを問答で確認する。

書き込み終わったら、『いろいろな予想が出ているね。それでは、エベレスト山について大きく3つに答えを分けてみよう。もっとも近いのを選んでください』といって、板書し、挙手で人数を記入する。

【板書】エベレスト山

ア	0.1 mmくらい	(　　　　)人
イ	1 mmくらい	(　　　　)人
ウ	10 mmくらい	(　　　　)人

直感でイとする子どもが多い。

同様にマリアナ海溝も聞く。

『実際の地球の直径は1万3000 kmです。直径13 cmは、その1億分の1です。1億分の1では10 kmが0.1 mmにあたります。正解はアです』

【板書】実際の地球	1億分の1
直径　13000 km	13 cm
1000 km	1 cm
100 km	1 mm
10 km	0.1 mm

世界一高い山(エベレスト山　約9 km)も、世界一深い海(マリアナ海溝約11 km)も、それぞれ、0.09 mm、0.11 mmにしかならない。

中学校なら地球の形を問うてもよい。『1億分の1に縮めると地球は真ん丸か楕円形か、どちらが地球の形に近いと思いますか』

地球の直径は正確に測定されている。赤道の付近では、約1万2756 km、極付近では、約1万2713 kmと少し違う。赤道円周は40,075 km、極円周は4万8 kmである。これは、地球が完全な球ではなく、赤道付近で少しふくらんだような楕円体になっているからである。

では、直径13 cmの円では、どのくらい赤道をふくらませると、正確になるだろうか。

赤道は左右で0.42 mmの半分ずつ、つまり0.21 mmずつふくらませて描けばよいことになる。これは、シャープペンシルの芯の太さ0.5 mm程度と比べるとその太さにふくまれてしまう。地球は、ほとんど完全な球形になっていると考えてよい。

だから、地球儀をつくるときは、つるつるで、真ん丸にするのが、もっとも本物に近いことになる。地球が楕円体というものの、こうしてみると真ん丸な球（真球）に近い。

【小話】地球の円周が4万 km

地球の周囲はほぼ4万 kmだが、これにはわけがある。18世紀の末フランスで大革命が起きたとき、フランスの科学者たちが、長さの単位を世界中で使えるようなものにしようと議論を重ねて、北極点から赤道までの長さの1千万分の1を1 mとしたのだ。

実際に測量隊を派遣し、6年間かかって経線（北極と南極を結ぶ線）の一部をはかって、地球の大きさを求めることができた。

だから北極点から赤道までの長さは1万 kmで、地球の周囲はその4倍の4万 kmなのは当たり前なのだ。

現在、人工衛星を使って正確に地球の大きさをはかっている。その結果でも、ほぼ4万 kmは変わらない。

今では光の速さ299,792,458 m/秒をもとに1 mを決めている。

2. 地球と月・太陽まではどのくらい離れているの？

まずは、地球と月の間の距離についてのイメージをつくるために次を発問する。

『月の直径は、約3500 kmで、地球の直径の4分の1倍です。太陽の直径は、約140万 kmで、地球の直径の109倍強です。

それでは、地球からの距離はどうでしょうか？

まず月までの距離です。

地球と月の間に地球を並べるとしたら、地球が何個くらい入ると思いますか？

ア．1個　イ．3個　ウ．10個　エ．30個　オ．50個　カ．100個以上』

予想――意見発表の後、月は地球から、およそ38万km離れたところにあること、1億分の1にすると3.8 mになり、1億分の1地球が30個分が並ぶ距離だけ離れていることを説明する。

『月面上にはアメリカや旧ソ連が月探査のときに置いた鏡があります。光をあてて、その鏡から反射して戻ってくる光をとらえて時間をはかると距離が正確にわかります。光なら往復2秒ちょっとかかります。地球のまわりの月の通り道は真円でなく楕円で、一番近いときには地球28個分、一番離れたとき地球32個分の距離になります。』

粘土で10億分の1の地球と月をつくって、その模型を見せるとよい。教科書などに描いてある地球と月の図はその間の距離を極端に短くして、その配置関係をわかりやすくしているという「モデルの限界」についていっておきたい。

次に、地球から太陽までの距離を問題にする。

『月と太陽は大きさが全然違うのに、地球から見ると、ほとんど同じ大きさに見えます。

地球から太陽までの距離は、地球から月までの距離の約何倍あるでしょうか？

ア．10倍　イ．50倍　ウ．100倍　エ．200倍　オ．400倍』

地球から太陽までの距離は1億5000万kmである。月までの距離のざっと400倍もある。現在、天文学では長さの単位として、この地球と太陽間の距離を「1天文単位」として用いられている。

【板書】太陽の直径は月の直径の約400倍。太陽は月より約400倍だけ地球から遠くにあるので、地球からは太陽と月が同じ大きさに見える。

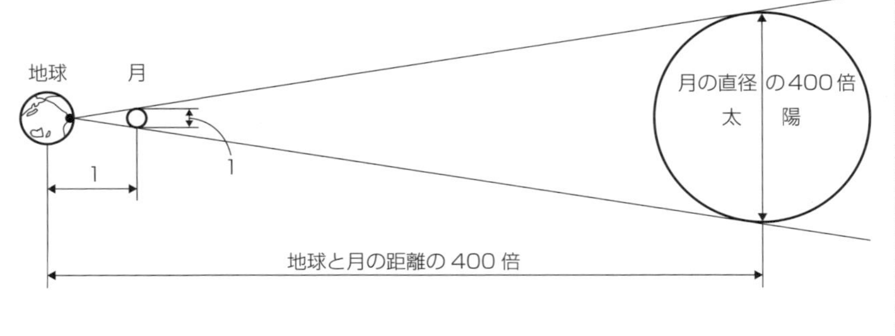

図　地球・月・太陽の大きさと距離の比

【小話】太陽と月

太陽からの光（エネルギー）がたえず地球にふり注いでいるおかげで、地球上の生物が生きていられる。もし太陽からの光がこなくなったら、雨も風も雲もなくなり、地球上は闇と氷におおわれた死の世界に変わることだろう。

地球が受け取っているのは、太陽が四方八方に放射しているエネルギーのたった22億分の1に過ぎない。

太陽のエネルギー源が何かは長い間謎だった。20世紀に入って原子の奥にかくれていた秘密が、だんだんわかってきて謎がとけるようになった。太陽の内部で起こっている水素からヘリウムになる核融合反応が、エネルギー源だったのだ。

夜空に輝く星たち（恒星）には寿命がある。天文学が明らかにしたことの1つは、恒星の寿命は、その恒星の質量（重さ）で決まるということだ。

太陽の質量だと寿命は約100億年。太陽や地球ができてからすでに約46億年たっているから、太陽は人間でいえば壮年期にあたる。

太陽は、あと50億年余で寿命をむかえる。水素がなくなってしまうからだ。

では月はどうだろうか。

月には、クレーターと呼ばれる大きな“くぼみ”がたくさん見られる。クレーターは隕石が衝突してできた。月の表面には、百万個以上の大小のクレーターがある。大きなクレーターは直径が200 kmを超える。

実は地球にも隕石が衝突している。月の場合には大気がないので、砂つぶくらいの小さな隕石でも数cmのクレーターをつくるが、地球では大気があり、小さな隕石は地面にまで到達できない。また月でできたクレーターは風雨などによる浸食を受けないのでいつまでも保存される。最近、月面を探査した衛星が撮影した写真には、1960～70年代のアポロ計画のときの月面を人が歩いた足跡が鮮明に写っている。

地球では大地は浸食を受けたり植物におおわれたりしてしまう。それでも地球上のクレーターは200以上見つかっている。

現在もっとも有力な月のでき方の考えは、地球が生まれておよそ1億年後に、ほかのところでできた火星くらいの大きさの星が地球に大衝突したという「ジャイアント・インパクト（大衝突）説」だ。その衝突の衝撃で飛び散った破片が集まって月ができあがったというのだ。

3. 校庭でミニ太陽系のモデル

太陽系の大きさは感覚的にはなかなかわからない。太陽を直径1 mに縮めると14億分の1になる。この太陽を中心に、大きさも距離もそのまま縮小した14億分の1のミニ太陽系をつくってみると、太陽系の広がりを実感させることがでる。元同僚の縣秀彦さんの提案から学んだ。

(1) ミニ太陽系での各惑星の直径と太陽からの距離を計算する

『直径140万kmの太陽の直径を仮に1 mとしたら、地球の直径はどのくらいだろうか？』

このとき、地球の大きさは、求める直径をx mとすると、

140万 km（太陽の直径）：1万3000 km（地球の直径）＝1 m：x m

x＝0.009 mとなり、

たったの9mmである。

14億分の1のときの太陽からの距離をy mとすると、太陽と地球の間の実際の距離は1億5000万 kmなので、

140万 km：1億5000万 km = 1 m：y m

もちろん、1億5000万 kmを14億で割り算してもよい。y = 107 m。

つまり、太陽までの距離は107 mになる。

このモデルでは各惑星の形はここでは地球とし、各惑星の通り道（軌道）も円とする。太陽系のすべての惑星について地球と同様な計算をする。以下に表の形にまとめておく。

	14億分の1モデルの直径(cm)	太陽からモデルの距離(m)
太陽	100	−
水星	0.4	42
金星	0.9	77
地球	0.9	107
火星	0.5	158
木星	10	556
土星	8.7	1021
天王星	3.7	2057
海王星	3.5	3222

表　14億分の1の太陽系(著者作成)

(2) 直径1 mの太陽と惑星をつくらせる

4〜5名の班をつくり、次の作業を行わせる。

色模造紙を2枚張り合わせ、直径1 mの太陽を切り取る。模造紙の余白からそれぞれの惑星の大きさの円を描いて切り取る。土星には環を付けるようにする。教科書や資料集をみて、各天体に色と模様を簡単に描く。

(3) 校庭を太陽系に

学校の校庭の隅などを太陽系の中心と決め、そこに太陽を置く。50 m巻尺で距離をはかり、太陽に近い各惑星（水星、金星、地球）をそこまでもっていく。ここでは距離だけで方向は考えないことにする。遠くの惑星はとても実際にははかれない。そこで2万5000分の1の地図上にコンパスで軌道を記入してみる。

【小話】太陽系のなかまたち

地球のほかに、火星や木星などの惑星も太陽のまわりを公転している。惑星には、太陽から近い順に、水星・金星・地球・火星・木星・土星・天王星・海王星の8個がある。

惑星のうち、地球より内側の軌道を回る惑星を内惑星、外側の軌道を回る惑星を外惑星という。水星・金星などの内惑星は、夕方や明け方にしか見えない。夕方、西の空に見える金星を宵の明星、朝方、東の空に見える金星を明けの明星という。これに対し、火星・木星・土星などの外惑星は、一晩中見ることができ、真夜中に南中することがある。

太陽に近い4つの惑星は大きさが小さく、木星から海王星までは大きさが大きい。大きさが小さい4つの惑星の内部は、地球とほとんど同じで、中心部分に鉄を主成分とする核があり、そのまわりは主に岩石でできている。大きさが大きい4つの惑星は主に水素やヘリウムでできている。

太陽系には惑星だけでなく、それ以外の天体もある。例えば、月のような天体だ。月は地球のまわりを回っている。このように惑星のまわりを回っているものを衛星と呼ぶ。ほかに惑星の小さなものとして小惑星や、長い尾をもつ天体として彗星がある。

このような太陽を中心とした惑星や衛星、小惑星、彗星などの天体のまとまりを太陽系という。

かつては惑星のなかまに冥王星も入っていた。しかし、2006年8月に開催された国際天文学連合（IAU）総会において、質量がきわめて小さく（地球の約430分の1程度）、また、海王星軌道以遠に多数の小天体が存在することから、冥王星は惑星とせず、惑星より小さな準惑星に分類されることとなった。

【小話】地球のお隣さん、金星と火星

太陽に近い水星・金星・地球・火星は地球型（岩石型）惑星といい、木星・土星などの木星型（ガス型）惑星とは違っていろんな特徴がよく似た兄弟星だ。なかでも金星は、大きさや質量が地球とほぼ同じな

ので、同じ物質でできており、内部のつくりもよく似ていると考えられている。

ところが、金星の表面のようすは、地球とずいぶん違う。濃硫酸の分厚い雲でおおわれ、大気は二酸化炭素が大部分だ。地表付近の温度は、400 ℃を超えている。多量にある二酸化炭素による温室効果で温度が高いのだ。

地球の大気も、かつては、地球の内部からの火山活動で噴出した二酸化炭素、窒素、水蒸気などからできていた。火山活動がおさまってくると水蒸気が雨になり、雨が海をつくり、表面の7割を水がしめる惑星ができた。そのとき、この雨は、大量の二酸化炭素を海水中に溶かし込んだ。

地球は、原始の海の中に生命を誕生させていった。光合成を行う生物の登場もあり、大気中に酸素をふくむことになった。こうして、地球の大気は窒素、酸素、水蒸気が主成分になった。

金星も誕生から間もないころには水蒸気が存在していた。今より太陽が暗かったこともあって、金星にも二酸化炭素を溶かし込んだ海ができたと考えられている。ところが、太陽が現在のように明るく輝きだしたので、海水の温度が上がり、二酸化炭素は大気中に追い出された。この二酸化炭素の温室効果により、金星の地表の温度はさらに上がるという結果になった。海水は蒸発して水蒸気になり、やがて太陽からの強い紫外線によって水蒸気は水素と酸素に分解されて、軽い水素は宇宙空間に飛び去ってしまった。

地球と金星の運命を分けた最大の原因は、金星が地球よりも4000万kmあまり太陽に近かったことだ。

では、火星はどうだろうか。火星は地球のすぐ外側を回る惑星だ。

火星が地球から赤く見えるのは、地表が赤鉄鉱（酸化鉄）を多くふくむ岩石でおおわれているからだ。火星の直径は地球の約半分。火星は地球とほぼ同じ24時間37分かけて自転しながら、687日かけて太陽のまわりを公転している。また、火星の自転軸は公転面に垂直な方向に対して25度ほど傾いているため、地球と同じように四季の変化が見られる。

過去の火星では、地表に大量の水が存在し、温暖湿潤な時代があったのではないかと考えられている。現在では、火星の地下には豊富な水が氷の形で存在し続けていることが、ほぼ確実視されている。つまり、火星も“水の惑星”の可能性が高い。

水は生命を生み育てる大切な存在だ。火星にバクテリアのような生物がいるのではないかとする研究者もいるが、今のところ否定的な見方が大勢だ。

火星と地球とのもっとも大きい違いは大きさだ。火星の質量は、地球の10分の1ほどしかない。このため、大気を引き留めておく重力が地球の4割程度しかなく、水蒸気が宇宙空間に逃げやすい。現在の火星は、200分の1気圧しかない、薄い大気だ。

4. 夜空に輝く無数の星々までの距離

『月・太陽以外の星は、地球から肉眼で見るとほとんど大きさのない点のように見えます。いったい地球からどのくらい離れているでしょうか？

太陽（系）から一番近い恒星であるケンタウルス座のアルファ星は、地球から太陽までの距離の約何倍離れているでしょうか？

ア．100倍　イ．1,000倍　ウ．10,000倍　エ．100,000倍よりもっと遠い』

『太陽以外で一番近い恒星、ケンタウルス座のアルファ星は、1つの星ではなく、3つの恒星が回り合う連星で、その内の1つの伴星Cが、地球から一番近いのです。

それでも29万天文単位離れています。光でも4年以上かかる距離です。光で何年かかるかで表した距離の単位を「光年」といいます。

ケンタウルス座のアルファ星までは、14億分の1のミニ太陽系のモデル上でさえも、2万9000 kmも先になります』

『オリオン座や冬の大三角形を形づくっている、全天体で9番目に明るい恒星「ベテルギウス」は、今日から100万年後の間のいつか、超新星爆発（巨大な星が最期に迎える壮大な爆発）を起こすと考えられています。距離は640光年です。もし今この瞬間に超新星爆発を起こしていたとしても、地球までそのときの光がやってくるのは640年後なのです』

左巻健男の個人史

1. 小学校〜中学校〜高校1年

(1) 理科が好きになったのは小学5年生

栃木県小山(おやま)市のはずれの中久喜(なかくき)という集落に、総本家、本家、分家などの左巻(さまき)一族が住んでいる。その辺では、別にめずらしい名前ではない。

小山市から離れて東京などに出てくると、何回も“ひだりまき”と間違って読まれた。辞書を引くと、「(つむじが左に巻いている人は頭が悪いという俗説から）頭の働きが鈍いこと。馬鹿であること。また、その人。とんま。まぬけ。『国語大辞典』(小学館)」という意味もあることを知った。“さまき”という読み方を知らないひとが、“ひだりまき”と読んでクスクス笑っていたわけがやっとわかった。いまでは、自分を頭が悪いし、馬鹿とも思っているから、名の通りかと思うことがある。確かに、ちょっと変人かもしれない。

身長180 cmで食欲旺盛、モリモリ食べて太り気味。中高生に、教えていたとき、「学校で一番のシリデカ」といわれていた。性格は明るく、楽天的と思われている。暗くジメジメとした劣等感いっぱいの少年時代があったなんて、ほとんどの人が信じてくれない。

ぼくは両親にとってはじめての子どもで男の子だった。両親は、さぞかしぼくに大きな期待をしたことだろう。

小学校入学前、数を数えることや、自分の名前をひらがなで書くことができるようにと、両親はぼくに数やひらがなを一生懸命教えてくれた。

ところが、そのころのぼくときたら、いわゆる「“ものおぼえ”が悪い子ども」だった。数だって、1から10までまともに数えられない。名前もちゃんと書けない。そんなことで、小学校入学前に、両親はぼくに多大の期待をもたなくなった。それからというもの、「勉強しろ」という言葉を親から聞いたことがない。だから、後々、自分なりに学習したくなるようになったとも思える。いまから思えば、これはたいへんありがたかったと思う。

小学校に入学しても遊んでばかり。成績なんて、ひとにいえたものではない。

それが5年生になったとき、平原タイ先生が担任となった。平原先生ほど、ぼくに影響を与えてくれた先生はいない。

平原先生は、ぼくに「左巻君って理科が好きなんだね」と言ってくれた。はじめて学校で、先生に肯定的な言葉をかけられたのだ。どんな状況でそう言われたのかはおぼえていないが、この一言で、ぼくはもっと理科が好きになった。

ときどき、図書館で理科の本を読むようになった。理科だけは、授業にまじめにとりくんだ気がする。理科への興味・関心をいだかせてくれた平原先生には感謝の念でいっぱいである。

好きな先生の一言が、人生を変える可能性がある。ぼくが教師を志したのも、先生との出会いが遠因かもしれない。ぼくは、平原先生のその言葉をきっかけに、自然科学にだけは興味・関心をいだいたのだ。その後、工業高校、大学、大学院と、「理科」とくに化学を取り柄に進んでいった。そして、理科の教員になった。

あのときの一言がなければ、いまのぼくはなかっただろう。

自分に取り柄が1つだけでもあったのだ。不器用で、音痴で、運動能力ダメで、体だけ大きくなったぼくのただ1つの取り柄……理科。教員になっても、ぼくの頭をしめたのは、自然科学が示す多様な自然界である。風呂に入っても、トイレに入っても、食事中でも、活字中毒気味のぼくは、本を読んでいるので妻にしかられている。

そこで思うのだが、人間何かしら少なくとも1つは取り柄があるのではないか。学生時代は、その取り柄の発見の時期なのではないか。考えようによっては、人間関係も下手、理科だけ、などというほうがそれについて深いものを身につけられる可能性があるかもしれない。何でもできる人が、結局、何でも浅い、ということも多いのではないか。

(2) いじめられっ子の中学生時代

いまでは、身長180 cmと背が高いほうだが、中学生のころ、やせていて、しかも背が低かった。男子で背の順で前から2、3番目。自信がなくて、斜めからものを見るような、ちょっとひねくれた性格で、小学6年生くらいから、とてもいじめられた。中学生になっても、それは続いた。いじめられるというのは、つらいことである。そのころを思い出すと、とっても暗い気分になる。

中学2年生の終わり頃、ぼくの伯母が、ぼくを東京によんでくれた。中学

3年生の4月に栃木県小山市のはずれの大谷（おおや）中学校から、東京都文京区立第十中学校に転校した。

もうなぐられるようないじめはなくなったが、ぼくの栃木弁の発音、イントネーションがおかしいというので、“カッペ”（いなかっペ）というあだ名を投げつけられた。

「カッペ！カッペ！」とはやしたてられて、ぼくが怒ると、今度は“発作をおこした！”といって、「発作！発作！」とはやしたてられた。あだ名は、“フォッサ・マグナ”になった。

成績は、クラスで下のほうだった。同級生で成績もよいK君にどういうことかで「君は、クラスで成績が一番悪い！」といわれたことをおぼえている。そのK君とは同じ大学を卒業した。

ぼくは漠然と高校進学を希望していた。いまとちがって高校進学しない人も少しいたような気がする。ぼくの母は「高校に行かないで働いてくれ」と言った。早く働いて、お金をかせぐようになってほしかったのだろう。第一、成績もとても悪いことをよく知っていた。

伯母のおかげで 、高校に進学することになったが、経済的に、公立一本にしぼらざるをえない。

三者面談で、伯母は、「K高校はどうですか」と担任に聞いた。その地域で最難関の高校だった。先生は笑って首を横にふった。「左巻君は、公立の普通科で行けるところがない」という。

ぼくは成績は悪くとも理科だけは好きだった。「工業高校は無理でしょうか」と聞いてみた。当時、すでに大学進学志向が強く、普通科よりも工業高校のほうが入学が楽だった。手先が器用でないので、機械科や電気科は嫌だった。やっと、ぼくの志望校が決まった。

(3) やっと工業高校に入学

運よく東京都立中野工業高校工業化学科に入学できた。

ぼくは、中学生のとき、化学変化の実験が好きだった。だから工業化学科での勉強は楽しかった。週に1日は、1日中実習で化学実験ばっかりという日もあった。

化学が好きでもないのに、成績で振り分けられて入学した人も結構いた。彼らは、学習以外のことに楽しみを見い出していったり、途中でやめていった。

普通科以外の高校進学では、成績で仕方なしに入ったというときも、入学してからでも、その学科のおもしろさを自分なりに見つけ出すつもりで進学すべきだと思う。学習は、深めれば何でもそれぞれにおもしろいものなのだ。

ぼくは、化学の理論はほとんど不消化だったが、たくさん実験をやれて嬉しかった。学校新聞をつくる委員になって、“編集”という仕事のおもしろさも知った。

しかし、工業高校でも成績は芳しくなかった。いくつかの科目で赤点をとって追試も受けた。

2. 工業高校２年生になったばかりの春の決意

ぼくには「誇り」がある。酷い学力劣等生から大学・大学院へ行き、教員になれたという経験から生まれた「誇り」だ。

大きな転機は高校生のときにあった。

中学校3年生の頃、「君はこのクラスで成績が最低だ！」といわれ（本当は下から2番目）、やせこけて弱々しい少年だった。やっとの思いで工業高等学校工業化学科に入学。

そこでも落ちこぼれていくつかの追試を受けて高校2年生になった。16歳だった。

ぼくはいくつかの致命的弱点をもっていた。

•学力が低すぎ。•人とうまく関われない。•人とうまくしゃべれない。•友人がとても少ない。•手先が不器用。•体力が弱い。

16歳は思春期である。自分の未来を描いてもそこに小さな灯(あかり)さえもともっていなかった。「いったい自分はどうなるのか……。」 不安と恐れが支配していた。本は、少しは読んでいたのでイマジネーションはあったと思う。暗い未来。

しかし、そのとき世の中を知らないぼくは、ほんの少し足を前に出そうとしていた。「化学の研究者になろう！」

工業高等学校工業化学科にいて、専門の化学をよくわからなかったが、化学は好きだった。実験はとくに好きだった。

世の中を知らないぼくは、人とあまり関わらずに、ひとり化学の研究室で試験管などを振っているのが化学の研究者だと思ったのだった。「それならぼくでもできるかも知れない。しかし、ある程度の大学に行かなくてはダメだろう、できれば東大がいいだろう」とは思った。英語も数学も国語も、専門の化学でさえ、大学受験のレベルではなく、その工業高等学校工業化学科でも下のほうだった。東大は無理でも東工大に、などと考えた。それなら数学を何とかしなくては。

2つの選択肢があった。

「中学校数学からやり直す」というのが普通だと思うが、それだといつまでも高校数学に行き着かないような気がした。「よし、高3の数学を独学しよう！」

できるだけやさしい高3の数学の参考書を買ってきた。

例題が丁寧だった。しかし、ぼくは例題の解き方の1行目から2行目、2行目から3行目に進めないのだ。当たり前に使っている数学のやり方を理解していなかったからだ。

5分もたたないうちに鉛筆を投げ、参考書を投げた。しかし、数学を何とかしなくては大学に行けない。いつしか、30分、1時間……と集中できるようになっていった。

結果的にだが、数学Ⅲを自学自習で予習していくという選択は正しかった。

中学校数学からやり直す道もあった。それは目標の山頂があったとしたら、麓から一歩一歩登る「階段型」の道だ。ぼくが選択したのは、麓のところもろくにクリアしていないのに、無理に8合目に登ってしまって、そこから麓を見下ろしながら山頂を目指す道だった。もともとの自分のレベルが麓レベルだったのに、学習していくうちに基礎・土台レベルが5合目くらいになり、次第に引き上げられながら、8合目から9合目へと向かっていた。「高いレベルの学習による基礎引き上げ効果」か 。

4月から開始した数学の自習も8か月近くが経った12月に、担任との2者面談があった。

担任の気持ちとしては、ぼくが3年に進級できるか、就職希望だとしても、どうも人間関係が駄目で心配、というものだったろう。

「左巻君は将来どうするの？」

「国立大学に行きたいと思っています」と答えた。

担任は驚いた顔でぼくを見つめて言った。「勉強しているのか？　いまに学校の成績も上がってくるのか？」

数学の自習を続けていても、学校の中間・期末テストの成績は悲惨だった。数学だって高2の数学はまだよくわからなかった。工業高校の学力落ちこぼれの生徒が、何十年か国立大学進学者がいない学校にいながら、そんな答えをしたことに担任は驚いたことだろう。

「はい、いま、少しずつ勉強していますから、高3になると成績が上がると思います。」

高2から高3になった。追試はだいぶ減った。成績はよい方向へと向かっているようだった。

高3の数学は授業内容がよくわかった。ほぼゼロの状態から自学自習していたことが効果を表していた 。

1学期の中間試験が近づいたある日、ぼくは担任にやすり板、ロウ原紙、鉄筆などを借りた。今ならプリンターやコピー機などで簡単に印刷できるが、当時はガリ版印刷だった。

ぼくは何を思ったか、クラスの生徒たちに「数学の試験対策」のポイント・解き方をまとめたプリントをつくって配ったのだ 。

思えば高2の春に「化学者になろう！」と決意して勉強をはじめ、ゼロから高3の数学（極限・微分・積分）が少しずつわかってきていた。

高3の1学期中間試験が近づいてきたとき、少し勉強の習慣ができてきていたぼくは、試験勉強をした。もしかしたら1日に2、3時間でも試験前に勉強をしたのははじめてのことかも知れない。授業も高1・高2のときとは格段に違っていた。高1・高2の数学が全くといっていいほどわからなかったときとは違ってわかるのだ。

ガリ版印刷をしてクラスの人たちに「数学の試験対策」のポイント・解き方をまとめたプリントをつくって配ったのは、数学がわかってきたことの嬉しさからかも知れない。

よかったのは、そのプリントを「おい、左巻！　なんだよ！　これ」と言いながらも、みんなが受け取ってくれたことだ。クラスの中で、いるかいないかわからない影の薄い存在で、勉強もできない、運動能力も弱い、ひょろひょろしたぼくが何をやろうとしているのか？「あの左巻が数学だってよ！」という気持ちだったろう。

次の日の朝、クラスはちょっと雰囲気が違っていた。

「昨日の数学のプリント、すごくわかりやすかったぞ」読んでくれた何人かが言った。「本当かよ」という声。その次の日には、プリントをほめてくれる声がさらに増えた。「期末もつくってくれよ！」

ぼくが苦労してやってきたことを元につくったプリント。感謝の声に、ぼくは大きな達成感を覚えた。「ぼくでも役に立てることがあるんだ！」

社会的意義のある仕事をすることの喜びを知った。

その瞬間、「数学の教員になろうかな」と思った。数学で落ちこぼれていたぼくが、ゼロから数学を独習して少しわかってきた……そんな経験をもった人が数学を教えたほうがいいのではないか。

しかし、ぼくはすでに本当の現実を知っていた。工業高等学校で数学が少しばかりできても大学受験の数学にはいまだ歯が立たなかった。模試を受けに行っても5題あったら、小問集合の1番が何割かできるだけだった。「やっぱり、化学へ行こう！」と思った。

次々と試験が採点されて戻ってきた。どの教科も高1高2のときと比べて点数が高くなっていた。「今回は成績がいいぞ」と思った。

ある日の朝のショートホームルーム。

担任の小川先生は、「昨日は成績会議だった。ぼくは長いこと教員をやっているが、生徒がやっと自分の力を出したのが嬉しかった。ある生徒が成績が1番になった。ほかの先生方から“不正行為があったのではないか”と言われたが否定した」

ぼくは、「あー、それはぼくのことだ……」とわかった。

これがぼくの原点だった。

3. よしっ、大学へ行くぞ!　と思ったものの工場現場の宿舎生活に

前述の通り、母には「高校を卒業したら大学に行かないで働いてくれ」と言われていた。それでも「大学に行きたい」と希望したぼくは、家に経済的な迷惑をかけないで全部アルバイトをして行こうと思った。新聞配達店に住みこんで、予備校に通った。店でいざこざがあり、何人か一緒に2か月ほどで別の店へ変わった。そこも長くはなかった。計3か月は新聞配達をやった。その後は、父がやっていた土建業の仕事を手伝った。工事現場にプレハブでできた宿舎に泊まりこんで、鉄のパイプや木材をかつぐ仕事、外壁の足場にのってコンクリートの型わくはずす解体業の仕事をやった。人手不足で、結局その年のほとんどは宿舎を転々として終わってしまった。

そんななかで、いっしょに働いていた人たちから、「おまえ、そんなに若いのに、こんな仕事を続けてどうするんだい？」と言われた。「いや、大学へ行こうと思っているんです」とぼく。「大学へ行くんなら、こんなことをしていないで、勉強に専念したほうがいいよ。勉強はできるときにしとくもんだよ」としみじみといわれた。

その年に受けた大学はすべて落ちた。

高校時代の級友2人も落ちた。ぼくだけじゃなかった。「肉体労働しながら受かるほど大学は甘くない」ということもわかった。「あと1年だけやってみよう」

同じ状況の友もいる。いままで 勉強の習慣はあまりついているとはいえなかった。好きな数学の問題を考えているのに多くの時間を使っていた。

経済的な問題で国公立へしか行けない。父の仕事も思わしくなかった。けれど、がんばるしかない。それからは、父の仕事はよほどのことがないかぎり手伝わないで、自宅で1日数時間の勉強をした。

数学、化学、物理は集中してやれるのだが、英語、国語、日本史はちょっとやると鉛筆を投げ出してしまいたくなった。

しかし、少しずつ成績は上がっていった。工業化学科なのに、高校生のとき模試の結果がひどかった化学も、かなりの点数がとれ、得意科目になっていた。

英語も、何回も何回もつづりを書いてはおぼえた。

そして、入試の日がやってきた。

「今年はぜったい合格しなくては……」という気持ちから、志望学部を変えた。理学部から研究者へという道をあきらめて、教育学部から教師の道を選んだ。教育学部のほうが少し入りやすかったのである。

300人近くの受験者がいたであろうか。グルッと見わたして、「このなかから20数名か……」と思う。そのとき、教育学部理科専攻の定員は20名だったのだ。

狭き門だっただけに、合格したときは嬉しかった。

ときあたかも、学生運動が高揚していた時期であった。

ぼくは、そのなかでよい教師、すぐれた教師になろうと決意した。大学院へ進んでから教師になった。

4. どうして理科教員に?

学生時代にぼくが教師になろうとしたとき、どうして教師になりたいのか自問してみた。

最大の理由は、人間関係が下手なので会社員にはなれぬ。学力がないので、なりたかった化学の研究者にはなれそうもない。まあまあ教師ぐらいならやれるかもしれない。相手はガキで、密室の教室内での授業だから、人間関係が下手でも何とかなるかもしれないじゃないか。
この理由では、あまりにもネガティブなので、もう少し考えてみた。ぼくには、小学校や中学校で「いじめられた体験」がある。内向的で、うまく友だちづきあいができず、とろいときたら、絶対にいじめられるのだ。
ぼくは、子どもが好きだから教師になろうって思ったことは一度もないが、いじめられてきたような者でも教師ぐらいはできる、ということを示すことはできる。これは教師としての取り柄になるのではないか。
もう１つ、ぼくは「学力劣等生」から、まあまあの学力がないと務まらないと思われている教師になろうとしている。これもぼくの取り柄ではないか。
中3のとき理科だけは得意科目だった。少なくとも5段階の評定で3だったので、やっとの思いで工業高校工業化学科に進学した。そこでだって学力的には落ちこぼれていたが、あるちょっとしたきっかけから、勉強が好きになり、少々できるようになったのだ。
それにまだ取り柄はある。宿舎に住み込みながら工事現場で働いていたという経験である。こんな経験、普通の教師にはないだろう。
そんなこんなで、ぼくは「そんじょそこらにはいない教師になれるはずだ。いまに左巻健男らしい理科教育を打ち立ててやる！」と思った。なかなか粋(いき)がっていたのだ。
こうして同僚などに「存在そのものが迷惑」などと言われた大モノ（身長と体重で）の理科教師が誕生した。
こういうわけで、講演でときどき言うように、「教員になったとき、教卓の向こう、生徒側にかつてのぼくがいるとして理科授業をやってきた。好奇心があるのに、学力的に落ちこぼれてわからないので授業が苦痛で、教科書やノートの余白にマンガばかり描いていたぼくでも楽しくわかるような授業がしたい」という決意が生まれたのだ。

5.　発信する活動と大学への異動

8年目に東京大学教育学部附属中・高等学校への異動の話があった。それを受け、東大附属に採用されて18年間勤務。
公立中学校の新任のときの後半から、科学教育研究協議会責任編集の『理科教室』誌の編集委員になり、ぼくもそこに書くようになった。
本を書く機会も出てきた。書きたい本は「その本があったら自分が一番活用する」ような本だ。理科の授業に役に立つような実験観察を選び抜こう。

自分のセンスで選び抜いたものだから、自分が一番使うはず。自分がやった授業は、授業の寸前まで考えているので、ワークシートや授業テキストになっていない場合が多い。これらの授業の結果をまとめて、友人たちと本の形にしていった。

理科の授業や雑誌『子供の科学』（誠文堂新光社）の連載のための放課後の実験、本や雑誌の執筆などをやっていたが、学校内で年齢が上がってくると、いろいろな主任（部長）などにされる。また、東大附属がつくられたばかりの中等教育学校になったこともあり、文部科学省の開発学校に指定されたりして、毎日のようにワーキンググループの会議などがあるようになった。それで、そろそろ大学へ出ようかと思った。

そこで、教授で採用された京都工芸繊維大学へ異動した。中高よりも時間的に余裕ができたこともあり、新しく検定外中学理科教科書づくりの活動などをはじめた 。その後、同志社女子大学現代社会学部現代こども学科で初等理科などを担当してから、法政大学へ異動。生命科学部環境応用化学科から教職課程センターの専任になっている現在がある。仕事のメインは理系の小金井キャンパスの教職課程の責任者である。

6. 理科教育を土台に科学啓蒙などの科学コミュニケーション活動

大学人になってからは、ぼくの活動は理科教育を土台に科学啓蒙や一般の人たちの科学リテラシー育成、ニセ科学批判など科学コミュニケーション活動にまで広がった。

出版社のPHPが出している「面白くて眠れなくなる」シリーズでは、ぼくは、物理／化学／地学／理科／人類進化／元素／物理パズル……を書いている。

明日香出版社からは「身近にあふれる「○○」が3時間でわかる本」のシリーズを出しはじめた。ぼくは仲間と共に、科学や生き物……を書いている。

ニセ科学批判では、『暮らしのなかのニセ科学』平凡社新書を書いた。

本の執筆以外にも授業で扱う実験をふくめた教師向けの実験講座の講師や小学生への理科授業、一般の人たちへの「ニセ科学に騙されないために」という講師をしたりしている。

本の執筆でも講演講師でも、理科教育者として理科の授業に取り組んできたことがすべて土台になっているのだ。

学校に広がるニセ科学問題を考える

1.ニセ科学批判をするわけ

ニセ科学、それは疑似科学やエセ科学ともいわれるものが世の中にあふれている。ニセ科学は、「科学っぽい装いをしている」、あるいは「科学のように見える」にもかかわらず、とても科学とは呼べないものを指している。

ニセ科学でとくに問題なのは、健康系・医学系だ。ことは生命にかかわる。通常の治療を否定して、治る病気を悪化させたりして取り返しのつかないことになったりする。また、医学的根拠のない治療や商品で散財したりもする。

ニセ科学には、現代科学の大きな柱の1つになっている「エネルギー保存の法則」などを否定したり、物理学の用語としてのまともな「波動」ではない、いかがわしい「波動」の存在を述べたりするものも多い。これらは、科学的な思考を麻痺させ、思考停止にし、国民を非科学の方向に誘うものだ。

「科学はよくわからない、興味もあまりない、でも科学は大切だ」と思っている人は多い。科学と無関係でも、論理などは無茶苦茶でも、科学っぽい雰囲気をつくれれば、ニセ科学を信じてくれる人たちがいる。実は科学的な根拠がないニセ科学の説明がはびこっているのは、そういう科学への信頼感を利用しているからだ。すぐにオカルト的と見抜かれる説明よりも、科学っぽい装いで、科学用語をちりばめながらわかりやすい物語をつくって、ニセ科学へ誘っていくのだ。

ぼくは、もともとは中学校・高等学校の理科教諭だった。生徒と楽しくわかる理科の授業に悪戦苦闘し、現場からの理科教育の研究成果を発信しようとしてきたつもりだ。今は大学の教員として小中高の理科教育、一般の人の科学リテラシーの育成を専門にしている。

現代の変動の激しい高度知識社会で必要とされる知識は、理科の関係では、科学リテラシーといわれる。リテラシーというのは、もともと「言語の読み書き能力」だったが、基礎的な科学知識が重要になった現代にあって、「科学リテラシー」という概念が、誰もが身につけてほしい科学を読み解く能力として登場してきた。

そこで、ぼくは、現代では、「読み・書き・そろばん」だけでは不足だと考えて、「読み・書き・そろばん（算）・サイエンス」を主張している。そんなことからニセ科学も研究対象にして、ニセ科学に警鐘を鳴らしてきた。

理科の土台になっている自然科学は、素粒子の世界から宇宙の世界までの秘密を探究し、世界がどうなっているか（自然像）を日々明らかにしつつある。自然科学は、重要な人類の文化の１つであり、論理性や実証性が特徴だ。自然科学でわかっていないことも膨大にあるが、わかってきたことも膨大にあり、疑いのない真実の基盤は増え続けている。

ぼくが専門とする理科教育は、自然科学を学ぶことで、自然についての科学知識を身につけ、その活用をはかり、科学的な思考、判断の力を育てる教育だ。

その学校の中にもニセ科学が忍び込んでいる。理科教育を専門とするぼくはニセ科学が学校にまで影響を及ぼしていることに危機感をもったのだ。

2. 学校に広がるニセ科学問題

『教職研修』誌（教育開発研究所）2014年12月号に書いたものを要約的に紹介しよう。

ニセ科学は、科学への信頼性を利用し、科学用語をちりばめながらわかりやすい物語をつくっている。

ここでは、それらの代表として、とくに学校に入り込んで、影響力がある「水からの伝言」と「EM菌」をとりあげることにしよう。

(1) 「水からの伝言」とは?

『水からの伝言』は本の書名だ。最初に出された「世界初!!　水の氷結結晶写真集」である『水からの伝言』（波動教育社、1999年）は、もともとは故江本勝（1943～2014年）氏らのさまざまな「波動」商売の一環として、自費出版のようなかたちで出版された。

江本氏らの「波動」商売とは、「波動測定器」で診療まがいのことをする「波動カウンセリング」、よい「波動」を転写したという高額な「波動水（波動共鳴水）」の販売などだ。それが、一般のオカルト好きの人たちだけではなく、教育の世界にも浸透していった。

「水からの伝言」に書かれていたのは、容器に入った水に向けて「ありがとう」と「ばかやろう」の「言葉」を書いた紙を貼り付けておいてから、それらの水を凍らすと、「ありがとう」を見せた水は、対称形の美しい六角形の結晶に成長し、「ばかやろう」を見せた水は、崩れた汚い結晶になるか結晶にならなかったということだ。水に、クラシック音楽とヘビメタ（ロック・ミュージックのジャンルの１つ）を聴かせると、前者はきれいな結晶に後者は汚いものになるという。つまり、水は「言葉」を理解するので、そのメッセージに人類は従おうというのだ。

こんな馬鹿げた主張の本は無視されると思っていたが、ぼくの予想に反して、『水からの伝言』や『水は答えを知っている』などは何十万部も売れていった。

学校の教員のなかには、「水は、よい言葉、悪い言葉を理解する。人の体の6、7割は水だ。人によい言葉、悪い言葉をかけると人の体は影響を受ける」という考えを授業に使えると思いついた人々もいた。そして、子どもたちの道徳などで、『水からの伝言』の写真を見せながら、「だから悪い言葉を使うのはやめましょう」という授業が広まった。

びんに入れたご飯に「ありがとう」「ばかやろう」という言葉をかけるというバージョンもある。「ありがとう」のほうは白く豊穣な香りに、「ばかやろう」のほうは黒く嫌な臭いがあるようになるとしている。

本や雑誌やネットで、この授業を広めた教育団体もあった。とくに、この授業を広めたのにはTOSS（トス：Teacher's Organization of Skill Sharing “教育技術法則化運動”の略）の力があった。誰でも追試可能、つまり真似ができる指導案としてサイトに載ったことで、全国の教員に広がったのだ。

(2)　どのように写真を撮ったのか?

『水からの伝言』では、調べたい水を少量ずつ50個のシャーレの中央に落とし、–20℃の冷凍庫で冷却する。すると先端の尖った氷ができる。3時間以上冷却したあと、–5℃程度の実験室に取り出し、顕微鏡で観察していると、氷の先端に結晶が成長する。空気中の水蒸気が氷の尖った部分にくっついてできたものなので、別に目新しいものではなく、普通の「雪の結晶」と同じものだ。現在では、どんな条件のときにどんな結晶ができるのかが科学的に解明されている。

きれいな結晶、汚い結晶の写真は本物でも、水が言葉を理解したからではない。「ありがとう」水ではきれいな結晶になったときに、「ばかやろう」水は結晶が崩れているときに写真を撮ったからだ。どれが「ありがとう」か「ばかやろう」か知った上で写真が撮られているのだ。また、写真を撮るのは言葉を見せた何時間も後のことだ。

しかし、「本に載っている」「写真がある」ということで、この話を信じ込んだ人たちがいる。ニセ科学というのは巧妙で、分かりやすいストーリーと一見科学的な雰囲気を示す。『水からの伝言』も量子力学を持ち出して「言葉にも波動がある」と説明したり、素人には撮れない結晶の写真を補強材料に使ったのだ。

(3)　もっと人の心はゆたかでは?

『水からの伝言』に対しては、科学者側などからの批判が高まっていった。日本物理学会では、批判のシンポジウムを開いた。

言葉の善し悪しは水に決めてもらうことではないし、そもそも水に言葉を理解できるはずもない。第一、言葉の善し悪しを水に教わるような世界は、心を失った世界だ。もっと人の心はゆたかだ。「ばかやろう」という言葉だって状況によってはとても愛に満ちているときもある。

なお、科学者側などから『水からの伝言』授業への批判がWEBサイトやメディアでも出てきたことが原因だろうが、現在は、その授業の指導案は、何の説明もなくTOSSの正式なサイトからはいっせいに削除されている。

(4)　EMは“神様”のように万能な微生物群か?

EMは有用微生物群の英語名（Effective Microorganisms）の頭文字だ。しかし、本当に有用かどうかははっきりしない。そう名づけただけだからだ。中身は乳酸菌、酵母、光合成細菌などの微生物が一緒になっている共生体ということだ。何がどのくらいあるかという組成がはっきりしていない。研究者が調べてみると、肝心の光合成細菌がふくまれていないという報告がある。乳酸菌はふくまれているので、その働きはある。

開発者は比嘉照夫氏で、EMの商品群はEM研究機構などのEM関連会社から販売されている。EMは特定の会社から販売されている商品名のようなものだ。最初に商品化されたのは土を改良する農業資材としてだったが、その有効性をめぐって何かと論議をよんだ。EM液やEMでつくった肥料で土が改良されて作物がよく育つとされていたが、ちゃんと調べてみるとほかの肥料と比べて効果が弱いという結果も出た。

EMは農業資材として世界各国に進出した。1990年代の終わりごろ、食料難に苦しむ朝鮮民主主義人民共和国（北朝鮮）は全国くまなく農業用資材としてEMを導入することにした。比嘉照夫氏もしばしば訪れて指導をし、「北朝鮮はEMモデル国家。21世紀には食料輸出国になる」と宣言していた。しかし、いまは比嘉氏は北朝鮮のことをいわない。

「朝鮮新報」2009年9月16日付けの記事によると、北朝鮮は、EM種菌の輸入をやめ、独自の複合微生物肥料を開発中ということだ。比嘉氏の指導ではうまくいかなかったとみえ、EM菌とは別路線を歩んでいるようだ。

比嘉氏は、EM菌は生ごみ処理、水質改善、車の燃費節減、コンクリートの強化、あらゆる病気の治癒などに効果があるというようになった。さまざまな商品がある。その説明にはニセ科学的な面が多々ある。

比嘉氏によると、EMは「常識的な概念では説明が困難であり、理解することは不可能な、エントロピーの法則に従わない波動の重力波」が「低レベルのエネルギーを集約」し「エネルギーの物質化を促進」する、この「魔法やオカルトの法則に類似する、物質に対する反物質的な存在」であり、「1200℃に加熱しても死滅しない」で、「抗酸化作用・非イオン化作用・三次元（3D）の波動の作用」をもつとしている。

「EMは神様」だから「なんでも、いいことはEMのおかげにし、悪いことが起こった場合は、EMの極め方が足りなかったという視点をもつようにして、各自のEM力を常に強化すること」を勧める。EMはあらゆる病気を治し、放射能を除去するなど、神様のように万能だというのだ。

ある程度科学を知っているぼくにとっても、これら比嘉氏の説明は理解できない。

具体的な「1200℃に加熱しても死滅しない」は、本当なら生物について従来の考えをひっくり返す内容だが、学術誌には報告されず、勝手に述べているだけだ。

（5） とどのつまりは「EM生活」への誘い

EM菌を河川や湖、海に投入するような活動が、環境負荷を高めてしまう可能性が強いのに行われている。ある学校ではプールにも投入されている。

その延長線上には、健康のためにと「EM・X GOLD」という高額（500mL4500円）の清涼飲料水を飲む「EM力を強化する生活」が待っている。

EM菌もまたTOSSが勧めたものだった。斎藤貴男『カルト資本主義』（文春文庫、2000年）の第5章「『万能』微生物EMと世界救世教」に、「TOSSに参加する小学校教師たちは、有害な微生物をバイキンマン、EMをアンパンマンになぞらえて、『EMXは超能力を持っている』と、子供たちに教えている。」という記述がある。TOSSの代表向山洋一（むこうやまよういち）氏推薦の授業だ。ここのEMXが現在のEM・X GOLDという清涼飲料水だ。比嘉氏は、波動測定器の結果でEM・X GOLDはEMXの5倍の能力があるとしているが、その波動測定器こそニセ科学系の機器なのだということに注意しよう。

斎藤貴男氏は、「EMを超能力だと教える向山のやり方の本質を表現するのに、多くの言葉は必要ないと思った。わずか一言で事足りる。愚民教育。」と喝破している。

“愚民教育”は、子どもを効率的に管理し、教祖の思うことを効率的に注入する教育しかできない。

このようなニセ科学に引っかからないためには、「たった1つのもので、あらゆる病気が治ったり、健康になったりする万能なものはない」「お金がかかり過ぎるのはおかしい」「ネットや本などでまともな情報を調べてみる。結構、情報がある」ことに留意しよう。だまされないための基本は「知は力」ということだ。教員には、ニセ科学に引っかからないセンスと知力＝科学リテラシー（科学の常識）が求められる。ニセ科学に引っかからない子どもたちを育てることもしていかなくてはならない。

3. ニセ科学についてもっと学習したい場合の参考文献

ぼくが力を込めて書いたのが『暮らしのなかのニセ科学』（平凡社新書、2017年）だ。

とくに命に関わる健康系ニセ科学を中心に、理科教育者としてもっている科学知識とその活用の技、科学的な判断力を発揮して執筆した。

各章のタイトルは次のようである。

> 第1章 ニセ科学をなぜ信じてしまうのか／第2章 がんをめぐるニセ科学／第3章 サプリメント・健康食品の効果は？／第4章 あのダイエット法、本当に効果的？／第5章 あの健康法に効果はある？／第6章 食品添加物は本当に危ないのか／第7章 ニセ科学はびこる水ビジネス／第8章 大手企業も次々に——マイナスイオン、抗菌商品／第9章 もっとも危険なニセ科学、EM／第10章 ニセ科学にだまされないために

また、ぼくが編集長を務める『RikaTan（理科の探検）』（文理）が理科の自由研究や観察・実験・ものづくり、科学遊びなどの特集の他に、ニセ科学批判、陰謀論批判、カルト・オカルト批判の特集をしている。

理科を教える教師にはぜひ読んでもらいたい雑誌である。

〔著者紹介〕

左巻健男

東京大学講師・元法政大学教職課程センター教授。1949年生。『RikaTan(理科の探検)』誌編集長。東京大学教育学部附属中・高等学校教諭、京都工芸繊維大学教授、同志社女子大学教授、法政大学生命科学部環境応用化学科教授、法政大学教職課程センター教授を経て現職。理科教育(科学教育)、科学リテラシーの育成を専門とする。
著書に『暮らしのなかのニセ科学』平凡社新書、『面白くて眠れなくなる物理』『面白くて眠れなくなる化学』『面白くて眠れなくなる地学』『面白くて眠れなくなる理科』『面白くて眠れなくなる元素』『面白くて眠れなくなる人類進化』『面白くて眠れなくなる物理パズル』以上PHP研究所、『図解 身近にあふれる「科学」が3時間でわかる本』『図解 身近にあふれる「生き物」が3時間でわかる本』『図解 もっと身近にあふれる「科学」が3時間でわかる本』以上明日香出版社など多数。
ブログ：http://samakita.hatenablog.com/
メールアドレス：Samakita@nifty.com

装幀　長谷川理
DTP　川端俊弘（ウッドハウスデザイン）
編集　角田晶子、植草武士、瀧澤能章（東京書籍）
編集協力　岡崎務
図版作成　さくら工芸社

おもしろ理科授業の極意
未知への探究で好奇心をかき立てる感動の理科授業

2019年5月15日　第1刷発行　　2020年12月28日　第2刷発行

著者　左巻健男

発行者　千石雅仁
発行所　東京書籍株式会社
〒114-8524 東京都北区堀船2-17-1
03-5390-7531（営業）　03-5390-7455（編集）

印刷・製本　株式会社リーブルテック

ISBN978-4-487-81054-3 C0040